_____님께
이 책을 선물로 드립니다.

야구×수학

야구로 배우는 재미있는 수학 공부

야구 × 수학

류선규, 홍석만 지음

$$Sin\,2\alpha = 2\,sin\,\alpha \times cos\,\alpha$$

$$A = \frac{AB + C}{D}$$

$$[a + b]$$

$$(2 \times b \times y)$$

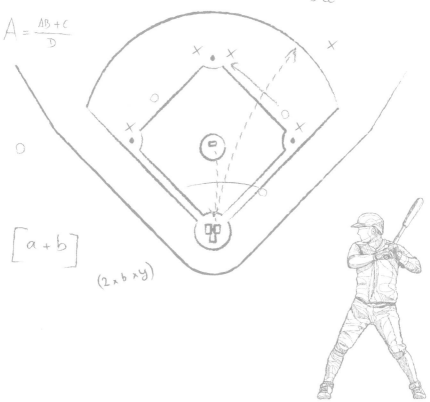

PACE
MAKER

김봉준(스포츠투아이 대표이사, 스포츠AI빅데이터협회 부회장)

1990년대 중반 PC통신 하이텔 야구동호회에서 처음 접한 필자의 야구 게시물
이 다시 생각났다. 늘 다른 주제와 새로운 사업모델로 야구라는 종목에 접근하
고자 했던 필자의 노력이 이 책에 담겨져 있어 매우 반갑다. 흔히 알 수 없던 야
구계의 이야기들은 물론이고, 최근 스포츠에서 중요해진 데이터를 활용해 야구
를 설명하니 보다 직관적이고 쉽게 이해할 수 있어 유익하다. 굳이 야구가 아니
더라도 교육적인 측면에서, 특히 학생들에게 권하고 싶은 책이다.

노석기(LG트윈스 데이터분석팀장)

야구에 대한 애정이 고스란히 담겨져 있음을 느낀다. 기록의 역사와 현재 활용
되고 있는 데이터를 자세하게 설명했고, 특히나 야구의 다양한 면을 수학적으
로 접근하며 소개한 점은 매우 이채롭다.

도성훈(인천광역시 교육감)

수학은 놀이의 학문이다. 이 책을 통해 많은 학생이 수학을 즐겁게 공부하고, 수학이라는 학문이 결국 우리의 삶이라는 것을 알아가길 바란다. 인천광역시 교육청에서도 정답을 찾기 위한 수학 공부가 아닌, 질문하고 상상하는 수학 공부를 위해 다양한 도전을 계속하겠다. 수학을 좋아하는 사람, 야구를 좋아하는 모든 분께 이 책을 추천한다.

류준열(전 SK 와이번스 사장)

야구는 숫자로 가득 채워져 있는 스포츠다. 야구장의 전광판이 거의 대부분 숫자로 도배된 것을 보면 알 수 있다. 숫자의 의미를 이해하다 보면 자기도 모르게 야구에 빠져들게 된다. 또 야구와 관련된 숫자들을 파헤치다 보면 숨겨져 있던 수학의 법칙을 발견할 수 있다. 이 책은 야구를 둘러싸고 있는 숫자를 쉽게 풀어나가면서 자연스럽게 수학의 세계로 발을 들여놓을 수 있게 돕는다. 이 책을 섭렵하면 어느 누구 못지않게 수학에 능통한 야구 분석가가 될 수 있다.

박소영(MBC 아나운서)

내가 야구를 보기 시작한 2023년에 이 책이 나왔다면, 그리고 읽었더라면 온라인 백과사전을 수도 없이 검색하는 일은 없었을 것이다. 야구 프로그램을 진행하던 2024년, 새로운 용어나 지표가 등장할까 겁나지 않았을 것이다. 야구팬들 사이에서 나만 '야알못' 소리를 들을까 눈치가 보인다면 이 책을 권한다.

배중현(일간스포츠 기자)

숫자와 야구가 만났다. 수백 페이지에 걸쳐 숫자로 풀어낸 야구의 신세계. 그렇다고 숫자에 '매몰'되지 않았다. 이 매력적인 내용을 놓칠 텐가. 야구의 깊이를 제대로 느끼고 싶다면 꼭 읽어야 할 책이다. 초급자부터 고급자까지 모두 후회하지 않을 야구 필독서라고 믿어 의심치 않는다. 첫 페이지부터 강력한 '직구'를 던진다.

손대원(전국수학문화연구회 회장, 진주외국어고등학교 교사)

야구에 대해 더 깊이 알고 싶다면 꼭 읽어야 할 책이다. 다양한 시각에서 야구를 바라볼 수 있으며, 야구의 숨은 이야기를 알게 된다. 또한 수학에 대한 흥미를 불러일으킬 수 있는 매력을 지니고 있다.

송재우(MBC 스포츠플러스 해설위원)

숫자는 거들 뿐. 놀라울 정도로 다양하지만 간결하게 궁금했던 야구 이야기가 녹아 있다. 프로야구 최고의 길라잡이가 될 필독서다.

안승호(스포츠경향 편집국장)

목차를 보는 순간 '야구 바이블'이라는 제목부터 떠올랐다. 류선규는 PC통신이 소통 창구이던 1990년대부터 기성 언론을 앞서가는 글로 전문가 사이에서 주목받은 인물이다. 이후 프로야구를 리드하던 LG 트윈스 프런트를 거쳐 SK 와이번스 왕조의 조력자로 이력을 쌓은 뒤 SSG 랜더스 초대 우승 단장으로 우뚝 섰다. 필자는 야구를 주제로 접근할 수 있는 거의 모든 영역을 책 한 권에 담았다. 어쩌면 류선규만이 쓸 수 있는 책이다.

염경엽(LG 트윈스 감독)

야구는 디테일의 스포츠다. 야구의 디테일한 과정을 기록하는 데이터의 중요성은 점점 커져가고 있다. 이 책은 야구에 수학을 접목시키면서 다른 야구 서적과는 완전히 차별화된 내용을 보인다. 류선규 단장만이 쓸 수 있는 책이다. 소장 가치가 충분해 보인다.

이승호(키움 히어로즈 코치)

진심으로 출간을 축하드립니다. 야구에 대한 열정과 헌신, 그리고 선수들과 코칭스태프의 성장을 위한 끊임없는 노력이 항상 존경스러웠습니다. 이 책을 야구를 사랑하는 모든 분께 추천합니다.

이진영(삼성 라이온즈 코치)

언제나 야구에 진심이셨던 류선규 단장님께서 여전히 야구를 향한 애정을 이어오신 흔적이라 생각합니다. 야구인들이 알고도 놓쳤던 부분, 혹은 미처 생각하지 못했던 부분을 다시금 깨닫게 해주는 책이라 더욱 뜻깊습니다. 많은 분이 이 책을 사랑해주시길 바랍니다.

이호준(NC 다이노스 감독)

설레는 마음으로 첫 장을 넘기고, 점점 더 아끼는 마음으로 페이지를 쌓아갔다. 익숙한 이야기는 유쾌했고, 또 다른 해석은 흥미로웠다. 가느다란 부분까지 다루는 집요함에 번쩍했고, 친절한 비유에 방긋했다. 뭔가가 가득 채워지는 기분이었다. 이래서 아는 만큼 보인다는 절묘한 표현이 여전히 건재하구나, 겸손해진다. 이 책은 독자들을 마음의 부자로 만들어줄 것이다. 작가의 안내에 따라 야구여행을 떠나기만 하면 된다. 낯설게 마주한 야구의 빛나는 순간들이 어느새 독자의 마음속에 자연스럽게 자리 잡을 것이다.

임선남(NC 다이노스 단장)

기록의 스포츠로 불리는 야구. 타율, 평균자책의 단순한 계산부터 WAR과 같은 좀 더 복잡한 스탯의 계산까지. 그리고 연봉 산정이나 전력 분석과 같은 구단 업무에서도 무수히 많은 수학과 야구의 접점을 발견할 수 있다. 이 책은 야구에서 수학이 어떻게 쓰이고, 또 야구를 통해 배울 수 있는 수학에 대해 알기 쉽게 설명해준다. 또 오랜 기간 구단에서 다양한 업무를 거쳐 단장직까지 수행한 경험에서만 나올 수 있는 류선규 단장의 이야기가 재미를 더한다. 야구와 야구에서 쓰이는 숫자에 관심이 있는 분이라면 누구나 흥미롭게 읽을 수 있을 것이다.

장훈(수학문화관 이사장)

홍석만 선생님은 늘 만지고 생각하는 수학을 실천해온 분이다. 이 책은 그의 수학 교육에 대한 열정이 야구와 조화를 이루어 탄생한 한 권의 수학문화서다. 야구와 수학의 조합을 통해 야구를 더욱 의미 있게 해석한 책이다.

전훈칠(MBC 기자)

디테일을 놓치지 않으면서도 KBO리그 전체의 보편성까지 거침없이 아우르는 시야가 새삼 부럽다. 애써 꾸미지 않아도 야구에 대한 진심이 곳곳에 드러난다. 야구의 본질부터 알지 못했던 이면까지. 야구팬을 풍요롭게 만드는 한 권이다.

정민철(MBC 스포츠플러스 해설위원, 전 한화 이글스 단장)

내가 단장 시절 가장 부러웠던 인물이 류선규 단장이었다. 와이어 투 와이어 우승의 주역! 멋지지 않은가? '야구환자' 류선규 단장의 지침서는 복잡한 스포츠, 야구의 비밀을 파헤치려는 이들에게 유레카의 순간을 선사할 것이다.

정세영(문화일보 기자, 한국야구기자회 회장)

역시 류선규답다. 30년 가까이 프로야구 프런트로 입지전적인 커리어를 쌓은 류선규 전 단장은 남들이 안 보는 것을 잘 짚어낸다. 그의 시선에서 바라본 야구와 수학의 연결 고리는 무척 흥미로웠다. 야구는 본질적으로 숫자와 밀접한 스포츠다. 숫자를 통해 풀어낸 야구의 세계가 신선하고 인상적이었다. 류선규답다는 말이 딱 어울린다.

정승제(EBS, 이투스 수학 강사)

야구를 사랑하는 사람에게 수학을, 수학을 사랑하는 사람에게 야구를 선물하는 책. 혹시나 내가 아이를 갖게 된다면 꼭 선물해주고 싶은 수학책.

정재훈(경상남도교육청 경남수학문화관 관장)

끝날 때까지 끝난 게 아니다! 야구뿐만 아니라 스포츠계에서 가장 유명한 말이다. 그러나 야구 기록원의 관점에서는 끝이 나도 끝난 게 아니다. 그때부터 시작이다. 야구만큼 많은 수(기록)를 만드는 스포츠는 없다. 그래서 수학으로 보면 야구가 더 즐겁다. 이 책이 수학이라는 렌즈를 통해 야구를 더욱 선명하게 보여줄 것이다.

최수일(사교육걱정없는세상 수학교육혁신센터 센터장)

프로야구팀 단장과 수학교사가 어우러져 야구와 수학을 이야기하고 있다. 단순히 타율 정도의 수학인 줄 알았는데 그 내용과 깊이가 수학 전반을 망라하고 있다. 야구에 얽힌 수학이 이렇게 풍부하고 재미있을 줄이야. 눈을 뗄 수가 없을 정도로 흥미진진하다. 이 책을 통해 재미있게 수학을 접하는 기회를 놓치지 않기를 바란다.

한상헌(KBS 아나운서)

만약 야구가 정규 교과목에 추가된다면 『수학의 정석』만큼 팔릴 책이다. 경기 관람을 통해 이제 막 야구의 바다에서 수영을 시작한 이들에게, 이 책은 그 바다를 항해하고 다이빙하는 방법까지 알려줄 것이다.

홍경민(가수)

야구는 수학이다. 철저히 확률적이고 지극히 통계적이다. 수포자였던 나도 이 책을 통해 야구 속에 숨은 수학을 발견하는 재미를 만끽했다.

야구가 수학이고
수학이 야구다

야구는 기록의 스포츠다. 열정의 그라운드에서 매 경기 쏟아지는 수많은 숫자는 각자가 자신만의 의미를 품고 서로 이야기를 나눈다. 야구의 기록이 단순한 숫자가 아니라 이야기로 읽히는 이유는 숫자 속에 선수들의 땀과 노력이 깃들어 있기 때문이다. 공 하나, 스윙 한 번이 쌓이고 쌓여 데이터가 되고, 그 데이터가 곧 수학과 연결된다. 야구장에서 어우러지는 '야구'와 '숫자'를 보면, '규칙의 야구'와 '공식의 수학'은 구조가 비슷하다는 사실을 알 수 있다.

그래서 필자는 '야구는 수학, 수학은 야구'라고 생각한다.

학교에서 수학을 가르치면서 어떻게 하면 학생들이 수학을 재밌고 즐겁게 배울 수 있을지 늘 고민했다. 학업에 지친 학생들에게 야구장은 스트레스를 풀기에 최적의 장소다. 좋아하는 친구, 가족과 함께 마음껏 소리를 지르며 응원하고, 공 하나하나에 집중하고, 최선을 다하는 선수들을 보면서 활기 넘치는 시간을 보낼 수 있다.

'야구를 내가 학교에서 담당하는 수학과 어떻게 연결해볼 수 있을까?' '야구장이 학교의 역할을 할 수 있을까?' '야구장에서 현장체험활동을 할 수 있을까?' '야구장에서 수학 수업이 가능할까?' 어느 날 야구장에서 즐거운 시간을 보내는 아이들을 보면서 이런 생각이 들었다. 이런 고민은 야구 행정 전문가와 수학 교육 전문가의 운명적인 만남으로 이어졌다. 이 책의 공저자인 류선규 단장님과의 인연을 통해 수학교사로서 새로운 도전을 시작하게 되었다. 야구와 수학을 주제로 한 각종 토크 콘서트는 물론이고, 『수학을 품은 야구공』이라는 책까지 집필하게 되었다.

전작 『수학을 품은 야구공』에서 야구 속에 숨겨진 수학적 원리를 조명함으로써 첫발을 내디뎠다. 야구를 좋아하고, 야구계와 밀접한 사람들이 모여 '수학'이라는 도구를 통해 야구를 설명했다. 이번 책에서는 본격적으로 류선규 단장님과 손발을 맞춰 야구와 수학이 만들어내는 조화를 심도 있게 탐구하고자 한다. 야구의 키스톤 콤비처럼 필자가 2루수, 류선규 단장님이 유격수가 되어 야구를 기반으로 수학적 지식이 자연스럽게 녹아들기를 바랐다.

이 책은 다양한 분의 검증과 피드백을 거쳐 누구나 이해하기 쉽게 목차를 구성했고 난이도를 조절했다. 너무 쉬우면 책의 의미가 희미해지고, 너무 어려우면 흥미를 잃을 것 같아 오랜 고민 끝에 최적의 난이도를 찾아 이 책을 세상에 내놓았다. 우리나라에서 최고의 '야구수학 책'을 만들고자 다짐했는데 마침내 그 결실을 맺게 되어 뿌듯하다.

이 책과는 별개로 인고(忍苦)의 시간에서 든든한 버팀목이 되어준 나의 예쁜 가족들, 그중에서도 제일 사랑하는 쑴님과 민이들에게 고마움을 표한다. 그리고 한 분 한 분 성함을 말씀드리지 못해 죄송하지만 능력이 부족한 필자에게 많은 도움을 준 지인들께 정말 진심을 담아 감사하다는 말을 전하고 싶다.

끝으로 필자를 다시금 '대한민국에서 가장 행복한 수학교사'로 만들어준 류선규 단장님께 다시 한번 감사의 마음을 전한다.

홍석만

목차

퍼스트 피치:
기록과 데이터로 보는 야구

4이닝:
선수 평가와 에이징 커브

5이닝:
성적 예측과 매직넘버

클리닝타임:
야구 직업의 모든 것

9이닝:
야구와 금융

10이닝:
경험과 데이터

11이닝:
야구 외전

퍼스트 피치:
기록과 데이터로 보는 야구

흔히 야구를 일컬어 '기록의 스포츠'라고 한다. 야구팬이라면 누구나 무수한 기록을 기반으로 한 숫자를 매 경기마다 만날 것이다. 경기가 진행되면 수많은 데이터가 누적된다. 이 누적된 데이터를 가공하면 미래를 위한 유용한 정보가 된다. 이것을 야구 기록이라고 한다. 야구에 문외한인 '야알못'일지라도, 수학의 'ㅅ'자만 들어도 싫은 '수포자'일지라도 두려워 말자. 퍼스트 피치를 통해 몸을 풀면 쉽고 재미있게 이 책의 내용을 이해할 수 있을 것이다.

알쏭달쏭
야구

우리나라에서 최고의 인기 스포츠는 단연 프로야구다. 프로야구는 3월 하순부터 정규시즌이 진행되며, 일주일에 6번 경기를 하고, 1년 365일 가운데 약 39.5%인 144일 동안 경기를 치른다. 정규시즌에 앞서 3월 초중순에는 시범경기가 있고, 10월에는 한 달 내내 포스트시즌 경기가 열리니 3월부터 10월까지 8개월 동안 프로야구를 볼 수 있는 것이다.

봄부터 가을까지 거의 매일 경기를 치르다 보니 야구는 인생과 같고, 야구팬들은 경기 승패에 따라 매일매일 희로애락이 달라진다. 축구, 농구, 배구, 핸드볼 등은 체력 문제로 일주일에 두어 번 경기를 치르기도 버겁다. 하지만 야구는 말 그대로 '에브리데이 스포츠'다 보니 어떠한 스포츠 종목도 '관람 스포츠'로는 야구를 따라잡기 힘들다.

심지어 시즌 막바지에 가면 잔여 경기 일정을 소화하기 위해 월요일 경기나 더블헤더(하루 2경기)도 치른다. 일주일에 평균 3일은 특별시, 광역시와 같은 대도시(서울, 부산, 대구, 인천, 광주, 대전, 창원, 수원)에서 경기가 열려 관람도 수월하다. 여기에 중계 기술도 외국과 견주어 뒤처지지 않을 정도로 발전해 TV, 인터넷, 모바일 등 다양한 채널로 경기를 시청할 수 있다.

반면 '참여 스포츠'의 측면에서는 다른 종목과 비교하면 진입장벽이 높은 편이다. 야구공 외에 글러브, 배트 등 기본적인 장비를 갖춰야 하고 유니폼을 착용해야 한다. 장비와 유니폼이 비교적 비싼 편이기에 학생이 구입하려면 부모님의 경제력에 의존할 수밖에 없다. 이에 반해 축구, 농구는 반바지만 입고 공 하나만 준비해도 쉽게 놀 수 있다. 게다가 야구는 공에 의한 부상 위험이 높아서 보호 장구도 필수적이다. 그래서 '참여 스포츠'로는 동네 야구가 동네 축구, 동네 농구를 이기기가 어렵다.

무엇보다 경기 규칙도 복잡하다. 그러다 보니 야구는 규칙을 제대로 알고 보려면 금세 포기해버릴 수 있다. 그래서 야알못(야구를 알지 못하는 사람)이면 최소한의 경기 규칙 정도만 숙지하고 자세한 건 차차 배워야 한다.

야알못이라면
포지션부터

친구가 야알못이라면 제일 먼저 가르쳐줄 건 야구의 포지션이다. 타순에 대한 부분은 차치하고 일단 중요한 부분은 수비 포지션이다. 각 팀이 9명의 선수로 구성되어 있는데 투수, 포수, 1루수, 2루수, 3루수, 유격수, 좌익수, 중견수, 우익수가 그들이다. 여기에 지명타자가 추가되기도 한다. 그러면 10명이다.

정규 이닝 기준으로 공격과 수비를 9번씩 번갈아 하며, 때로는 연장전도 있다. 공격은 타순에 따라 상대 투수의 공을 치고 1·2·3루를 거쳐 홈으로 돌아오면 1점을 얻는다. 수비는 투수가 공을 던지는 것부터 시작된다. 스트라이크가 3개가 되면 아웃이고, 볼이 4개면 타자는 1루로 진루한다. 야알못 친구가 '볼넷'을 이해하면 그다음으로 몸에 맞는 공을 알려준다.

타자가 공을 때렸을 때 공이 땅에 떨어지기 전에 야수가 잡으면 타자는 아웃이고, 공이 지면에 닿은 후에 야수가 잡은 공은 주자가 뛰고 있는 방향의 베이스로 송구된다. 각 루에 주자보다 공이 먼저 가면 해당 주자는 아웃이고, 공이 오기 전에 주자가 루에 들어서면 세이프다. 쓰리(3)아웃이 되면 공격과 수비를 교대한다.

야알못에게는 딱 여기까지만 설명해야 한다. 더 가르쳐주면 야구 관람을 포기하고 축구장, 농구장, 배구장을 갈지 모른다.

| 야구의 수비 포지션

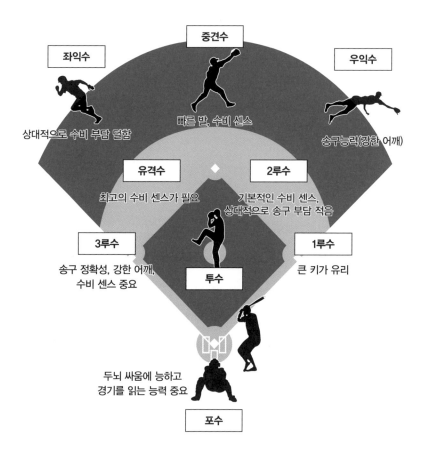

중견수

빠른 발, 수비 센스

좌익수

상대적으로 수비 부담 덜함

우익수

송구능력(강한 어깨)

유격수

최고의 수비 센스가 필요

2루수

기본적인 수비 센스,
상대적으로 송구 부담 적음

3루수

송구 정확성, 강한 어깨,
수비 센스 중요

1루수

큰 키가 유리

투수

두뇌 싸움에 능하고
경기를 읽는 능력 중요

포수

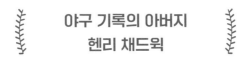

야구는
기록의 스포츠

야구 기록의 아버지
헨리 채드윅

흔히 야구를 일컬어 '기록의 스포츠'라고 한다. 전 세계 스포츠 가운데 야구만큼 기록이 많으면서 기록지만 봐도 경기 양상을 대략적으로 파악할 수 있는 종목은 없다. 야구 기록은 높은 수준의 교육을 받은 지식인(인텔리)들이 빠져들게 만드는 묘한 매력이 되기도 한다. 야구가 '관람 스포츠'로 각광을 받는 이유 중 하나다.

지금의 야구 기록을 만들어낸 사람은 '야구 기록의 아버지'라고 불리는 헨리 채드윅(Henry Chadwick)이다. 영국 출신으로 14세에 미국으로 이민을 간 그는 1847년 신혼여행 도중에 야구 경기를 관람하고 야구의 매력에 빠졌다. 당시 야구 경기는 매우 간단했다. 투수가 공을 던지면 타자가 친 다음에 베이스로 달려갔고, 수비도 공을 잡는 즉시 베이스로 달려가 수비가 빠르면 아웃, 타자가 빠르면 세이프였다.

야구 기록의 아버지라 불리는
헨리 채드윅의 사진

채드윅은 31년 동안 〈뉴욕타임스〉 등에서 야구 기자로 활동했다. 당시에는 TV나 라디오가 없었고, 경기 결과를 알기 위해서는 직접 관람하거나 신문 기사를 확인하는 것이 전부였다. 이런 상황에서 야구 기자인 채드윅은 지금의 '박스스코어 기록법'을 개발했다. 이를 통해 1회부터 9회까지 안타, 실책, 아웃, 점수 등을 일목요연하게 정리할 수 있게 되었고 경기를 보지 않아도 상황을 충분히 이해할 수 있게 되었다. 야구가 기록의 스포츠로 자리매김하게 된 데는 채드윅의 박스스코어 기록법이 큰 역할을 했다.

채드윅은 현재 가장 많이 사용하는 야구 기록과 야구용어인 타율, 평균자책점, 더블플레이, 패스트볼 등을 고안했다. 야구 이전에 크리켓 기사를 썼던 그는 크리켓의 스코어카드를 이용해서 선수들의 기록을 계산했고 이를 통해 타점과 평균자책점 등을 만들었다. 타율은 1872년 이전까지 경기당 안타 수로 기록했는데, 이것이 1번 타자에게 지나치게 유리하다는 독자의 편지를 받고 타수당 안타 수로 수정했다. 이것이 바로 타율의 효시가 되었다.

채드윅은 새로운 야구용어도 많이 만들어냈다. 더블플레이, 패스트볼이라는 용어를 만들었고 삼진을 영어로 'K'라고 기록했다. 그는 스트라이크 아웃(Strike Out)을 표기할 때 앞글자인 'S'가 아닌 'K'라는 약어를 썼다.

채드윅은 이후 미국 야구규칙위원회의 위원장을 맡으며 현대 야구에 통용되는 여러 가지 개념을 만들었다. 투수와 포수를 함께 일컫는 '배터리(Battery)' 역시 그가 만든 용어다. 이전에 없었던 안타와 실책을 구분하기 시작했고, 포지션별로 고유번호(투수=1, 포수=2, 1루수=3, 2루수=4, 3루수=5, 유격수=6, 좌익수=7, 중견수=8, 우익수=9)를 부여하기 시작했다.

헨리 채드윅은 1938년 야구 기자로는 처음으로 미국 야구 명예의 전당에 헌액되었다.

기록, 스탯, 그리고 데이터

경기가 진행되면 수많은 데이터(Data)가 누적된다. 이 누적된 데이터를 가공하면 미래를 위한 유용한 정보가 된다. 이것을 야구 기록이라고 한다. 야구 기록을 영어로 번역하면 '베이스볼 레코드(Baseball Record)' 또는 '베이스볼 스테티스틱스(Baseball Statistics)'라고 한다. 그럼 야구 레코드, 스테티스틱스, 데이터의 차이는 무엇일까?

기록은 야구에서 최고·최저 성적과 결과를 나타내는 수치를 의미한다. 예를 들어 SSG 랜더스의 최정은 2024년 4월 24일 롯데 자이언츠와의 사직 원정경기에서 5회초, 개인 468홈런을 완성하며 KBO리그 최다 홈런 신기록을 작성했다. 6월 12일에는 KIA 타이거즈의 최형우가 문학 원정경기에서 SSG 랜더스를 상대로 5회 초 안타를 치며 개인 통산 최다 루타 신기록을 4,078루타로 갈아치웠다. 두 기록 모두 종전 이승엽(삼성 라이온즈)이 보유하고 있던 기록이었다. 이것이 레코드(Record), 즉 기록이다.

스테티스틱스는 통계나 통계자료를 의미하는데 야구에서는 줄임말인 '스탯(Stat)'으로 많이 쓰인다. 스탯은 클래식 스탯과 세이버 스탯으로 구분한다. 클래식 스탯은 평균자책점(ERA), 타율(AVG)처럼 오랜 기간 사용된 지표를 말하고, 세이버 스탯은 WAR(Wins Above Replacement), BABIP(Batting Average on Balls in Play), wOBA(Weighted On-Base Average)처럼 복잡한 수식을 사용해 선수들의 능력을 평가하기 위해 생겨난 지표다.

야구 데이터 혁명, 트래킹 데이터

그러면 데이터는 어떤 의미일까? 사전적 의미는 자료다. 야구에서 데이터는 야구 경기를 통해 이뤄지는 모든 플레이로부터 산출되는 것을 의미한다. 야구 경기를 통해 발생된 데이터는 기록지 데이터와 트래킹 데이터로 구분된다.

기록지 데이터는 스탯 데이터로 부르기도 한다. 기록지에 들어

| 트래킹 데이터의 종류

투구	타격	수비	주루
구속 분당 회전수 회전축(방향) 회전 효율 무브먼트 익스텐션 포구 위치 릴리스포인트	타구속도 타구 발사각도 비거리 배트 스피드 스윙 길이 히팅 포인트	수비 위치 송구속도	주루 경로 주루속도

가는 야구 기록을 통해 발생하는 모든 플레이에서 스탯 데이터가 발생한다. 트래킹 데이터는 트래킹 장비를 통해 측정한 공의 회전수, 타구속도, 타구 발사각도 등을 수치화한 것이다. 트래킹 데이터는 기존의 스탯 데이터로는 파악할 수 없는 데이터이므로 일종의 야구 데이터 혁명이라고 할 수 있다.

투수의 경우 직구(포심 패스트볼)의 구속이 빠르고 회전수가 높을수록 타자가 느끼는 위압감이 더 크다. 따라서 구속이 빠르고 회전수가 높은 투수는 투구 결과가 좋을 가능성이 높다. 타자의 경우 타구속도가 빠를수록(하드 히트 비율이 높을수록) 타격 결과가 좋을 가능성이 높다. 타자의 타구속도가 빠르면 상대 팀 야수가 타구 처리에 애를 먹을 확률이 높기 때문이다.

이런 특성을 갖고 있기 때문에 트래킹 데이터를 통해 선수의 능력을 수치화해 평가할 수 있다. 투수의 경우 구속, 회전수, 타자의 경우 타구속도, 타구 발사각도 등을 배열해 선수의 능력을 비교해 볼 수 있다.

트래킹 데이터는 선수 평가뿐만 아니라 경기 중계 등 다방면으로 활용된다. 미국 메이저리그(MLB)는 사무국이 주도해 트래킹 데이터 시스템을 활용하고 있다. KBO리그의 경우 구단들이 트래킹 데이터를 활용하고 있지만 KBO 사무국에서 관장하지는 않는다. 2022년 KBO에서 트래킹 시스템 통합 작업을 추진했으나 1순위 업체와의 우선 협상에서 최종적으로 결렬된 바 있다.

메이저리그의 트래킹 데이터 시스템은 계속 진화하고 있다. 현재는 MLB 30개 구단이 일본 소니의 호크아이(Hawk-Eye) 시스템을 사용하고 있다. 호크아이는 원래 테니스 경기의 라인 판정 시스템 '챌린지(Challenge)'와 축구의 골 판정 시스템 '골라인테크놀로지(GLT)'에서 이용하던 시스템이었다.

메이저리그에서 2020년부터 사용하고 있는데 야구장에 최첨단 4K 카메라 12대를 설치해 공과 선수의 움직임을 밀리미터(mm) 단위로 광학적으로 포착하고 실시간으로 데이터로 변환시킨다. 호크아이 이전에는 덴마크의 '트랙맨(TrackMan)'을 사용했다. 트랙맨은 원래 미사일 탄도를 추적하는 군사용 레이더 기술을 스포츠에 적용한 것으로, 레이더 기반이다 보니 도입 초기부터 정확성에 대한 논란이 많았다. 레이더 기반이라는 특성상 비가 오거나 강풍이

불어 백네트가 흔들리는 등 외부 환경이 좋지 않으면 정확도가 떨어졌다. 특히 내야 뜬공 타구와 약한 땅볼 타구를 추적하는 데 어려움이 있었다. 반복적으로 데이터가 일부 유실되는 경우가 발생함에 따라 메이저리그는 트랙맨을 호크아이 시스템으로 교체했다.

KBO리그에서는 KIA 타이거즈를 제외한 9개 구단이 1군 야구장에서 레이더 방식인 트랙맨을 사용하고 있다. 일부 구단에서는 2군 야구장에도 트랙맨을 설치해 선수 육성에 활용하고 있다. 트랙맨은 아마추어 대회가 열리는 서울 목동야구장에도 설치되어 프로야구단 스카우트들이 이용하고 있다. 호크아이는 2025년 현재 KIA 타이거즈의 홈구장인 광주기아챔피언스필드에서만 사용하고 있다.

통계학의 정수, 세이버메트릭스

 세이버메트릭스란
무엇인가?

세이버메트릭스(Sabermetrics)란 야구를 통계학 또는 수학적으로 분석하는 방법론을 말한다. 야구에서 사회과학의 게임이론과 통계학적 방법론을 적극적으로 도입해서 기존 야구 기록의 부족한 부분을 보완하고, 선수의 가치를 비롯한 '야구의 본질'에 대해 좀 더 학문적이고 깊이 있는 접근을 시도한다.

어원은 미국야구연구협회(SABR; Society for American Baseball Research)와 메트릭스(Metrics)의 합성어다. '세이버'는 SABR을 소

리 나는 대로 읽은 것이고, 메트릭스는 업무 수행 결과를 보여주는 계량적 분석을 의미한다. 세이버메트리션(세이버메트릭스를 다루는 사람)은 여러 가지 수리적 방법론을 동원해 야구를 세밀하게 분석하는 것을 즐긴다.

일반적으로 세이버메트릭스라고 하면 빌 제임스(Bill James)를 떠올린다. 빌 제임스는 '세이버메트릭스의 대부'라고 불리는데 한국에서 2년간 주한미군으로 복무한 바 있다. 그는 원래 야구와 야구 기록을 좋아하는 매니아였다. 이력만 보면 미국 아이비리그와 같은 유명 대학에서 통계학을 전공했을 것 같지만 전혀 아니다. 그는 식품회사 야간 경비원으로 근무하면서 야구 기록에 몰두했고, 그러다 득점과 실점 기록으로 기대승률을 도출하는 '피타고리안 기대승률', 선수별로 예상 득점 기여도를 산출하는 '득점 생산(RC; Runs Created)', 야수의 수비력을 평가하는 '레인지 팩터(RF; Range Factor)', 팀 수비력을 측정하는 '수비 효율(DER; Defensive Efficiency Ratio)' 등 수많은 세이버메트릭스 지표를 개발했다. 현재도 많은 세이버메트리션이 기본적으로 활용하고 있는 지표다.

빌 제임스는 재야의 야구 매니아로 활동하다가 2003년 보스턴 레드삭스의 구단 경영자문으로 영입되면서 야구계 주류로 발돋움했다. 빌 제임스의 조언을 받은 보스턴 레드삭스는 그 유명한 '밤비노의 저주'를 깨트리고 84년 만인 2004년에 월드시리즈 우승을 차지했다(밤비노의 저주란 보스턴 레드삭스가 1920년 베이브 루스를 뉴욕 양키스로 트레이드시킨 후, 수십 년간 월드시리즈에서 한 번도 우승하지 못한 불운을 일컫는다). 그러면서 빌 제임스와 세이버메트릭스의 가치가 크게 올라갔다.

세이버메트릭스를 통해 스탯 데이터를 2차 가공해서 새로운 스탯인 세이버 스탯을 만들 수 있다. 이를 통해 야구와 수학을 좋아하는 일반 야구팬의 연구와 토론이 활발해졌고 야구의 깊이를 더하는 데 기여했다. 세이버메트릭스의 기초 스탯이라고 할 수 있는 OPS, WHIP 등은 이제는 클래식 스탯에 가깝게 느껴진다.

우리나라에서는 1990년대 중반, PC통신 하이텔의 야구동호회(go home)에서 세이버메트릭스가 소개되었다. 스포츠 신문을 통해서만 야구 경기 기록을 접할 수 있던 시절이어서 세이버메트릭스는 매우 생소한 영역이었다. 당시 야구동호회 회원들 가운데 프로야구 프런트, KBO 직원, 야구 기자로 진출한 이들이 적지 않다. 이태일 전 NC 다이노스 대표이사, 류선규 전 SSG 랜더스 단장, 박기철 전 KBO 기획실장 등이 하이텔에서 활동했다.

야구장 전광판 읽기

야구장에 들어서면 제일 먼저 눈에 들어오는 것이 전광판이다. 요즘은 가시성이 많이 좋아졌지만 2000년대 초반만 해도 KBO리 그 야구장의 전광판은 스코어보드 기능만 담당했다. 스코어보드 는 상단에 원정팀과 홈팀의 득점이 정규 이닝(1~9회)과 연장 이닝 (10~12회, 2025시즌부터는 11회로 축소)으로 구성되어 있다(13회를 넘 어가면 1회가 13회로 변경). 그리고 당일 경기의 득점(공격팀의 R), 실 점(수비팀의 R), 안타(H), 실책(E), 사사구(B)가 나와 있다.

일반적으로 전광판의 좌우에 양 팀의 라인업이 나와 있다. 경기 시작 1시간 전에 라인업을 확인할 수 있는데 타순, 수비 위치, 타자 이름이 기본이고 홈런, 타점, 타율, 공 구속 정보가 제공된다. 최근

| 스코어보드가 제공하는 정보

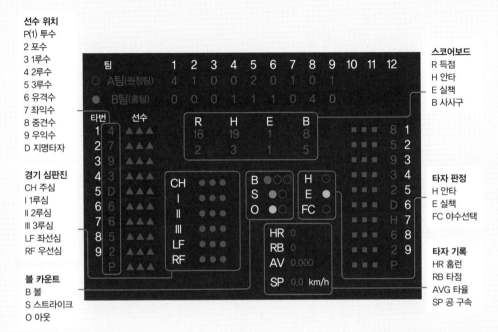

선수 위치
P(1) 투수
2 포수
3 1루수
4 2루수
5 3루수
6 유격수
7 좌익수
8 중견수
9 우익수
D 지명타자

경기 심판진
CH 주심
I 1루심
II 2루심
III 3루심
LF 좌선심
RF 우선심

볼 카운트
B 볼
S 스트라이크
O 아웃

스코어보드
R 득점
H 안타
E 실책
B 사사구

타자 판정
H 안타
E 실책
FC 야수선택

타자 기록
HR 홈런
RB 타점
AVG 타율
SP 공 구속

에는 타율 대신 OPS를 보여주는 구단(SSG 랜더스, 롯데 자이언츠, NC
다이노스)이 늘고 있다.

야구에서는 수비 위치를 숫자로도 표기하는데 1, 2는 투수와 포
수다. 3, 4, 5, 6은 1루수, 2루수, 3루수, 유격수고, 7, 8, 9는 좌익수,
중견수, 우익수를 의미한다. 영어 D는 수비를 하지 않는 지명타자
(Designated Hitter)다. 9개 타순이 지나면 그 밑에 영어 P가 있는데
이건 투수(Pitcher)다. 전광판 가운데 어딘가에 있는 B는 볼, S는 스

트라이크, O는 아웃 카운트다. 그리고 HR, RB, AV는 타자의 홈런, 타점, 타율이고, SP는 공 구속이다.

전광판은 야구장을 처음 방문하는 야알못에게 교과서와 같은 존재다. 전광판에 올라오는 기록 하나하나를 통해 야구의 기초를 배울 수 있기 때문이다. 전광판은 기본적으로 스코어보드 기능을 하지만 더 나아가서 대형 스크린 기능도 한다. 2004년 메이저리그 구단(피츠버그 파이리츠) 연수를 다녀온 류선규 당시 SK 와이번스 마케팅팀 대리는 메이저리그의 야구장 전광판 운영 노하우를 배워서 2005년 인천 문학구장(현 인천 SSG 랜더스필드)에 접목시켰다.

그때부터 우리나라 야구장 전광판도 스코어보드만이 아닌 대형 스크린 역할을 하기 시작했다. 이전까지는 컬러 TV임에도 흑백 화면만 송출한 격이었다면, 2005년 이후에는 대형 스크린 역할을 하면서 관중 문화가 한 단계 성장하는 계기가 되었다. 전광판을 통해 키스타임을 비롯한 다양한 이벤트를 볼 수 있게 되었고, 치어리더 공연도 응원단상 앞을 가지 않아도 전광판으로 볼 수 있게 되었다.

인천 SSG 랜더스필드를 가면 세계에서 가장 큰 규모의 전광판인 '빅보드'를 볼 수 있다. 빅보드는 2016년에 처음으로 팬들에게 선보였는데 지금도 인천 SSG 랜더스필드의 명물로 인정받고 있다. 가로 63.398m, 세로 17.962m, 총 면적 1,138.75m^2 규모로 당시 전 세계 야구장 전광판 가운데 최대 규모를 자랑하는 시애틀 매리너스의 세이프코필드 전광판보다 총면적에서 77.41m^{2}가 더 큰

SK 와이번스 시절 도입된 빅보드(가로 63.398m) 사진

세계 최대 규모였다. 세이프코필드 전광판은 가로 61.42m, 세로 17.28m, 총면적 1,061.34m²다.

　빅보드 이전에는 외야 좌우측에 각각 1개씩의 전광판(듀얼 전광판)이 있었다. 이 2개의 전광판을 합친 것이 바로 빅보드다. 빅보드라는 이름에는 크기(Big)와 팀의 승리(Victory)를 기원하는 의미를 담고 있다. 2016년에 약 80억 원의 공사비가 들었는데 인천광역시와 SK 와이번스 구단이 반씩 부담했다. 2015년 11월, 정우람 선수가 FA로 SK 와이번스에서 한화 이글스로 이적했는데 계약 규모가 4년 84억 원이었다. 그래서 팬들 사이에는 우스갯소리로 SK 와이번스가 정우람 선수를 계약하지 않는 대신에 빅보드를 만들었다는 추측이 있었는데 물론 사실이 아니다.

　빅보드의 화면 비율은 어떻게 될까? 화면 비율은 출력되는 영상

│ 화면 비율 비교

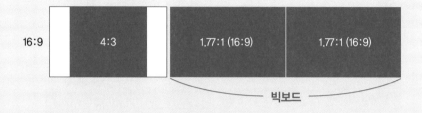

물에 따라 표준으로 잡는 비율을 뜻한다. 보통 가로세로비 또는 종
횡비(縱橫比)라고 하며 4:3, 16:9와 같은 식으로 구분이 된다. 세로
의 기준을 '1'로 잡으면 4:3의 비율은 1.33:1이 되므로, 소수점을
사용하지 않고 보기 편하도록 간단히 자연수의 비율을 사용하게
되었다. 1890년대 토머스 에디슨(Thomas Edison)의 회사에서 필
름 영사기가 개발되었고, 4:3의 비율은 직원인 윌리엄 딕슨(William
Dickson)이 만들었다.

2010년대 이후 기준으로 사용되고 있는 16:9는 TV나 컴퓨
터 모니터의 기본 화면 비율로 자리 잡았다. 16:9의 화면 비율은
1984년 고화질 영상을 연구하던 엔지니어 케언즈 파워스(Kerns
Powers)가 제시했다. 그는 그때까지 사용되던 대표적인 화면 비율
을 중점에 중첩하도록 모아놓고, 이 직사각형들을 포함하는 적당
한 크기의 직사각형을 찾았다. 이것이 바로 16:9 비율이다.

참고로 16:9라는 비율은 4:3를 각각 제곱한 비율과 같다. 16:9의

| 화면 비율의 규칙성

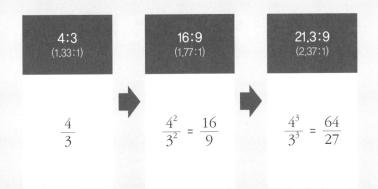

화면에서 폭(가로)을 4등분하고 높이(세로)를 3등분하면 4:3 비율의 작은 사각형 12개로 나뉜다. 여러 채널을 한 화면으로 동시에 볼 때 사용되는 유용한 분할이다. 현재 영화업계에서 흔하게 사용하는 비율은 21:9, 즉 2.33:1의 비율인데 이것은 4:3의 화면 비율을 각각 세제곱한 64:27(21.33:9)이다.

빅보드의 화면 비율은 특이하게도 32:9인데, 이것은 일부 와이드 모니터에서 사용되는 화면 비율로 16:9를 2개 이어 붙인 것이다. 화면을 분할하기 수월해 다양한 정보를 제공할 수 있다는 장점이 있다.

1이닝:
야구와 수학, 그리고 숫자

0은 '아무것도 없다' '빈자리'를 나타내는 수를 의미하며 수학에서 기준점, 출발점의 의미를 담기도 한다. 덧셈과 뺄셈에서는 '중립적' 역할을 한다. 곱셈에서는 '소멸적' 역할을 한다. 야구에서 0은 어떤 의미일까?

야구의 역사와
한국 야구

야구의 기원에는 2가지 설이 있다. 하나는 13세기에 영국에서 시작된 크리켓이 배트와 볼을 사용하는 놀이인 라운더스가 되었고, 이후 영국의 청교도가 미국으로 건너가면서 베이스볼이 되었다는 것이다. 또 다른 설은 군인이었던 애브너 더블데이(Abner Doubleday)가 1839년 미국 뉴욕 쿠퍼스타운에서 만들었다는 주장이다. 그러나 이미 영국에서 베이스볼이 존재했다는 점, 그리고 1789년에 출판된 그림책에서 베이스볼이란 제목의 삽화가 있는 시가 발견되면서 애브너 더블데이의 주장은 신빙성을 잃었다.

분명한 건 베이스볼이라는 표현이 사용된 가장 오래된 기록이 영국에서 나왔다는 사실이다. 1700년 영국 메이드스톤의 성공회

목사인 토마스 윌슨(Thomas Wilson)의 일기에서 '마을에서 베이스볼을 했는데 방망이가 부러졌다'라는 표현이 나온 것이 최초의 기록이라고 전해진다.

어쨌거나 야구는 영국이 아닌 미국에서 본격적으로 발달하기 시작해 지금의 모습으로 변해갔다. 1841년 베이스가 고정되었고, 1845년 뉴욕 니커보커스라는 최초의 야구팀이 창단되었다. 1846년 미국 뉴저지 호보켄의 엘리시안 필드에서 열린 뉴욕 니커보커스와 뉴욕 나인 간의 경기가 최초로 기록된 야구 경기였다. 1849년 뉴욕 니커보커스는 처음으로 야구 유니폼을 입었다.

오늘날과 거의 비슷한 야구의 모습으로 발전시킨 사람은 알렉산더 카트라이트(Alexander Cartwright)다. 그는 뉴욕 니커보커스를 창단했고, 다이아몬드형 경기장을 고안해 경기 인원을 9명으로 정했고, 스트라이크 3개가 아웃 1개가 되는 등 근대 야구의 규칙을 공식화했다.

한국 야구의 역사

그럼 한국 야구의 역사는 어떨까? 우리나라에는 1905년 미국인 선교사 필립 질레트(Phillip Gillett)에 의해 야구가 처음으로 소개되었다. 선교사 질레트가 황성기독교청년회(현 서울YMCA) 회원들에게 야구를 가르친 것이 그 시초다. 한국에서는 방망이로 볼을 때리는 동작에 힌트를 얻어 '타구(打球)' 또는 '격구(撃球)'라고 불렸다. 1906년 2월 11일 황성기독교청년회와 덕어(독일어)학교 사이에 최초로 경기가 열렸는데 덕어학교가 승리했다.

2002년에 개봉해 148만 명이 관람한 영화 〈YMCA 야구단〉은 황성기독교청년회 야구단을 모티브로 했다. 이후 야구의 인기는 점점 높아져 1920년 조선체육회가 창립되면서는 본궤도에 오른다. 광복 이후에는 학교에서 야구를 통한 학원 이미지 제고, 사기 진작 및 단합을 도모했고, 고교 및 대학야구를 비롯한 실업야구팀이 활성화되었으며, 1982년 프로야구가 시작되었다.

1982년 프로야구는 서울의 MBC 청룡, 부산·경남의 롯데 자이언츠, 대구·경북의 삼성 라이온즈, 충남·충북의 OB 베어스, 전남·전북의 해태 타이거즈, 인천·경기·강원의 삼미 슈퍼스타즈 6개 팀으로 출발했다.

이 가운데 삼미 슈퍼스타즈는 청보 핀토스(1985~1987년), 태평양 돌핀스(1988~1995년), 현대 유니콘스(1996~2007년)로 구단이 여러 차례 매각되었다. 그리고 현대 유니콘스가 해체되면서 일명 삼청태현(삼미-청보-태평양-현대)으로 이어진 인천 구단의 역사도 사라졌다. 충남·충북의 OB 베어스가 서울로 옮기면서 1986년 3월 8일 빙그레 이글스가 대전·충남북을 연고로 창단했

| 프로구단 출범부터 10구단까지의 역사

연도	변천사
1982년	MBC(서울), OB(충청), 롯데(부산), 삼미(인천), 삼성(대구), 해태(광주) 6구단 출범
1985년	삼미 슈퍼스타즈→청보 핀토스
1986년	빙그레(대전) 창단, 7구단 체제
1988년	청보 핀토스→태평양 돌핀스
1990년	MBC 청룡→LG 트윈스
1991년	쌍방울 레이더스(전북) 창단, 8구단 체제
1994년	빙그레 이글스→한화 이글스
1996년	태평양 돌핀스→현대 유니콘스
1999년	OB 베어스→두산 베어스
2000년	쌍방울 레이더스 해체, SK 와이번스 창단
2001년	해태 타이거즈→KIA 타이거즈
2008년	현대 유니콘스 해체, 히어로즈 창단
2013년	NC 다이노스 1군 진입, 9구단 체제
2015년	KT 위즈 1군 진입, 10구단 체제
2019년	넥센 히어로즈→키움 히어로즈
2021년	SK 와이번스→SSG 랜더스

고, 1994년부터 구단 이름을 한화 이글스로 바꿔 지금에 이르렀다.

1990년 전북을 기반으로 제8구단으로 창단한 쌍방울 레이더스는 1991년부터 1999년까지 1군 무대에서 9년간 활동하다 모기업의 부도로 역사의 뒤안길로 물러났다. 2000년에는 SK 와이번스가 쌍방울 레이더스를 대신한 제8구단이 되었다. SK그룹은 쌍방울 레이더스 선수단을 흡수했지만, 구단 인수가 아닌 독자적인 창단을 선택했다. 2008년 히어로즈 창단도 비슷한데, 현대 유니콘스 선수단을 고스란히 받았지만 역시 인수가 아닌 창단을 선택했다. 히어로즈 구단은 모기업이 대기업이 아니다 보니 네이밍 마케팅을 통해 구단을 운영하는 시스템이다. 우리 히어로즈(2008년), 서울 히어로즈(2009년), 넥센 히어로즈(2010~2018년), 그리고 키움 히어로즈(2019년~현재)로 구단 이름이 변경되었다.

2011년에는 NC 다이노스가 제9구단으로 창단해 2013년부터 1군 리그에 뛰어들었다. KT 위즈는 2013년 제10구단으로 창단된 뒤 2015년부터 1군 무대에서 뛰고 있다.

SK 와이번스, 히어로즈와 달리 선수단뿐만 아니라 구단의 역사까지 고스란히 인수한 구단도 있다. LG그룹은 1982년 서울 연고로 시작한 MBC 청룡을 인수해 1990년부터 LG 트윈스의 이름으로 역사를 이어오고 있다. 현대자동차그룹은 해태 타이거즈를 인수해 2001년 후반기부터 KIA 타이거즈라는 이름으로 프로야구에 참여하고 있다. 전신 해태로 9차례 우승한 KIA 타이거즈는

2024년 정규시즌과 한국시리즈 통합우승을 차지하면서 3차례 우승을 추가했다.

신세계그룹은 2021년 개막을 앞두고 SK 와이번스를 인수했다. 역시 선수단과 역사를 모두 계승했다. SK가 이룩한 4차례 우승의 역사도 고스란히 물려받았다. 신세계 야구단인 SSG 랜더스는 인수 2년 만에 개막부터 시즌 끝까지 1위를 유지하는 이른바 와이어 투 와이어(Wire To Wire)를 통합우승을 차지했다.

수학의 평균과
야구의 비율 스탯

국어, 영어, 수학의 세 과목에서 각각 80점, 100점, 90점의 점수를 받았다고 가정하자. 직관적으로 보면 100점은 만점이니 더 이상 잘할 수가 없고, 90점은 A학점, 80점은 B학점으로 인식된다. 그럼 세 과목의 평균 점수는 몇 점일까? 당연히 90점이라고 쉽게 답을 할 수 있을 것이다.

그렇다면 야구 경기에서 어떤 타자가 한 경기에서 4차례 타석에 들어와서 안타를 2개 쳤다고 하면 이 선수의 타율은 몇 할일까? 이번에도 5할(0.5)이라고 쉽게 답할 수 있을 것이다.

야구의 비율 스탯

야구에서는 평균 개념이 많이 나온다. 이것을 비율 스탯이라고도 한다(평균 개념과 비율 스탯은 동일하지는 않지만 여기서는 누적 스탯의 반대 개념으로 비율 스탯을 정의했다). 대표적인 비율 스탯으로는 투수 기록인 평균자책점(ERA; Earned Run Average), 이닝당 출루허용률(WHIP; Walks plus Hits per Inning Pitched), 땅볼/뜬공 비율(GO/FO; Ground Outs/Fly Outs), 삼진/볼넷 비율(K/BB; K Strikeouts/Bases on Balls), 9이닝당 볼넷 비율(BB/9), 타율(AVG; Batting Average), 출루율(OBP; On-Base Percentage), 장타율(SLG; Slugging Percentage) 등이 있다.

비율 스탯은 클래식 스탯보다 세이버 스탯이 압도적으로 많다. 세이버 스탯은 더하기, 빼기, 곱하기, 나누기 등 사칙연산을 다양하게 활용해 새로운 스탯을 만들어낸다.

$$\text{ERA} = \frac{\text{자책점}}{\text{투구 이닝}} \times 9$$

$$\text{AVG} = \frac{\text{안타 수}}{\text{타수}}$$

이 가운데 투수 기록의 대표격인 평균자책점(ERA)은 자책점에

┃ 2024시즌 원태인 성적

ERA	G	CG	SHO	W	L	SV	HLD	WPCT	TBF	NP	IP	H	2B	3B	HR
3.66	28	1	0	15	6	0	0	0.714	670	2,693	159 2/3	150	29	3	17

SAC	SF	BB	IBB	SO	WP	BK	R	ER	BSV	WHIP	AVG	QS
6	2	42	1	119	3	0	68	65	0	1.20	0.245	13

┃ 2024시즌 기예르모 에레디아 성적

AVG	G	PA	AB	R	H	2B	3B	HR	TB	RBI	SB	CS	SAC	SF
0.360	136	591	541	82	195	31	1	21	291	118	4	3	0	9

BB	IBB	HBP	SO	GDP	SLG	OBP	E	SB%	MH	OPS	RISP	PH-BA
28	3	13	73	12	0.538	0.399	3	57.1	59	0.937	0.428	0.000

정규 이닝 수(9)를 곱하고 실제 투구 이닝 수를 나눈 값이고, 타자 기록의 대표격인 타율(AVG)은 안타 개수(H)를 타수(AB)로 나눈 결과다.

2024시즌 다승 공동 1위인 원태인 선수(삼성 라이온즈)의 경우 투구 이닝(IP) $159\frac{2}{3}$ 동안 자책점(ER) 65점을 기록했다. 평균자책점(ERA)을 계산하는 식은 다음과 같다(소수점 셋째 자리 반올림이다).

$$\frac{65}{159\frac{2}{3}} \times 9 = 3.66$$

2024시즌 타격 1위인 기예르모 에레디아(SSG 랜더스)의 경우 안타 개수(H) 195를 타수(AB) 541로 나누면 타율(AVG)은 3할 6푼이다.

$$\frac{195}{541} = 0.360$$

여기서 좀 더 나아가서 투수의 기량을 파악할 수 있는 삼진/볼 넷 비율(K/BB), 9이닝당 볼넷 비율(BB/9)도 살펴보자. 통상 삼진은 구위, 볼넷은 제구를 상징한다. 삼진/볼넷 비율이 높을수록 구위와 제구를 겸비했다는 뜻이다. 9이닝당 볼넷 비율은 투수가 9이닝을 던졌을 때 내주는 볼넷의 평균 숫자를 의미한다. 계산법은 다음과 같다.

$$\frac{BB}{9} = 9 \times \left(\frac{볼넷}{이닝} \right)$$

허용한 볼넷에 9를 곱하고 이것을 다시 투구 이닝 수로 나눈다. 평균자책점 계산 때처럼 정규 이닝 9를 곱한다.

비율 스탯과 대칭되는 개념이 누적 스탯이다. 누적 스탯은 투수 기록인 승리, 탈삼진 등이 있고, 타자 기록인 홈런, 타점, 도루 등이 있다. 누적 스탯은 거의 클래식 스탯이라고 볼 수 있다. 비율 스탯 이 다양한 사칙연산을 통해 진화·발전하는 데 비해 누적 스탯은 사 칙연산 활용이 없다 보니 기존의 스탯 이상으로 늘어날 여지가 거의 없다.

야구에서 어떤 기록은 평균 개념으로 평가하고, 어떤 기록은 누적 개념으로 평가한다. 직관적인 지표는 누적 개념에 가깝고, 분석적인 지표는 평균 개념에 가깝다. 야알못의 경우 누적 스탯을 먼저 습득하고, 비율 스탯에 접근하는 것이 순서에 맞을 것이다. 반대로 접근하면 야구 기록이 너무 어렵게 느껴진다. 비율 스탯의 평균 개념에 나눗셈이 들어가기 때문이다. 나눗셈은 수포자가 되는 시작점이 되곤 한다.

등분제와
포함제

비율은 두 수의 비를 하나의 수(분수, 소수)로 나타낸 것이다. 여기서 비(比, Ratio)는 어떤 대상과 다른 대상의 수의 양을 비교하는 방법이다. 즉 비교하는 양을 기준량으로 나눈 값, 비의 값을 비율이라고 한다. 비 a:b를 비율로 나타내면 $\frac{a}{b}$다.

$$비율 = 비교하는\ 양 \div 기준량 = \frac{비교하는\ 양}{기준량}$$

비례한다는 것은 두 양의 값이 변하더라도 두 양이 이루는 비율이 같다는 뜻이다. 같은 두 비를 등호를 사용해 a:b=c:d로 나타낸 식을 비례식이라고 한다.

비는 두 가지로 생각할 수 있는데 첫 번째는 더하기, 빼기의 관점이고 두 번째는 곱하기, 나누기의 관점이다.

KBO리그 1군 엔트리가 28명인데 대부분의 경우 투수 13명, 야수 15명을 쓰거나 투수 12명, 야수 16명을 쓴다. 후자의 경우 1군 투수코치는 통상 2명이니 투수와 투수코치의 수를 비교해보면 첫 번째 관점으로는 '12-2=10'으로 투수가 투수코치보다 10명이 더 많다. 두 번째 관점으로는 '12÷2=6'으로 투수가 투수코치의 6배다.

로진은 투수들의 필수품이다. 투수 6명에게 로진을 2개씩 나눈다고 가정하고 투수의 수와 로진 수의 관계를 알아보자. '투수 수(6명)÷로진 수(2개)=3'으로 투수 수는 로진 수의 3배다. 또는 로진 수는 투수 수의 $\frac{1}{3}$배다.

두 수를 나눗셈으로 비교할 때 기호 '쌍점(:)'을 사용한다. 두 수 a와 b를 비교할 때 a:b라고 쓰고 a대b라고 읽는다. a가 b를 기준으로 몇 배인지를 나타내는 비다. a:b는 'b에 대한 a의 비' 'a의 b에 대한 비' 'a와 b의 비'라고도 읽는다. 비를 표현할 때 쌍점에서 왼쪽에 있는 수는 비교하는 양이고, 오른쪽에 있는 수가 기준이 된다.

KBO리그 1군 엔트리는 9월 1일이면 28명에서 33명으로 늘어난다. 이때는 포수 3명, 내야수와 외야수를 합쳐 15명을 쓰는 경우가 많다. 포수와 야수(내야수와 외야수의 합)의 비는 3:15다. 이 비율을 분수와 소수로 나타내면 일단 두 수의 비는 3:15다. 비교하는 양은 3(포수의 수)이고 기준량은 15(야수의 수)다. 비율(비의 값)은 $\frac{3}{15}$ = $\frac{1}{5}$ = 0.2다.

비율에 100을 곱한 값을 백분율이라고 한다. 기준량을 100으로 할 때의 비율로 기호 '퍼센트(%)'를 사용해서 나타낸다. 2:5의 비율은 그럼 몇 퍼센트일까?

$$\frac{2}{5} = \frac{2 \times 20}{5 \times 20} = \frac{40}{100} = 40\%$$

기준량을 100으로 바꾸면 된다. 2:5는 곧 40%다.

1,000만 원의 1%는 '0'을 2개 지워서 10만 원이다. 1,000만 원의 10%는 '0'을 1개 지워서 100만 원이다. 그럼 1,000만 원의 13.4%는 얼마일까? 1,000만원의 10%가 100만 원이므로 5%는 50만 원이다. 그럼 15%는 150만 원이 되고 13.4%는 150만 원보다 약간 적은 돈이라고 대략적으로 가늠할 수 있다.

이제 수많은 수포자를 만들어낸 나눗셈의 두 가지 의미인 '등분(等分)'과 '포함(包含)'을 살펴보자. 등분제(等分除)는 전체를 몇 부분으로 나눌 때, 한 부분의 크기가 얼마인지를 묻는 것이다. 예를 들어 야구공 12개(1타)를 투수 3명이 똑같이 나누어 가지려고 할 때, 한 명이 몇 개씩 가질 수 있는지 묻는 것이다. 포함제(包含除)는 정해진 개수만큼 똑같이 나누는 것이다. 야구공 12개를 투수당

3개씩 나눌 때 투수 1명이 갖게 되는 야구공의 개수를 묻는 것이다. 즉 등분제는 나누어 갖는 대상이 정해져 있고, 포함제는 나누는 개수가 정해져 있다. 그래서 등분제는 나눗셈의 몫이 '하나의 대상이 나누어 갖는 수'이고, 포함제는 나눗셈의 몫이 '나누어 줄 대상의 수'가 된다.

비율의 수학적 정의는 비교하는 양을 기준으로 삼은 양으로 나눈 것이다. 다른 단위끼리의 비율은 '등분제'다. 등분제는 다른 종류의 양을 비교하거나 속도나 밀도 등에서와 같이 '도(度)'라는 이름을 붙일 수 있거나 단가를 구하는 경우에 해당된다. 기준(단위량)에 대한 수치의 대소를 나타낸다. 같은 단위끼리의 비율은 '포함제'다. 포함제는 같은 종류의 양을 비교하는 확률이나 야구의 타율에서와 같이 '율(率)'이라는 이름을 붙일 수 있는 상황에 해당된다.

2025년 KBO리그에 등록된 선수단은 2월 10일 기준으로 597명이다. 포지션별로 살펴보면 투수 299명, 내야수 135명, 외야수 110명, 포수 53명이다. 투수의 비율은 299명을 전체 597명으로 나눈 0.500다. 이는 포함제에 해당한다. 평균자책점, 삼진/볼넷 비율, 타율 등 대부분의 야구의 비율 스탯은 포함제에 속한다.

이번에는 등분제를 살펴보자. 투수 A는 직구의 평균 구속이 145km/h이고, 투수 B는 150km/h라고 가정해보자. 투수 B가 투수 A보다 더욱 빠른 직구를 가지고 있다고 말할 수 있다. 거리에 대한 시간의 비율(다른 단위), 즉 등분제의 비율은 기준(단위량)에 대한 수치의 대소를 나타낸다.

이처럼 어떤 비율이 포함제인지 등분제인지를 알면 나눗셈과 비율을 올바르게 이해하고 다양한 야구 스탯을 제대로 인식할 수 있다.

야구의 시작,
숫자 0

수(數)란 수 개념을 말하는 것이고, 숫자(數字)란 수를 나타내는데 사용되는 기호를 말한다. 야구 배트 두 자루와 야구공 둘을 개념화할 때 둘은 수이고, 이것을 아라비아 숫자로 표현한 것이 '2'라는 숫자다. 아라비아 숫자는 총 10가지(0, 1, 2, 3, 4, 5, 6, 7, 8, 9)인데 예를 들어 '이천이십오'라는 수 개념을 '2,025'로 표현할 수 있다.

이때 0은 '아무것도 없다' '빈자리'를 나타내는 수를 의미하며 수학에서 기준점, 출발점의 의미를 담기도 한다. 덧셈과 뺄셈에서는 '중립적' 역할을 한다. 어떤 숫자와 0을 더하거나 빼도 그 숫자는 변하지 않는다. 곱셈에서는 '소멸적' 역할을 한다. 어떤 숫자와 0을 곱하면 결과는 항상 0이 되기 때문이다. 나눗셈에서는 0을 분모로 사용할 수 없다. 이것을 수학적으로 정의하지 않았기 때문인데 '무한대' 개념으로 연결된다.

무엇보다 0은 우리가 사용하는 10진법에서 핵심적인 역할을 한다. 자릿수를 표현할 때 0이 없다면 '1,033' '12,345'과 같은 숫자를 표현하기 어렵다. 0은 단순한 '없음'을 나타내는 것 이상의 의미와 역할을 가지고 있다.

0의 역사

0의 역사를 살펴보면 기원전 1900년경으로 거슬러 올라간다. 바빌로니아인은 수메르인으로부터 수학적 지식을 물려받아 60진수 위치 숫자 체계를 사용하고, 숫자 내 빈위치를 나타내기 위해 공백을 활용했다.

0을 숫자로 언급한 최초의 문서 중 하나는 서기 628년경에 살았던 인도의 수학자 브라마굽타(Brahmagupta)의 저서 『올바르게 확립된 브라흐마 교리(Brahmasphutasiddhanta)』다. 이 책에서 브라마굽타는 0을 정의하고 기본 속성을 다음과 같이 설명했다.

1. 숫자로서의 0: 브라마굽타는 0을 숫자로 정의했으며 이를 '수냐'라고

| 고대 문명의 수 표기 체계

바빌로니아	고대 이집트	고대 그리스	고대 로마	고대 중국	마야	근대 힌두-아랍
𒁹	|	α	I	一	•	1
𒈨	||	β	II	二	••	2
𒐈	|||	γ	III	三	•••	3
▼	|| ||	δ	IV	四	••••	4
▼▼	||| ||	ε	V	五	<u>••••</u>	5
▼▼▼	||| |||	ζ	VI	六	<u>•</u>	6
▼▼▼▼	|||| |||	ξ	VII	七	<u>••</u>	7
▼▼▼▼	|||| ||||	η	VIII	八	<u>•••</u>	8
▼▼▼▼▼	||| ||| |||	θ	IX	九	<u>••••</u>	9
〈	∩	ι	X	十	=	10

불렀다. 그는 0을 단순한 자리 표시자가 아닌 숫자적 실체로 인식했다.

2. 0을 사용한 산술: 브라마굽타는 0을 사용한 산술 연산을 수행하기 위한 규칙을 제공했다. 그는 숫자에 0을 더하면 그 숫자는 변하지 않고, 숫자에서 0을 빼도 그 숫자는 변하지 않는다고 설명했다.

3. 0을 자리 표시자로 사용: 브라마굽타의 작업에는 위치 표기법에서 0을 자리 표시자로 사용하는 작업이 포함되었다. 이를 통해 큰 숫자를 간결하게 표현할 수 있었다.
4. 곱셈의 0: 브라마굽타는 0과 모든 숫자의 곱이 0이라는 사실을 확립했다.
5. 나눗셈의 0: 브라마굽타는 0으로 나누기가 정의되지 않았으며 이는 현대 수학에서도 여전히 적용되는 개념임을 인식했다.

브라마굽타의 획기적인 통찰력은 잘 정의된 속성을 지닌 숫자 0이 개발되는 토대를 마련했다.

0의 개념은 인도의 수학적 발전과 함께 무역, 학문, 문화 교류를 통해 8세기에 이슬람 세계로 점차 확산되었다.

페르시아의 수학자 알 콰리즈미(Al-Khwarizmi)는 인도의 수학적 지식을 이슬람 세계에 전달하는 데 중추적인 역할을 했다(알고리즘이라는 말이 그의 이름에서 나왔다). 그는『대수학의 약술과 균형에 대한 책(Al-Kitab al-Mukhtasar fi Hisab al-Jabr wal-Muqabala)』을 통해 0을 포함한 인도 숫자를 이슬람 세계에 소개했다.

1202년 레오나르도 피보나치(Leonardo Fibonacci)는『산반서(Liber abaci)』라는 책을 통해 0의 개념을 유럽으로 알리게 되었다. 아라비아 숫자는 세계 공용어로 자리 잡았으며, 아라비아 숫자가 없었다면 현대 수학과 과학의 발전은 불가능했을 것이다.

그럼 0은 짝수일까, 홀수일까? 초등 수학에서 짝수, 홀수의 개념은 자연수에 사용하는 용어이므로 0은 짝수도 홀수도 아니라고 가르친다. 하지만 중등 수학에서는 수 체계를 정수로 확장해 0을 활용한 다양한 사칙연산 개념을 배우기 시작한다. 짝수라는 말 대신 2의 배수라는 개념을 사용하는데, 0이 짝수인가라는 혼란이 발생한다.

수학적 개념으로 볼 때 0은 2의 배수라 할 수 있다. 그러므로 0은 짝수라고 볼 수 있다. 짝수의 개념은 '2의 배수인 수', 홀수의 개념은 '2의 배수가 아닌 수'다. 자연수는 0보다 큰 정수, 즉 1에서 시작해 1씩 커지는 수다. 정수는 음의 정수, 0, 양의 정수를 합한 것이라고 정리할 수 있다.

야구에서 0의 의미

야구에서 0은 어떤 의미일까? 야구 경기는 투수가 공을 던지면서 시작된다. 선발투수가 초구를 던지기 전까지는 야구장 전광판이나 기록지 모두 0으로 되어 있다.

야구선수에게 0은 어떤 의미일까? 일반적으로 0은 투수나 타자나 성과가 없는 것으로 인식된다. 투수의 경우 승리·세이브·홀드·

경기 시작 전 전광판이 모두 '0'으로 표기된 문학구장

탈삼진, 타자의 경우 안타·득점·타점·도루가 0이면 경기나 시즌에서 성과를 거두지 못한 것이다. 여기서의 성과는 프로야구 선수라면 다음 해 연봉에 반영되는 고과점수라고 할 수 있다. 그러나 0이 좋은 경우도 있다. 투수의 경우 피안타·실점·자책점, 타자의 경우 삼진·실책이 0이면 경기나 시즌에서 최고의 기록이다.

비율 스탯 역시 0은 대부분 부정적으로 다가온다. KBO 시상식 14개 부문 가운데 유일하게 숫자가 낮을수록 상을 받는 부문은 평균자책점이다. 평균자책점이 0점대라면 당해 시즌뿐만 아니라 역대 최고 수준이다. '국보' 선동열(해태 타이거즈)은 KBO리그 11시즌 동안 5차례나 0점대 평균자책점을 기록했다. 이 가운데 4차례는

100이닝을 넘겼다.

반면 타자에게 0은 악몽과 같다. 타율·출루율·장타율·OPS가 0할대면 최악의 시즌이다. 코치, 감독으로는 최고로 평가받는 염경엽 감독(LG 트윈스)은 선수 시절 두 차례나 한 시즌 내내 안타 0과 타율 0.000을 기록했다. 염경엽 감독은 현대 유니콘스 내야수였는데 프로 입단 5년 후배인 '국민 유격수' 박진만(삼성 라이온즈 감독)에 밀려 대주자, 대수비로 출전하면서 1996년 21타수 0안타, 1997년 12타수 0안타를 기록한 바 있다.

야구선수에게 숫자는 등번호와 연결된다. 등번호 0번을 단 프로야구선수들이 있다. 공필성(NC 다이노스 2군 감독), 김강민(SSG 랜더스), 황성빈(롯데 자이언츠)이 그렇다. 공필성은 자신의 성(공)을 연관 지어 0번을 달았다. 김강민은 SK 와이번스, SSG 랜더스에서 0번 유니폼을 달고 뛰다 2차 드래프트로 한화 이글스로 이적해서는 9번 유니폼을 입었다. SSG 랜더스 팬들에게 0번이 자신을 기억하는 번호가 되길 희망한다는 소회를 밝히기도 했다. 황성빈은 팀 동료인 안권수가 달았던 등번호를 추억하는 차원에서 0번을 선택했다.

KBO 최초의 0번 선수는 1985년 김유동(삼미 슈퍼스타즈)이었다. 김유동은 전년도 18번에서 0번으로 바꿨다. 당시 새출발하고자 제로(0)에서 시작하겠다고 각오를 밝혔다. 김유동은 1982년 10월 12일 한국시리즈 6차전에서 상대 투수 이선희(삼성 라이온즈)

로부터 만루홈런을 터뜨려 만루홈런의 사나이로 각인되기도 했다. 00번 등번호도 있다. '미스터 인천'으로 불리던 김경기(전 SK 와이번스 코치)는 선수 시절 마음을 비운다는 뜻으로 기존의 37번에서 1993년부터 00번을 달았다. SK 와이번스의 타자 유망주 임석진(KIA 타이거즈에서 은퇴)은 선배인 김경기 코치처럼 강타자가 되고 싶은 마음에 00번을 달기도 했다.

0을 알아봤으니 이번에는 1과 2를 알아보자. 야구에서 숫자 1은 투수를 의미한다. 아마추어 야구에서 등번호 1번은 팀의 에이스를 상징한다. 1은 '처음'을 뜻하는 숫자로 모든 수의 시작이자, 모든 사물의 첫걸음을 의미한다. 야구의 이닝(회) 시작도 숫자 1이다, 또한 첫째아이, 첫사랑 등 처음을 뜻하는 것도 숫자 1을 사용한다. 1은 또 '제일'이라는 의미도 있다. 가장 흔히 쓰이는 일등 역시 '제일'을 표현한다.

이처럼 1이라는 숫자는 사람들의 첫 출발과 희망을 나타내는 숫자이기도 하다. 또 '유일성'을 의미하기도 하는데 곱셈 '$2 \times 1 = 2$' '$3 \times 1 = 3$'처럼 어떤 수에 1을 곱해도 계산값은 변화가 없다. 이러한 역할을 하는 수는 오직 1뿐으로 곱셈에 대한 '항등원'이라고 한다. 1은 수학적으로 모든 수를 나눌 수 있는 유일한 수다. 더불어 어떠한 다른 수로도 나눠지지 않는 아주 특별한 숫자다. 임찬규(LG 트윈스), 고영표(KT 위즈), 박치국(두산 베어스) 등이 투수로 등번호 1번을 달고 있다.

야구에서의 숫자 2는 포수를 의미하며, 포수는 투수와 배터리를 이루고 있다. 자연수의 두 번째 수이며, 첫 번째 소수이자 유일한 짝수 소수다. 삼라만상의 '화합과 조화를 나타내며 지혜의 수'라고도 한다. 우리 몸의 눈, 귀, 손, 발 등 대부분의 감각기관도 쌍수로 되어 있으며, DNA는 이중나선 구조로 되어 있다. 우리의 뇌도 좌뇌와 우뇌 2개로 이뤄져 있다. 그리고 음과 양, 일월, 천지, 남녀, 부모, 선과 악, 흑과 백, 북극과 남극 등 이분법적인 관계도 2와 관계가 있다. 2번은 가벼운 번호라 체격이 큰 포수들은 22, 27, 32 등과 같은 두 자릿수 번호를 선호한다.

완벽한 수
3

3은 우리가 살면서 가장 많이 접하는 숫자다. 인생을 과거, 현재, 미래로 구분하기도 하고, 하루를 아침, 점심, 저녁으로 구분하기도 한다. 가위바위보로 삼세판 겨뤄서 게임이나 순서를 정하기도 한다. 올림픽 등 스포츠 경기에서도 3명의 우수한 선수에게 금은동을 시상한다. 이 밖에 숫자 3과 관련된 사례는 수없이 많다. 왜 3과 연관된 사례가 많을까?

우리가 숫자 3을 자주 이용하는 이유는 2가지다.

첫째, 숫자 3은 완벽을 의미한다. 더하거나 뺄 것이 없는 완벽하고 안정적인 구조를 지녔다. 동서양을 막론하고 숫자 3은 완벽한 숫자로 여겨진다. 동양에서는 숫자 3이 음과 양을 품은 수에 해당

한다. 1은 양인 하늘, 2는 음인 땅, 3은 사람으로 천지인을 품은 완전한 숫자다. 서양에서는 삼위일체 하느님을 비롯해 성경 구절에서 3이라는 숫자가 자주 언급된다. 성경에서 3은 완성과 완전함을 상징하고, 어떤 사건이 3번 발생하면 그 사건 자체가 중요한 강조점을 지니고 있다.

이뿐만이 아니다. 물리학은 우주의 구성을 시간, 공간, 물질과 같이 3가지로 구분한다. 곤충은 머리, 몸통, 다리로 구분되고, 나무는 뿌리, 줄기, 잎으로 구분되며, 물체의 상태도 기체, 고체, 액체로 구분된다.

둘째, 숫자 3으로 구분하면 강력한 강조 효과를 나타낼 수 있다. 3번 드러냄으로써 어떤 의미를 강력하게 강조할 수 있다. 이런 이유로 각종 유명한 연설에서는 어떤 단어를 3번씩 강조하거나 3가지 강조점을 두는 연설이 자주 등장한다.

수학에서는 3은 1과 자기 자신만을 약수로 갖는 소수 중에서 첫 번째 홀수라는 특징이 있다. 그리고 다른 특징은 두 번째 삼각수(첫 번째는 1)이자 두 번째 소수(첫 번째는 2)라는 점이다(삼각수란 1, 3, 6, 10과 같이 정삼각형 모양을 이루는 점의 개수를 말한다). 3은 이전 두 자연수의 합과 같은 유일한 자연수다. 3개의 직선이 만나면 삼각형을 이룬다. 삼각형은 꼭짓점이 3개이고 변도 3개인 가장 적은 변을 가진 다각형이다.

야구와
숫자 3

야구에서 3은 가장 많이 등장하는 수이자 3의 배수와 관계가 많다. 승·무·패 경기 결과를 시작으로 주중 경기인 화·수·목 3연전과 주말 경기인 금·토·일 3연전이 있다. 3연전을 하는 이유는 삼세판의 의미가 강하다. 3번 싸워서 승자를 가리기 위해서다. 2015년부터 현재의 10개 구단 체제가 되면서 팀당 144경기가 배정되어 홈과 원정에서 각각 72경기가 진행되었다. 여기까지는 3의 배수가 사용된다. 하지만 특정 상대 팀과 총 16번의 맞대결을 하게 되는데 16은 3의 배수가 아니다. 16은 3으로 나누었을 때, 나머지가 1이 된다.

따라서 홈 3경기 2번, 원정 3경기 2번을 치르고 나면 4경기가 남아서 그동안은 마지막 후반기에 홈 2경기, 원정 2경기를 편성해야 했다. 그러다 보니 체력이 떨어지는 후반기에 2연전 시리즈에 대한 부담이 있어 현장(선수단)에서 꾸준히 개선을 요구했다. 그 결과 2023시즌부터 격년제로 홈 2경기, 원정 2경기 대신 절반(5팀)의 팀은 홈 3경기, 원정 1경기, 다른 절반(5팀)의 팀은 홈 1경기, 원정 3경기를 치르고 있다. 결국 특정 상대 팀과 16번의 맞대결이 3의 배수로 떨어지지 않다 보니 이런 궁여지책이 나온 것이다.

3의 배수가 되려면 16번의 맞대결에 2경기를 추가로 하는 18번의 맞대결이 되는데 이렇게 되면 1년에 144경기보다 18경기나 많은 162경기를 치르게 된다. 지금도 경기 수가 많다고 현장에서 볼멘소리가 나오는데 162경기는 선수층이 두터운 메이저리그의 1년 정규시즌 경기 수와 같다. 반대로 3의 배수를 만들기 위해 16번의 맞대결에서 1경기를 줄이면 15번의 맞대결이 되는데 이렇게 되면 1년에 135경기가 된다. 이러면 현장(선수단)은 찬성하지만 구단은 수입이 줄어들기 때문에 반대할 것이다. 구단 수입의 대부분이 경기 수와 연동되기 때문이다.

투수를 기준으로 하면 쓰리(3)아웃, 삼(3)진, 세이브 상황(3점차 이내), 투수 보직(선발·중간·마무리)이 3과 관련이 있다. '삼(3)구삼(3)진'이란 투수가 공 3개로 타자를 삼진아웃시키는 것을 말한다. 최고의 투수를 의미하는 트리플 크라운(다승, 탈삼진, 평균자책점 1위가 모두 동일한 투수)도 트리플, 즉 3이 나온다. 삼자범퇴(三者凡退)는 공격 팀의 3명의 타자가 진루나 득점을 하지 못하고 연달아 모두 아웃되는 경우다. 특히 투수가 공을 3번만 사용해 삼자범퇴를 시키는 경우를 '삼구 삼자범퇴'라고 한다. 퍼펙트 게임은 1명의 투수가 경기에서 상대해야 하는 타자의 가장 적은 수인 9이닝 27명만 상대하면서 어느 타자도 베이스에 올라가는 것을 허용하지 않고 경기를 마무리하는 것이다. 즉 한 투수가 모든 이닝을 삼자범퇴로 마무리하고 승리를 챙겼을 경우다.

타자를 기준으로 하면 3할 타자, 공·수·주(공격·수비·주루), 클린

| 역대 KBO리그 30-30클럽

연도	선수	홈런	도루	비고
1996년	박재홍	30	36	KBO 최초
1997년	이종범	30	64	트리플 쓰리(0.324)
1998년	박재홍	30	43	개인 두 번째
1999년	홍현우	34	31	트리플 쓰리(0.300)
1999년	이병규	30	31	트리플 쓰리(0.349)
1999년	제이 데이비스	30	35	외국인 최초
2000년	박재홍	32	30	개인 세 번째
2015년	에릭 테임즈	47	40	유일무이 40-40
2024년	김도영	38	40	최연소, 최소 경기

업 트리오(3·4·5번 타자)와 최고의 타자를 상징하는 트리플 크라운 (타율, 홈런, 타점 1위가 모두 동일한 타자) 등이 있다. 잘 치고 잘 달린다 는 의미의 호타준족 타자의 기준인 30-30클럽(홈런·도루 30개)도 3과 관계가 있다. KBO리그에서는 2024년 김도영(KIA 타이거즈) 선 수를 포함해 9차례 밖에 나오지 않은 진기록이다.

수비를 기준으로 하면 외야수(좌익수·중견수·우익수), 주자가 2~3명일 때만 가능한 삼(3)중살(트리플 플레이), 3피트 라인, 홈을 제외한 1·2·3루가 있다. 참고로 3피트 라인이란 타자 주자가 홈플 레이트에서 1루 사이의 후반부를 달리는 동안 가상의 3피트 라인 안에서 이동해야 한다는 룰이다. 만약 1루 송구를 처리하려는 야수를 방해했다고 심판위원이 판단했을 경우 아웃이 된다.

스타팅 라인업(9명), 정규 이닝(9이닝)은 3의 배수인 9와 관련이 있다. 3의 배수로 이뤄진 60피트 6인치는 마운드에서 홈플레이트까지의 거리를 의미한다. 이 거리는 1893년에 50피트에서 60피트 6인치로 늘어났다. 그 결과 타자에게 좀 더 유리하게 되었고, 모든 선수로 하여금 기록을 객관적이고 현대적으로 평가하는 데 영향을 끼쳤다.

스포츠에서 여러 해 우승을 기록한 팀을 흔히 왕조(Dynasty)라고 부르는데, 미국 프로농구(NBA) 등에선 쓰리핏(3-peat)을 기준으로 삼는다. 역시 또 3이 나온다. 쓰리핏은 3연속 우승을 일컫는 단어다. KBO리그의 경우 이 기준에 맞는 왕조는 1986~1989년 4년 연속 우승을 차지한 해태 타이거즈와 2011~2014년 4년 연속 우승한 삼성 라이온즈 두 팀뿐이다.

야구라는 스포츠의 특성상 3년 연속 우승팀이 나오기 어렵다는 점 때문에 5년간 3차례 우승을 기록한 팀도 왕조로 인정해주자는 의견이 있다. 이 기준으로 보면 해태 타이거즈(1986~1989년), 현대 유니콘스(2000년, 2003년, 2004년), 삼성 라이온즈(2002년, 2005년, 2006년), SK 와이번스(2007년, 2008년, 2010년), 삼성 라이온즈(2011~2014년), 두산 베어스(2015년, 2016년, 2019년)가 왕조 계보를 잇는다. 어찌 되었든 3이라는 숫자는 야구를 포함해 스포츠 왕조를 상징하는 표현임은 분명하다.

야구의 꽃,
숫자 4

숫자 4와
관련된 기록

　그렇다면 3을 넘어 4와 관련된 기록은 어떨까? 야구는 득점이 많은 팀이 승리하는 경기다. 1점을 획득하려면 안타를 쳐서 1루부터 시작해 2루와 3루를 돌고 홈베이스를 밟아야 한다. 1점 득점을 위해 많은 작전과 전술을 실행하는데 이런 과정을 한 번에 깔끔하게 처리하는 것이 홈런이다. 홈런은 한 번에 4개의 베이스를 지나면서 득점으로 이어져 '야구의 꽃'이라고 불리기도 하고, 야구에서 4가 등장하는 대표격이라고 할 수 있다.

홈런 가운데 최고봉은 단연 만루홈런이다. 영어로는 그랜드 슬램(Grand Slam)이라고 한다. 1·2·3루에 모두 주자가 있는 상태에서 치는 홈런을 의미한다. 타점은 4개가 기록되며 루상의 주자들은 모두 득점하게 된다. KBO리그는 1982년 프로야구 원년의 시작과 끝을 모두 만루홈런으로 장식하면서 인기를 끌었다. MBC 청룡과 삼성 라이온즈의 개막전에서 이종도(MBC 청룡)의 10회말 끝내기 만루홈런이 나왔고, OB 베어스와 삼성 라이온즈의 한국시리즈 6차전에서 4:3의 아슬아슬한 리드에 9회초 쐐기를 박은 점수도 김유동(OB 베어스)의 만루홈런이었다. 같은 해 올스타전에서도 김용희(롯데 자이언츠)가 만루홈런을 쳐서 미스터 올스타에 선정되었다.

호타준족 타자의 기준인 30-30클럽(홈런 30개, 도루 30개)을 뛰어넘는 40-40클럽(홈런 40개, 도루 40개)은 KBO리그에서 2015년 에릭 테임즈(NC 다이노스)가 유일하다. 국내 선수로는 2024년 김도영(KIA 타이거즈) 선수가 도전했으나 실패했다.

숫자 4와 관계 있는 기록은 사이클링 히트(Cycling Hit)가 있다. 1루타, 2루타, 3루타, 홈런을 모두 한 경기에서 순서와 상관없이 타자가 만들면 이룩하는 기록이다. 사이클링 히트는 일본식 표현이며 영어로는 히트 포 더 사이클(Hit for the Cycle)이라고 부른다. 한 경기에서 1루타→2루타→3루타→홈런을 순서대로 기록하는 순수 사이클링 히트인 내추럴 사이클(Natural Cycle)이라는 용어도 있다. KBO리그에서는 1996년 4월 14일 김응국(롯데 자이언츠) 선수가 한화 이글스와의 홈경기에서, 2024년 7월 23일 김도영(KIA 타이거즈) 선수가 NC 다이노스와의 홈경기에서 단 2번 기록했다. 이 경기에서 김응국은 5타수 4안타, 김도영은 4타수 4안타를 기록하며 김도영은 유일하게 최소 타석(4) 내추럴 사이클링 히트를 달성했다.

사이클링 홈런(Cycling Homerun)은 사이클링 히트에서 유래한 말로 한 경기에서 1점(솔로), 2점(투런), 3점(쓰리런), 4점(만루) 홈런이 모두 나오는 경우를 말한다. 영어로는 홈런 사이클(Homerun Cycle)이라고 불린다.

고의사구(故意四球)는 투수가 유리한 승부를 위해서 타자를 볼넷으로 걸러 1루로 진루시키는 것이다. 이때 투수는 포수를 일어나게 해 타자가 칠 수 없게 한다. 볼넷과 같지만 기록표에는 '고의사구'라고 다르게 기록된다. 투수의 투구 없이 타자가 바로 볼넷을 얻은 것으로 간주해 1루로 출루하는 자동 고의사구도 있다. 공을 던져 볼카운트를 쌓아 내보내는 것이 아니라, 수비팀 감독이 심판에게 고의사구를 요청하면 심판이 투구 없이 타자의 출루를 선언한다.

심판은 4명이 한 조를 이루고 경기마다 주심, 1루심, 2루심, 3루심을 돌아가면서 본다. 전 경기 2루심이 주심, 주심이 3루심, 3루심이 1루심, 1루심이 2루심으로 이동한다. 포스트시즌에는 경기의 중요성 때문에 좌익선심, 우익선심 등 2명의 심판위원이 추가 배정되어 6심제가 운영된다. 여기서 3의 배수가 다시 등장한다.

여기서 잠깐

프로야구 감독이란?

"남자로 태어나 해볼 만한 일이 3가지가 있다. 연합함대 사령관(해군 제독), 오케스트라 지휘자 그리고 프로야구 감독이다."

이는 미즈노 시게오 후지산케이그룹 회장이 남긴 명언이다. 미즈노 회장은 1965년 고쿠테쓰 스왈로스를 인수해 6년간 프로야구 단의 구단주가 되었지만 감독을 맡지는 않았다.

미즈노 회장이 언급한 세 직업은 공통점이 있다. 오랜 경력과 깊은 지식, 미래에 대한 비전, 강력한 리더십이 필요하다. 그리고 그 자리에 올랐을 때 막강한 권한을 갖게 된다. 이들에게 이런 권한이 주어지는 데는 함선, 오케스트라, 야구팀이라는 조직의 특성 때문이다. 조직의 구성원은 일사분란하게 움직여야 하며 사령관, 지휘자, 감독의 의도와 다른 행동을 할 경우 그 조직은 흔들리고 목표를 달성하기 어렵다.

　이렇듯 야구선수 출신에게는 선망의 직업이 프로야구 감독이다. KBO리그가 10개 구단으로 구성되어 있으니 우리나라에 10명의 야구선수 출신만이 이 자리에 오를 수 있다. 과거 MLB에서는 야구선수 출신이 아닌데도 프로야구 감독이 되는 경우가 있었지만, 현대 야구에서는 상상하기 어려운 일이다. KBO리그는 1982년 창설 이래 단 한 번도 비선수 출신이 프로야구 감독이 된 사례가 없다.

　KBO리그에서는 외국인 감독이 5차례 선임되었다. KBO 최초의 외국인 감독은 제리 로이스터(Jerry Royster) 감독(2008~2010년 롯데 자이언츠)이다. 그는 7년 동안 '8888577' 암흑기 번호를 쓰고 있던 롯데 자이언츠를 재임 기간 3년 내내 가을야구에 진출시켰다. KBO 두 번째 외국인 감독은 트레이 힐만(Trey Hillman) 감독(2017~2018년 SK 와이번스)이다.

　KBO 외국인 감독으로는 현재까지 유일한 우승 감독이다. 힐만 감독은 2006년 NPB 홋카이도 닛폰햄 파이터즈를 우승시켜 역시 유일한 한·일 우승 감독이다. SK 와이번스는 전임 김용희 감독 이후 새 감독 선임을 위해 내부 코치 3명과 외국인 감독 후보 3명을 면접한 끝에 트레이 힐만 감독과 계약했다. 당시 류준열 사장과 민경삼 단장이 미국으로 건너갔고 힐만 감독의 자택에서 술이 곁들

2018년 한국시리즈를 우승하고 KBO 감독상을 수상하는 트레이 힐만 감독

여진 저녁 만찬을 하면서 계약에 합의했다. SK 와이번스는 왕조를 이룬 김성근 감독이 2011년 퇴진한 이후 두각을 나타내지 못하다가 외국인 감독 선임을 통해 혁신을 도모했고 그것이 들어맞았다. SK 와이번스는 건강상의 이유로 중도 퇴진한 염경엽 감독 후임으로 힐만 감독을 재영입하려고 시도했지만 힐만 감독의 개인 사정으로 무산되기도 했다.

이후 맷 윌리엄스(Matt Williams) 감독(2020~2021년 KIA 타이거즈), 카를로스 수베로(Carlos Subero) 감독(2021~2023년 한화 이글스), 래

리 서튼(Larry Sutton) 감독(2021~2023년 롯데 자이언츠) 등 3명의 외국인 감독이 비슷한 시기에 부임했지만 가을야구 진출에 모두 실패했다.

그러면 프로야구단에서는 감독을 어떻게 선임할까? 감독 선임의 최종 결정권은 구단주가 갖고 있다. 대부분의 구단은 복수 후보를 대상으로 면접을 통해 감독 후보를 구단주에게 보고하고 구단주가 결정한다. 야구단의 대표이사 또는 단장이 감독 후보자를 면접하는데 동일한 항목의 질문을 통해 감독 후보자와 구단의 방향성이 일치하는지 확인한다. SK 와이번스의 마지막 감독이자 SSG 랜더스의 초대 감독인 김원형 감독 역시 2020년 말, 구단의 면접을 통해 감독이 되었다. 3명의 복수 후보 면접에서 김원형 감독은 2순위였으나, 구단과 1순위 후보자 간 세부 조율 과정에서 의견 일치를 이루지 못해 김원형 감독이 최종적으로 낙점받았다.

감독 후보를 선정하는 기준은 구단이 처한 상황에 따라 다르다. 김원형 감독이 선임된 2020년 말에는 그해 SK 와이번스가 창단 이후 최악의 성적을 기록함에 따라 팀을 재건시키는 데 주안점이 있었다. 따라서 감독으로서 경험이 풍부하거나 SK 와이번스 팀 상황에 대한 이해도에 높은 비중을 두었다. 당시 1순위 후보자는 감독으로서 경력이 탁월한 인물이었고 김원형 감독은 SK 와이번스에서 주장을 역임하고 다년간 코치를 경험해 팀에 대한 이해도가 높았다. 3순위 후보자는 감독 경험은 전무했으나 여러 구단에서 코치 경험이 풍부했다. SK 와이번스에서 코치 경험도 있었다.

사실 프로야구 감독은 오래 할 수 있는 직업은 아니다. 생애 처음으로 프로야구단과 감독 계약을 맺은 초보 감독의 경우 계약기간 2~3년에 6억~12억 원 수준의 계약금액(계약금과 연봉을 합친 금액)을 보장받는다. 이 기간 동안 성과를 내면 재계약을 하는데 이때는 이전보다 많은 계약금액에 사인한다. 특히 한국시리즈 우승을 하게 되면 소속 구단으로부터 3년 동안 20억 원 이상의 계약금액을 제시받는다.

그러나 감독은 재계약에 성공하는 비율이 높지 않다. KBO리그의 경우 10개 팀 가운데 절반인 5개 팀만 가을야구인 포스트시즌에 참가할 자격이 주어지고, 가을야구 진출에 실패하는 팀의 감독은 재계약은커녕 중도 경질의 아픔을 겪게 된다. 따라서 한 시즌에 절반에 가까운 팀의 감독은 언제든지 감독실을 비우고 야인으로 돌아갈 마음의 준비를 해야 한다.

2022년 전무후무한 와이어 투 와이어 통합우승을 일궈낸 김원형 감독은 2021년부터 2년간 7억 원의 계약금액(계약금 2억 원, 연봉 2억 5천만 원)에 첫 감독 계약을 맺었고, 2023년부터 3년간 22억 원의 계약금액(계약금 7억 원, 연봉 5억 원)에 재계약했다. 그러나 재계약 첫 해를 마치고 전격 해임되었다.

프로야구 감독은 정신적인 스트레스가 무척 심한 자리다. KBO리그는 정규시즌 기준으로 1년에 144경기를 치른다. 프로야구단을 구성하는 선수, 감독, 코치, 프런트 임직원 모두 1년의 40%에 가까운 144일간 스트레스에 시달린다. 이 가운데 감독의 스트레스가 가장 심하다. 프로야구 감독은 막강한 권한이 주어지는 만큼 외로운 자리다. 감독이 되기 전에는 선수와 가깝게 지내다가도 감독이 되는 순간부터 선수와 보이지 않는 벽이 생긴다.

감독은 매 경기 선수들의 출전 여부를 결정하다 보니 선수의 생사여탈권을 쥐고 있다. 선수 입장에서는 본인을 경기에 자주 기용하는 감독은 '좋은 감독'이고 그렇지 않으면 '나쁜 감독'으로 인식한다. 경기 출장에 따라 선수의 성과나 가치가 달라지고 그다음 해 연봉이 달라지기 때문이다.

프로야구 감독은 치열한 승부의 세계가 펼쳐지는 야구장에서도 더그아웃이라는 좁은 공간을 벗어날 수 없다. 이닝 간에나 잠시 더그아웃을 벗어날 수 있다. 그러다 보니 프로야구 감독은 연간 3억~7억 원의 연봉이 그다지 많다고 느껴지지 않을 정도로 상상 이상의 스트레스를 견뎌야 하는 '극한 직업'이다. 프로야구 감독의 연봉은 조금의 과장을 보태면 일종의 생명수당도 포함된다고 할 수 있다. 그래도 야구선수 출신에게는 프로야구 감독은 로망이다. 남자로 태어나서 해보고 싶은 3대 직업 중 하나일 정도로 매력이 있기 때문이다.

2이닝:
경기 방식과 운영

10개 팀이 참가하는 KBO 정규시즌은 팀당 144경기를 치른다. 2023년부터 5개 팀이 73경기를 각 팀의 홈구장에서 치르고, 나머지 71경기는 원정경기로 치른다. 개막전은 직전 시즌 최종 순위를 기준으로 상위 5개 팀이 첫 개막 시리즈 5연전의 홈경기 개최 권한을 가진다. 단 홈구장이 같은 LG 트윈스와 두산 베어스는 직전 시즌에 포스트시즌을 동반 진출했을 경우 최종 순위가 더 높은 쪽이 개최권을 갖는다. 이 경우 나머지 한 자리는 6위 팀이 가져가게 된다.

야구의
경기 방식

야구는 각 9명(지명타자가 있으면 10명)으로 구성된 양 팀이 정규 이닝(9이닝) 혹은 연장전에 걸쳐 승부를 가린다. 그리고 원정팀이 먼저 공격(타격)을 하고, 홈팀이 수비를 한다. 공격하는 팀에서 3명의 타자 및 주자가 아웃되면 공수가 교대되고 수비하던 팀에게 공격권이 넘어간다. 다만 9회초가 끝나고 9회말로 넘어가는 시점에 홈팀이 앞서고 있어 승패가 바뀔 가능성이 없게 되면 9회초에 경기를 끝낸다. 9회말이 끝나도 동점 상황이 유지될 경우 KBO 정규시즌은 11회까지(포스트시즌은 15회까지) 진행되고, 그래도 승부가 나지 않으면 경기를 종료하고 무승부로 인정한다.

축구, 농구, 배구 등 대부분의 스포츠는 같은 시간과 공간에서 공

수원KT위즈파크에서 볼 수 있는 문구. 9회말이 없다는 것은 홈팀이 이긴다는 의미다.

격과 수비가 동시에 진행된다. 그러나 야구는 공격 이닝과 수비 이닝이 별도로 진행된다. 그러다 보니 9회말이 없는 경우가 발생한다.

KBO는 2008년 MLB처럼 무제한 연장전을 도입한 적이 있으나 18회까지 가는 경기가 나오는 바람에 이듬해 폐지되었고 2024년까지 12회 연장전을 진행했다. 그러다 2025시즌부터 정식으로 피치클록이 시행되면 투수들의 체력 소모가 가중될 수 있기 때문에 정규시즌 연장전을 11회까지 축소 운영하기로 했다.

모든 타격은 홈플레이트 옆에 있는 타석에서 행해지며, 공격팀 선수가 3아웃 이전에 1·2·3루를 거쳐 홈에 이르면 득점한다. 수비는 9명의 선수가 그라운드에 서며 투수는 마운드에, 포수는 포수석에 위치한다. 나머지 7명의 수비수는 내야와 외야에 포진한다. 현대 야구에서는 수비수의 위치가 거의 정해져 있지만, 아웃시킬 확

내야수가 외야 지역으로 나가서 수비하는 모습

률을 높이기 위해 다소간 이동하기도 한다. 이것을 수비 시프트라고 부른다.

가끔 수비 시프트를 극단적으로 하는 경우가 있다. 예를 들어 중견수를 2루 앞으로 포진시켜서 내야수를 5명으로 만들거나, 우측 타구를 잡기 위해 유격수를 2루에 두고 2루수가 우익수 앞쪽으로 들어가서 수비하기도 한다. 2루수 고영민 선수(두산 베어스)가 이런 수비의 대가였는데 당시 '2익수'라는 별명으로 불렸다.

주자가 진루할 수 있도록 타석에 있는 타자가 희생번트를 대는 경우가 있는 이를 방지하기 위해 '번트 시프트'를 펼치기도 한다. 투수가 투구를 함과 동시에 투수, 1루수, 3루수가 포수 근처까지 이동하고, 2루수가 1루를 커버하고, 유격수가 2루나 3루를 커버하는 것을 번트 시프트라고 한다.

타순 구성과 경우의 수

경기 1시간 전에 전광판을 통해 양 팀의 타순이 공개된다. 양 팀의 감독과 타격코치에게 당일 경기 타순 작성은 가장 중요한 일 중 하나다. 타순을 잘 짜서 득점이 늘어나면 그 경기는 이길 가능성이 높아지고, 반대면 패배 확률이 높아진다.

야구는 공격팀이 1이닝에 안타 3개를 쳐도 득점에 실패할 수 있는 경기다. 이닝 선두타자가 1루타, 두 번째 타자가 아웃, 세 번째 타자가 1루타, 네 번째 타자가 아웃, 다섯 번째 타자가 1루타(선두타자가 3루까지만 진루), 여섯 번째 타자가 아웃이면 득점이 안 될 수 있다. 선두타자가 이대호 선수와 같이 주력이 느린 주자라면 1루타로는 득점을 하기 어렵다. 반면 1개의 1루타가 나오더라도 득점에 성공할 수 있다. 이닝 선두타자가 1루타를 치고, 두 번째 타자가 희생번트에 성공해 2루에 진루하고, 2루 주자가 3루 도루에 성공하고, 세 번째 타자가 외야 깊숙한 희생플라이를 치면 득점할 수 있다. 세 번째 타자가 희생 플라이를 칠 정도로 힘 있는 타격을 할 수 있어야 하는데 그렇지 못하면 득점에 실패하는 것이다. 그만큼 타순의 연결성이 중요하다.

일반적으로는 감독과 타격코치가 상의해서 당일 경기의 선발 타순을 작성한다. 간혹 통계에 능통한 데이터분석원이 같이 짜는 경우도 있어서 세이버메트릭스의 개념을 타순에 반영시키기도 한다. 2019년 SK 와이번스의 데이터분석팀은 통계 프로그램을 돌려서 매 경기 타순을 감독에게 추천했다. 그러나 타순의 변화가 잦으면 작전을 수행해야 할 타자들이 혼란을 느낄 수 있다는 단점이 발생한다.

타순을 작성함에 있어 기본은 상대 선발투수와 우리 팀 타자 간의 1:1 데이터다. 여기에 최근 경기 타격 성적도 중요한 참고자료다. 감독이나 타격코치는 당일 경기 전 타격 훈련에서 보여주는 타자의 컨디션을 타순에 반영하기도 한다.

과거에는 발이 빠르고 출루율이 좋은 타자가 1번 타자, 번트를 포함한 작전 수행능력이 좋은 타자가 2번 타자, 타율이 좋은 타자가 3번 타자, 장타력과 타율을 겸비한 타자가 4번 타자, 타점 생산이 좋은 타자가 5번 타자를 맡는 등 전통적인 타순 개념이 있었다. 이는 타순의 연결성을 중요시한 개념이다. 타순이 잘 연결되면 득점 성공률이 높아지고, 타순이 잘 연결되지 않아 안타가 산발되면 득점에 실패한다는 이론이다.

이와 별개로 최근 현대 야구는 잘 치는 타자를 앞 타순에 배치해

| KBO리그 2020~2022시즌 아웃 카운트·주자 상황별 기대득점

주자 상황	0아웃	1아웃	2아웃
없음	0.542	0.279	0.102
1루	0.959	0.565	0.228
2루	1.259	0.770	0.353
3루	1.355	1.012	0.393
1·2루	1.677	1.015	0.462
1·3루	1.813	1.260	0.565
2·3루	2.042	1.501	0.639
만루	2.522	1.773	0.865

타격 기회가 자주 오도록 배치한다. 따라서 주력이 떨어지는 1번 타자를 가끔 보게 된다. 이런 1번 타자는 발은 느려도 출루율이나 OPS가 좋다.

2번 타자의 작전 수행능력 중 하나인 희생번트에 대해서는 논란이 있다. 빌 제임스를 비롯한 세이버메트리션들은 번트가 득점 가능성을 떨어뜨리는 공격 수단이라고 주장한다. 무사 1루의 기대득점과 1사 2루의 기대득점을 비교해보면 전자(0.959)가 후자(0.770)보다 높다(KBO리그 2020~2022시즌 참고).

기대득점이란 해당 상황에서 이닝이 끝날 때까지 기대되는 평균적인 득점을 말한다. 희생번트는 아웃카운트 하나를 희생하면서 주자를 한 베이스 진루시키는 것인데, 데이터만 보면 아웃카운트의 가치가 진루의 가치보다 훨씬 큰 것이다.

야구 경기는 24개의 경우의 수가 존재한다. 3개의 아웃카운트와 8개의 주자 상황(주자 0명, 1루, 1·2루, 1·3루, 2루, 2·3루, 3루, 만루)이 연결된다. 기대득점은 특정 아웃카운트·주자 상황에서 평균적으로 몇 점이 기대되는지를 나타내는 지표로, 해당 상황에서 이닝 종료까지 발생한 총 득점을 그 상황이 발생한 총 횟수로 나눈 값이다. 예를 들어 1사 1·2루 상황이 100번 발생했고, 그 100번의 사례에서 총 120점이 들어왔다면 기대득점은 1.2다.

희생번트의 성공률은 어떨까? KBO 2024시즌 희생번트 성공률은 63.8%였다(성공 482번, 실패 219번). 따라서 희생번트 작전은 성공률도 높지 않으면서 성공을 해도 기대득점이 낮은 불편한 진실이 있는 것이다. 이에 따라 기존에 2번 타자에게 요구되던 능력의 가치가 희미해지고, 전통적인 3번 타자가 2번 타순으로 옮기는 '강한 2번 타자'가 등장하기 시작했다.

KBO리그에서 강한 2번 타자의 원조는 1994년 김재현(LG 트윈스)이다. 김재현은 1994년 신일고등학교를 졸업하고 LG 트윈스 유니폼을 입는데, 고졸 신인 타자로는 처음으로 20홈런-20도루를 기록한 호타준족의 강타자였다. 당시 이광환 LG 트윈스 감독은 김재현을 2번 타자로 기용했고, 1번 타자 유지현이 출루하면 김재현에게 희생번트가 아닌 히트앤드런 작전을 구사해 1사 2루가 아닌 무사 1·3루 찬스를 만들어냈다. 이광환 감독은 국내 야구인으로는 처음으로 MLB(세인트루이스 카디널스)에서 코치 연수를 받았는데, 기대득점 개념을 이해한 선구자라고 볼 수 있다. 이런 공격 야구를 통해 LG 트윈스는 '신바람 야구'라는 별명을 얻으며 그해 한국시리즈 우승을 차지했다.

타순을 정하는데 있어서 타자의 작전 수행능력과 함께 지적받는 건 1회를 제외하면 누가 먼저 타석에 들어설지 아무도 알 수 없다는 점이다. 1회에 1·2·3번 타자가 삼자범퇴로 물러나면 2회에는 4번 타자가 선두타자로 나서게 되는데, 타점을 목적으로 4번에 강한 타자를 배치시키는 의도가 실효성이 떨어진다는 주장이다. 또한 상대적으로 약한 타자가 배치되는 하위 타순이 선두타자로 나서게 되는 경우 2번 타자가 타점을 올리는 역할까지 할 수 있다.

결과적으로 강한 2번 타자가 등장한 배경은 전통적인 타순의 역할론이 현대 야구에서는 별 의미가 없기 때문이다. 그러므로 굳이 역할에 따라 타순을 배치하지 말고 잘 치는 타자를 상위 타순에 배치시키면서 타격 기회를 한 번이라도 더 주는 것이 효과적이라는 주장이다.

감독과 타격코치가 매 경기 타순을 결정할 때 1군 엔트리 28명에서 투수를 제외한 포수, 내야수, 외야수가 대상이 된다. 1군 엔트리 28명에서 투수 13명, 포수 2명, 내야수 7명, 외야수 6명을 쓴다고 가정할 때 선발 타순은 포수 2명 중 1명, 내야수 7명 중 4명, 외야수 6명 중 3명을 쓰고, 지명타자는 야수(포수·내야수·외야수의 합) 15명 중 1명을 쓴다. 내야수 7명 중 1루수, 2루수, 3루수, 유격수를 결정하는 방법의 수는 '7×6×5×4=840'이다. 외야수 6명 중 좌익수, 중견수, 우익수 3명을 결정하는 방법은 '6×5×4=120'이다.

일반적으로 서로 다른 n명 중 r명을 뽑아 배열하는 방법을 '순열'이라고 한다. 기호로는 '$_nP_r$'이라고 쓴다. 서로 다른 n개에서 r개를 택하는 순열의 수는 다음과 같다.

$$_nP_r = n(n-1)(n-2) \cdots (n-r+1) \ (단, 0 \le r \le n)$$

'느낌표(!)'는 계승(Factorial)이라고 하는데 '5!'이란 '5×4×3×2×1'과 같이 5 이하의 자연수를 순서대로 곱하는 것이다. 따라서 n의 계승은 다음과 같이 정의할 수 있다.

$$n! = n \times (n-1) \times (n-2) \times \cdots \times 3 \times 2 \times 1$$

n의 계승의 정의를 이용해 이번에는 '0!'의 값을 계산해보자.

$$\frac{n!}{(n-1)!} = n$$

위 등식을 이용해 n=5인 경우를 살펴보면 다음과 같다.

$$\frac{5!}{(5-1)!} = \frac{5!}{4!} = \frac{5 \times 4 \times 3 \times 2 \times 1}{4 \times 3 \times 2 \times 1} = 5$$

$$\frac{4!}{3!} = \frac{4 \times 3 \times 2 \times 1}{3 \times 2 \times 1} = 4$$

$$\frac{3!}{2!} = \frac{3 \times 2 \times 1}{2 \times 1} = 3$$

$$\frac{2!}{1!} = \frac{2 \times 1}{1} = 2$$

차례로 계산해보면 자연스럽게 다음과 같은 결과가 도출된다.

$$\frac{1!}{0!} = 1$$

즉 '0!'은 1이다.

다시 타순으로 돌아가서, 선발로 등록되는 9명의 선수의 타순을 배열하는 경우의 수는 '9!=9×8×7×⋯×3×2×1'이며 이것은 36만 2,880가지로 매우 큰 숫자다. 순열의 모양을 정리해보자.

$$_nP_r = n(n-1)(n-2) \cdots (n-r+1)$$

여기에 (n-r)!을 분자, 분모에 곱해주면 다음처럼 깔끔하게 표현할 수 있다.

$$_nP_r = n(n-1)(n-2)\cdots(n-r+1) \times \frac{(n-r)!}{(n-r)!} = \frac{n!}{(n-r)!}$$

그리고 다음이 성립한다.

$$_nP_n = n!$$
$$_nP_0 = 1$$

내야수 7명 중에서 1루수, 2루수, 3루수, 유격수 구분 없이 4명의 선수를 결정한다면 나올 수 있는 경우의 수는 35가지다.

$$\frac{7 \times 6 \times 5 \times 4}{4!} = 35$$

외야수 6명 중 좌익수, 중견수, 우익수 구분 없이 3명의 선수를 결정한다면 나올 수 있는 경우의 수는 20가지다.

$$\frac{6 \times 5 \times 4}{3!} = 20$$

이 방법은 '조합'이라고 하고 기호로는 $_nC_r$이라고 쓴다. 서로 다른 n개에서 r개를 택하는 조합의 수는 다음과 같다.

$$_nC_r = \frac{_nP_r}{r!} = \frac{n!}{r!\,(n-r)!} \,(단,\ 0 \le r \le n)$$

그리고 다음이 성립한다.

$$_nC_0 = 1$$
$$_nC_n = 1$$
$$_nC_r = {_nC_{n-r}}$$

파스칼의
삼각형

'파스칼의 삼각형'이란 자연수를 삼각형 모양으로 배열한 것이다. 원래 중국에서 만들어졌으나 프랑스 수학자 블레즈 파스칼(Blaise Pascal)이 체계적인 이론을 만들고 그 속에서 흥미로운 성질을 발견했기 때문에 파스칼의 삼각형이라고 부르게 되었다.

파스칼의 삼각형은 다음과 같은 규칙에 따라 그려진다.

1. 맨 위에 1을 적는다.

2. 그다음 줄은 1을 2개 적는다.

3. 이후 각 줄은 양끝이 1로 시작하고 끝난다.

4. 중간 숫자는 바로 위의 두 숫자를 더해서 구한다.

야구×수학

94

| 파스칼의 삼각형

$$_0C_0 \qquad\qquad 1$$
$$_1C_0 \ _1C_1 \qquad\qquad 1 \quad 1$$
$$_2C_0 \ _2C_1 \ _2C_2 \qquad\qquad 1 \quad 2 \quad 1$$
$$_3C_0 \ _3C_1 \ _3C_2 \ _3C_3 \qquad\qquad 1 \quad 3 \quad 3 \quad 1$$
$$_4C_0 \ _4C_1 \ _4C_2 \ _4C_3 \ _4C_4 \qquad\qquad 1 \quad 4 \quad 6 \quad 4 \quad 1$$
$$_5C_0 \ _5C_1 \ _5C_2 \ _5C_3 \ _5C_4 \ _5C_5 \qquad\qquad 1 \quad 5 \quad 10 \quad 10 \quad 5 \quad 1$$
$$_6C_0 \ _6C_1 \ _6C_2 \ _6C_3 \ _6C_4 \ _6C_5 \ _6C_6 \qquad\qquad 1 \quad 6 \quad 15 \quad 20 \quad 15 \quad 6 \quad 1$$

파스칼의 삼각형에는 여러 가지 재미있는 내용이 있다.

우선 파스칼의 삼각형에서 나타나는 숫자는 이항 계수를 나타낸다. 이항 계수란 $(a+b)^n$의 전개식에서 나오는 계수다. '$(a+b)^2=(a+b)(a+b)=a^2+2ab+b^2$'에서 계수 1, 2, 1이 나오는데 이는 파스칼의 삼각형의 세 번째 줄과 같다. '$(a+b)^3=(a+b)(a+b)(a+b)=(a+b)(a^2+2ab+b^2)=a^3+3a^2b+3ab^2+b^3$'의 계수는 네 번째 줄의 숫자 1, 3, 3, 1과 같다.

두 번째로 각 줄의 숫자를 더하면 2의 거듭제곱의 값이 나온다.

$$2^0 = 1$$
$$2^1 = 2$$

$2^2 = 4$

$2^3 = 8$

...

파스칼의 삼각형에서 다섯 번째 줄의 수는 처음부터 각각 5개 중 0개, 1개, 2개, 3개, 4개, 5개를 선택하는 경우의 수(조합)와 대응한다. 예를 들어 5명의 선수 중에서 3명을 선택하는 경우 $_5C_3$=10인데, 파스칼의 삼각형 다섯 번째 줄에서 네 번째 있는 숫자 10과 같다.

정규시즌과 포스트시즌

정규시즌 운영 방식

10개 팀이 참가하는 KBO 정규시즌은 팀당 144경기를 치른다. 2023년부터 5개 팀이 73경기를 각 팀의 홈구장에서 치르고, 나머지 71경기는 원정경기로 치른다. 개막전은 직전 시즌 최종 순위를 기준으로 상위 5개 팀이 첫 개막 시리즈 5연전의 홈경기 개최 권한을 가진다. 단 홈구장이 같은 LG 트윈스와 두산 베어스는 직전 시즌에 포스트시즌을 동반 진출했을 경우 최종 순위가 더 높은 쪽이 개최권을 갖는다. 이 경우 나머지 한 자리는 6위 팀이 가져가게 된다.

직전 시즌인 2024년에 LG 트윈스와 두산 베어스는 가을야구에 진출했다. LG 트윈스가 3위, 두산 베어스가 4위로 마감해 LG 트윈스는 2025년 개막 시리즈 홈경기를 치르고, 두산 베어스는 원정경기를 치른다. 대신 2024년 6위 팀인 SSG 랜더스가 2025년 개막 시리즈를 치를 수 있게 되었다. 2025시즌은 새로운 구장에서 시작하는 한화 이글스에게 개막 시리즈 개최 권한을 주자는 일부 의견도 있었지만 이런 사례는 KBO리그에 없었다. 2002년 문학구장을 개장한 SK 와이번스가 그해 KBO 사무국에 개막전을 치르고 싶다는 의견을 개진한 바 있지만 받아들여지지 않았다.

매주 월요일을 제외하고 화요일부터 일요일까지 경기가 열린다. 다만 경기 개시시간을 기준으로 강풍, 폭염, 안개, 미세먼지, 황사 등 기상 특보(경보 이상)가 발령될 경우 경기 취소가 가능하다.

주말과 공휴일의 경기 개시시간은 계절에 따라 다르다. 토~일에 열리는 개막 2연전과 5월 5일 어린이날 경기는 오후 2시에 열린다. 한때 금~일에 개막 3연전이 열린 적이 있지만 평일(금요일) 경기는 관중 만원이 쉽지 않아 개막 열기가 오르지 않는다는 단점 때문에 폐지되었다. '천만 관중'을 돌파한 2024시즌과 같은 분위기라면 금요일 개막전도 가능해 보인다.

토요일 경기(개막전 제외)는 개막 시리즈 다음 주부터 6월 마지막 토요일까지 오후 5시에 시작한다. 일요일과 공휴일 경기는 개막

시리즈부터 5월 마지막 주까지, 9월 첫 일요일부터 정규시즌 종료 시까지 오후 2시에 시작한다. 혹서기로 분류하는 7~8월은 토요일 경기가 오후 6시, 일요일과 공휴일 경기가 오후 5시에 시작한다. KBO리그 유일의 돔구장(고척스카이돔)을 사용하는 키움 히어로즈 는 6~8월 일요일 홈경기를 오후 2시에 시작한다. 그다음 날인 월 요일에 출근하는 직장인을 고려한 조치다.

한편 포스트시즌은 평일 오후 6시 30분, 토요일·일요일·공휴일 오후 2시에 경기를 치른다.

포스트시즌 운영 방식

KBO리그 포스트시즌은 정규시즌이 끝나고 일반적으로 10월에 치러진다. 포스트(Post)는 '이후'라는 뜻을 가지고 있으며 정규시즌 이 끝난 후의 야구 경기를 총칭한다. 정규시즌 순위는 승률 순서로 산정하며, 최고 승률팀이 정규시즌 우승팀이 되어 한국시리즈에 직행한다. 현행 포스트시즌 운영 방식은 정규시즌 승률 상위 5개 팀이 와일드카드 결정전, 준플레이오프, 플레이오프, 한국시리즈에 차례로 참가하는 계단식 구조다.

정규시즌 4위 팀과 5위 팀이 와일드카드 결정전을 통해 승자를

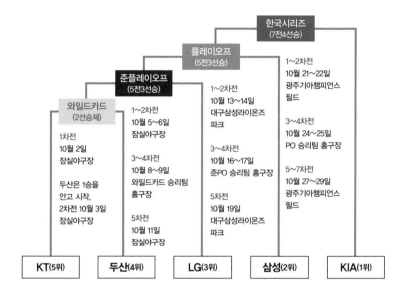

가리고, 이 승자가 정규시즌 3위 팀과 5전 3선승제의 준플레이오프를 통해 다시 승자를 가린다. 이 승자가 정규시즌 2위 팀과 5전 3선승제의 플레이오프를 치른다. 여기서 이긴 팀이 정규시즌 우승팀과 7전 4선승제의 한국시리즈 맞대결을 펼친다.

2024년 KBO리그 포스트시즌은 사상 최초로 열린 5위 타이브레이커(Tiebreaker)에서 승리한 KT 위즈가 정규시즌 4위 팀인 두산 베어스를 와일드카드 결정전에서 만나 이기고 준플레이오프에 진출했다. 정규시즌 3위 팀인 LG 트윈스는 KT 위즈를 이기고 플레이오프에 진출했고, 정규시즌 2위 팀인 삼성 라이온즈가 LG 트윈스를 누르고 한국시리즈에 올라갔다. 정규시즌 우승팀인 KIA 타이거즈는 삼성 라이온즈를 이기고 통합우승을 차지했다.

KBO리그의 포스트시즌은 오랜 기간 변화를 겪으며 현재와 같은 시스템으로 자리 잡았다. 프로야구 초창기 때는 전기리그 우승팀과 후기리그 우승팀이 한국시리즈에서 맞대결하는 방식으로 비교적 단순했다. 1985년 삼성 라이온즈가 전기리그와 후기리그 통합 우승을 차지하면서 한국시리즈를 치르지 못하면서 1986년 플레이오프가 생겨났다. 1989년에 준플레이오프, 2015년에 와일드카드 결정전이 차례로 생겼다.

KBO리그는 잠시 양대 리그제를 시행한 바 있다. 1999시즌부터 8개 팀을 드림리그(두산 베어스, 롯데 자이언츠, 현대 유니콘스, 해태 타이거즈)와 매직리그(삼성 라이온즈, LG 트윈스, 쌍방울 레이더스, 한화 이글스)로 나눠 양대 리그제를 시행한 것이다. 양대 리그를 시행했기 때문에 이전까지의 포스트시즌과 달리 1999년 포스트시즌은 4강 토너먼트로 진행되었다. 드림리그 1위와 매직리그 2위, 매직리그 1위와 드림리그 2위가 각각 7전 4선승제의 플레이오프를 갖고, 플레이오프의 승자끼리 7전 4선승제의 한국시리즈를 치러 우승팀을 가렸다.

이후 리그 간 전력 불균형 문제로 한 리그의 3위 팀이 다른 리그의 2위 팀보다 승률이 높은 경우 준플레이오프를 치르게 하는 제도를 도입하기도 했다. 양대 리그제는 2000시즌까지 시행되고

2001시즌부터는 다시 단일 리그제로 회귀해 현재에 이르고 있다.

2022년에는 프로농구(KBL)처럼 10개 팀 가운데 6개 팀이 포스트시즌을 치르는 방식이 논의되었으나 50%가 넘는 팀이 가을야구를 하는 건 지나치다는 의견이 지배적이어서 무산된 바 있다.

연도별 구단 순위는 한국시리즈 우승 구단이 제1위, 준우승 구단이 제2위, 그 이하는 정규시즌 승률 순서로 매긴다. 2024년의 경우 KT 위즈가 와일드카드 결정전에서 4위 팀 두산 베어스를 이겼지만 3위 이하는 정규시즌 승률 순서로 정해지기 때문에 최종 순위는 5위가 되었다.

한편 포스트시즌 진출을 가리는 상황에서 시즌 종료일까지 제2·3·4위가 2개 구단 또는 3개 구단 이상일 경우 해당 구단 간 경기에서 전체 전적 다승, 해당 구단 간 경기에서 다득점, 전년도 성적 순서로 순위를 결정한다. 정규시즌 제1·5위가 2개 구단일 경우에는 와일드카드 결정전 전날 별도의 1위 또는 5위 결정전을 거행한다. 3개 구단 이상일 경우 1위 또는 5위 결정전을 거행하지 않고 해당 구단 간 경기에서 전체 전적 다승, 해당 구단 간 경기에서 전체 다득점, 전년도 성적 순서로 순위를 결정한다.

1·5위 순위 결정전, 타이브레이커는 KBO리그에서 세 차례 있었다. 사상 첫 타이브레이커는 1986년 OB 베어스(현 두산 베어스)와 해태 타이거즈(현 KIA 타이거즈)의 '후기리그 챔피언 결정전'이 최초였다. 그리고 35년 만인 2021년 삼성 라이온즈와 KT 위즈 간에

1위 결정전이 대구삼성라이온즈파크에서 열렸고 KT 위즈가 1:0으로 승리해 한국시리즈에 직행했다. 5위 순위 결정전은 2024년 KT 위즈와 SSG 랜더스가 72승 2무 70패(승률 0.507)로 공동 5위를 기록함에 따라 사상 처음으로 성사되었다. 양 팀은 상대전적도 8승 8패 동률이지만 다득점에서 KT 위즈가 앞서 KT 위즈의 홈구장인 수원KT위즈파크에서 145번째 경기가 열렸다. 그 결과 KT 위즈가 4:3으로 승리를 거둠으로써 5년 연속 포스트시즌에 진출했다.

국제대회
경우의 수

한국 야구팬들에게 참사로 기억되는 2020 도쿄 올림픽 야구는 '더블 엘리미네이션 토너먼트(Double-Elimination Tournament)' 방식을 도입했다. 이는 두 번 지면 탈락하지만 한 번 지더라도 남은 경기를 전부 승리하면 우승할 수 있는 토너먼트 방식이다. 승리하면 승자조에 잔류하며 같은 단계의 다른 승자와 겨루는 식으로 승자조 1위가 나올 때까지 이 과정을 반복한다. 패배하면 패자조로 내려가 같은 단계의 다른 경기의 패자와 겨루며, 이 경기에서 승리하면 승자조와 같은 단계에서 패배해서 패자조로 새롭게 내려온 패자와 겨룬다. 이 과정을 반복해 패자조에서까지 패배하면 승자조에서의 패배를 포함해 2패가 되어 더 이상 기회 없이 탈락한다.

| 2020 도쿄 올림픽 본선 라운드

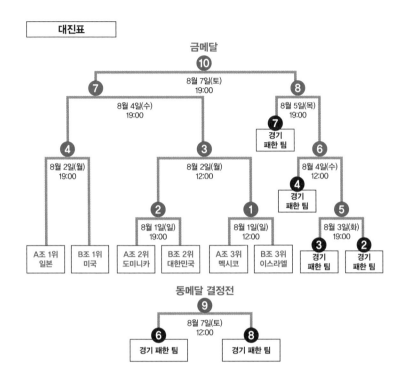

결승전은 승자조 우승자(결승전까지 전승한 팀)와 패자조 우승자 (1패를 했지만 나머지 경기에서 전승한 팀)가 맞붙는다. 여기서 승자조 우승자가 승리하면 그대로 승자조 우승자가 최종 우승자로 결정되지만, 패자조 우승자가 승리하면 승자조 우승자는 첫 1패를 한 것이기 때문에 패자조 우승자와 한 번 더 경기를 한다. 이 경기 승자가 최종 우승자가 되고, 이 경기에서의 패자는 2패를 기록하게 되므로 준우승을 한다.

　2020 도쿄 올림픽 야구 본선의 경우 더블 엘리미네이션 토너먼트 룰을 변형해서 운영되었다. 원래는 3·4위전이 필요 없는데 동메달 결정전이 필요한 올림픽 대회 특성상 3·4위전이 추가되었다. 그러다 보니 대진표를 보면 굉장히 복잡하게 느껴진다.

　대한민국 대표팀은 예선 1차전(7월 29일)에서 이스라엘에 이겼고, 예선 2차전(7월 31일)에서 미국에게 져서 예선 B조 2위로 본선에 진출했다. 본선 1차전(②)에서 A조 2위인 도미니카에게 이겼고, 본선 2차전(③)에서 B조 3위인 이스라엘에게도 이겼다. 이로써 준결승에 진출했지만 승자 준결승전(⑦)에서 A조 1위인 일본에게 져서 패자부활전으로 떨어졌다. 이어 미국과 패자 준결승전(⑧)에서도 패배하며 동메달 결정전으로 밀려났다. 마지막으로 동메달 결정전(⑨)에서 도미니카에게 패해 최종 성적은 4위에 그쳤다.

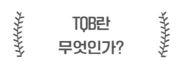

TQB란 무엇인가?

　야구 국제대회를 보다 보면 TQB(Team Quality Balance)라는 용어를 접하게 된다. TQB는 세계야구소프트볼연맹(WBSC)이 국제대회를 위해 도입한 규정으로, 타이브레이커 목적으로 동률팀 간 우열을 정하는 규칙이다. 라운드 로빈(조별리그) 방식으로 진행할 때, 최종 결과에서 3개 팀 이상 동률일 경우 TQB가 높은 팀이 다음 라운드에 진출하거나 높은 순위를 적용받는다. 축구의 조별리그에서 따지는 골득실차와 유사하다. 공식은 다음과 같다.

$$TQB = \left(\frac{득점}{공격\ 이닝} \right) - \left(\frac{실점}{수비\ 이닝} \right)$$

2013년 WBC 1라운드에서 한국은 네덜란드, 호주, 대만과 한 조에 묶여 2라운드 진출을 노렸다. 그러나 1라운드 첫 경기에서 네덜란드에게 0:5로 졌다. 이후 호주를 상대로 6:0, 대만을 상대로 3:2로 이겼다. 한국은 네덜란드, 대만과 함께 2승 1패를 기록했다. 네덜란드, 대만을 상대로 17이닝 동안 3득점을 하고 7실점을 했으며, 대만은 같은 이닝에 10득점 6실점을, 네덜란드는 8득점 8실점을 기록했다. 공식대로 계산하면 한국의 TQB는 '-0.235'였고 각각 '0.235' '0'을 기록한 대만과 네덜란드에 밀려 떨어졌다.

이로부터 9년이 지난 2022년, 대한민국 대표팀은 다시 한번 TQB 때문에 좌절했다. U-18 야구 월드컵에 출전한 대표팀은 첫 경기 미국전에서 3:8로 패배했지만 이후 이어진 1라운드 경기와 슈퍼라운드 경기를 모두 승리하면서 4승 1패로 꽤 좋은 성적을 냈다. 그러나 미국과 대만과의 TQB 삼자 경합에서 한국(-0.267)은 대만(0.238), 미국(0.021)에 뒤지면서 3·4위전으로 떨어졌다.

응원단장과 치어리더

'야구의 꽃'이 홈런이라면, 흔히 '야구장의 꽃'은 치어리더라고 한다. 야구장에 들어서면 가장 먼저 눈에 띄는 건 외야에 위치한 대형 전광판이고, 그다음이 1루 관중석이나 3루 관중석에 위치한 응원단상일 것이다.

응원단상에서 공연하는 응원단장과 치어리더는 프로야구 선수 다음으로 인기가 높다. 해마다 KBO리그가 개막하기 전에 구단들은 응원단장과 치어리더의 프로필을 홈페이지나 유튜브에 올린다. 팬들은 이를 통해 한 시즌 동안 동고동락할 응원단장과 치어리더의 면면을 알게 된다.

일반적으로 홈경기의 경우 응원단장 1명과 치어리더 4명이 관중들의 응원을 유도한다. 주말 홈경기의 경우 치어리더 6명으로 운영되기도 하고, 원정경기에서는 치어리더 2명으로 운영되기도 한다. 어찌 되었든 짝수라야 한다. 응원단장이 가운데에 위치하다 보니 홀수로는 좌우 밸런스가 안 맞기 때문이다.

응원단장과 치어리더가 관중들의 응원을 유도하는 문화는 KBO 리그에서만 볼 수 있는 'K-야구 콘텐츠'다. 2024년 3월, 고척스카이돔에서 열린 'MLB 월드투어 서울시리즈'에서도 KBO리그의 응원 문화는 MLB 관계자들로부터 호평을 받았다. 야구장에 응원단이 도입된 것은 1990년대 중반 LG 트윈스가 처음이었는데, 2000년대 초반에는 야구장이 시끄러워 경기에 방해되고 관람에 집중하기 어렵다는 부정적인 의견도 적지 않았다. 응원단 폐지론도 제기되며 응원단상을 외야로 옮기기도 했다. 그러나 오래지 않아 응원단상이 다시 내야로 돌아왔고, 이제는 야구장에서 없어서는 안 될 독보적인 콘텐츠로 인정받고 있다. 전직 대통령이 돌아가시거나 국가 재난이 발생하면 응원단장과 치어리더 없이 야구 경기가 치러지기도 하는데, 그때는 야구장이 너무 조용해서 무척 어색하다.

응원단장과 치어리더 모두 이벤트 대행업체 소속이다. 야구단은 이벤트 대행업체에게 일당 식으로 비용을 지급하고, 업체는 일당제 또는 월급제로 응원단장과 치어리더를 운영한다. 과거에는 대학교 응원단장 출신이 프로야구 응원단장을 맡는 경우가 많았다.

예외로 서울 연고인 LG 트윈스의 이윤승 응원단장은 인천 연고인 SK 와이번스 서포터즈(비룡천하) 출신으로, SK 와이번스에서 응원부단장을 하다가 LG 트윈스에서 응원단장이 되었다. 삼성 라이온즈는 2025년부터 1루 내야석 4층에도 응원단을 운영하기 위해 2응원단장 체제를 도입했다.

치어리더는 이벤트 대행업체의 자체 오디션이나 길거리 캐스팅을 통해 선발된다. 걸그룹 출신이 치어리더가 되기도 하고 외국인도 간혹 있었다. 독일 출신의 파울라 에삼(두산 베어스), 프랑스 출신의 도리스 롤랑, 일본 출신 노자와 아야카(이상 한화 이글스)가 그들이다.

과거에는 이닝 간 공백을 치어리더 공연으로 채웠지만 최근에는 전광판을 통해 다양한 이벤트가 진행되면서 공연 횟수가 줄어들고 있다. 반면 치어리더들은 야구장 외부에서 다양한 소셜미디어 활동이나 방송 출연을 통해 '준연예인'으로 인정받고 있다. 야구장을 찾는 팬들은 응원단장, 치어리더와 사진을 찍는 게 로망이 되기도 한다. SK 와이번스, SSG 랜더스는 홈경기 종료 후 1루 출입구에서 응원단장과 치어리더들이 팬들과 하이파이브를 하는 퇴근길 이벤트를 2009년부터 2024년까지 진행했다. 그러나 사람이 너무 몰리고 혼잡하면 위험해서 2025년부터는 시행하지 않고 있다.

3이닝:
연봉, 보너스, 샐러리캡

KBO는 2023년부터 샐러리캡(Salary Cap)을 도입했다. 국내 프로농구와 프로배구에서 이미 시행하고 있었는데 프로야구가 뒤를 이은 것이다. 샐러리캡은 선수단 연봉 총액 상한제를 의미한다. KBO리그 전체 구단을 대상으로 2021~2022년 2년간 신인 및 외국인 선수를 제외한 연봉 상위 40인의 연봉 평균액의 120%로 설정되었고, 그 결과 114억 2,638만 원이 상한액으로 산정되었다.

선수
연봉

프로야구 평균 연봉과
중앙값, 평균값, 최빈값

　해마다 KBO는 시즌 개막 전에 10개 구단 선수단 현황과 평균 연봉, 최고 연봉 상승률, 최고령-최연소 선수, 최장신-최단신 선수 등 각종 자료를 공개한다. 2025년 10개 구단에서는 총 597명의 선수를 등록했는데 이 중 외국인 선수 30명과 신인선수 48명을 제외한 프로야구 선수는 총 519명이다. 연봉 총액은 794억 9,100만 원이고, 평균 연봉은 2024년 1억 5,495만 원 대비 3.7% 인상된 1억 6,071만 원이다.

구단별 평균 연봉은 SSG 랜더스가 2억 2,125만 원으로 가장 많다. 10개 구단 중 유일하게 평균 연봉 2억 원을 넘긴 것이다. 2022년 비FA 다년 계약으로 4년 총액 151억 원에 계약을 체결한 김광현 선수의 2025년 연봉 30억 원이 포함된 영향이 있다. 전년도 최하위팀 키움 히어로즈가 8,931만 원으로 가장 낮았다. 2024년 SSG 랜더스의 평균 연봉은 1억 6,979만 원이고, 키움 히어로즈는 1억 2,245만 원이었으니 각각 전년 대비 30.3% 인상, 27.1% 삭감된 것이다.

$$\frac{\text{올해 평균 연봉} - \text{작년 평균 연봉}}{\text{작년 평균 연봉}} \times 100(\%) = \left(\frac{\text{올해 평균 연봉}}{\text{작년 평균 연봉}} - 1\right) \times 100(\%)$$

$$= \text{평균 연봉 인상률}$$

평균 연봉 인상률은 올해 평균 연봉에서 작년 평균 연봉을 빼고, 이 금액을 작년 평균 연봉으로 나눈 후 결과에 100(%)을 곱하면 된다.

예시로 SSG 랜더스의 2025년 평균 연봉 인상률을 계산해보자.

$$\frac{22,125 - 16,979}{16,979} \times 100 = 30.3(\%)$$

SSG 랜더스의 2025년 평균 연봉 인상률은 30.3%다. 같은 방식으로 키움 히어로즈의 2025년 연봉 인상률을 계산하면 −27.06(%)가 나온다. 둘째 자리에서 반올림하면 −27.1%다. 작년 대비 감소한 것을 확인할 수 있다.

이번에는 평균이 아닌 중앙값을 알아보자. 중앙값이란 유한개의 자료에서 자료의 값을 작은 것부터 순서대로 나열할 때 가운데에 위치하는 것을 말한다. LG 트윈스의 평균 연봉은 1억 4,465만 원이다. 여기서 연봉 상위 5명을 살펴보면 박동원 12억 원, 홍창기 6억 5천만 원, 박해민 6억 원, 김현수 5억 원, 문보경 4억 1천만 원이다. 이들의 연봉을 모두 더하면 33억 6천만 원으로 구단 연봉 총액 75억 2,200만 원 대비 44.67%를 차지하고 있다. LG 트윈스 선수들의 연봉을 산술 평균값이 아닌 중앙값으로 계산하면 1억 4,465만 원이 아니고 대략 6천만 원이 된다.

참고로 어떤 자료의 특징을 대표하는 값으로는 평균값, 중앙값, 최빈값 등이 있다.

먼저 평균값(Mean)은 자료(변량) 전체의 합을 자료의 개수로 나눈 값이다. 예를 들어 10, 20, 30의 평균을 계산하면 다음과 같다.

$$\frac{10 + 20 + 30}{3} = 20$$

산술·기하·조화의 평균은 어떨까? a⟩0, b⟩0일 때 다음과 같다.

$$\frac{a+b}{2} \geq \sqrt{ab} \geq \frac{2ab}{a+b} \text{(단 등호는 } a = b \text{일 때 성립)}$$

중앙값(Median)은 주어진 자료를 작은 값부터 크기순으로 나열할 때 한가운데 위치하는 값이다. 예를 들어 1, 3, 5, 7, 9의 중앙값은 5다. 이때 자료의 개수 n이 홀수인 경우와 짝수인 경우 식이 달라진다.

홀수인 경우: $\dfrac{n+1}{2}$

짝수인 경우: $\dfrac{n}{2}$번째와 $\dfrac{n}{2}$ + 1번째 변량의 평균, 즉 $\dfrac{\frac{n}{2}+\left(\frac{n}{2}+1\right)}{2}$

최빈값(Mode)은 주어진 자료 중 가장 많은 개수를 가진 값(도수가 가장 큰 값)을 일컫는다. 자료의 값에서 도수가 가장 큰 값이 한 개 이상 존재할 경우 그 값은 모두 최빈값이 될 수 있다. 예를 들어 1, 2, 2, 3, 3, 3, 5, 6에서 최빈값은 3이다. 자료의 값이 모두 같은 경우 최빈값은 존재하지 않는다.

이번에는 단기 수익률에 대해 알아보자. 1억 원을 가지고 2025년 1월 한 달 동안 2천만 원을 벌었다고 가정해보자. 연봉 인상률 계산법을 이용하면 1억 2천만 원에서 1억 원을 뺀 2천만 원을 1억 원으로 나누면 0.2가 나온다. 여기에 100을 곱해 퍼센트로 표시하면 20%다. 즉 2025년 1월 수익률은 20%다. 2월에는 3천만 원을 벌었다고 가정하고 같은 방식으로 계산을 하면, 1억 5천만 원에서 1억 2천만 원을 뺀 3천만 원을 1억 2천만 원으로 나누고 100을 곱하면 25%란 값이 도출된다.

1월에는 2천만 원, 2월에는 3천만 원의 수익이 났다. 하지만 수익률로 봤을 때는 1월은 20%고, 2월은 25%다. 2월의 수익률이 30%가 아닌 이유는 1월에 수익을 내면서 원금의 크기가 커졌기 때문이다.

이번에는 1월과 2월의 수익률 합계를 계산해보자. 1월과 2월을 하나의 기간으로 생각한다면 최종 자산은 1억 5천만 원이므로 수익률은 50%가 된다. 각 기간의 수익률로 최종 수익률을 계산해보면 원금에 각 기간의 '(1+수익률)'을 곱해나가면 최종 금액이 나온다. 이것을 수식으로 나타내면 이렇다.

$$P \times (1 + R_1) \times (1 + R_2)$$

여기서 P는 원금, R_1은 1월의 수익률, R_2는 2월의 수익률이다. 이 식을 대입하면 다음과 같다.

$$100,000,000 \times (1 + 0.2) \times (1 + 0.25) = 150,000,000$$

여기서 원금(P)을 곱하지 않고, 계산한 값에서 1을 빼주면 최종 수익률만 확인할 수 있다. ((1+0.2)×(1+0.25))-1=0.5, 즉 수익률은 50%다.

그러면 1월과 2월의 평균 수익률은 얼마일까? 1월은 20%, 2월은 25%니까 산술 평균을 계산하면 $\frac{20\%+25\%}{2}$=22.5%가 나온다. 월별로는 평균적으로 22.5%를 벌었다는 의미다. 이 값이 정확한 값인지 간단한 계산을 통해 검증해보자.

1월에 22.5%를 벌었다면 자산은 1억 2,250만 원이 되고, 2월에 다시 22.5%를 벌었다면 1억 5,006만 2,500원이 된다. 6만 2,500원 차이에 불과해 1억 5천만 원과 상당히 비슷해 괜찮아 보이지만 안타깝게도 이 값은 정확하지 않다. 여기서 정확한 평균 수익률을 계산하려면 기하 평균을 사용해야 한다.

$$\sqrt{(1 + R_1) \times (1 + R_2)} - 1$$
$$= \sqrt{(1 + 0.2) \times (1 + 0.25)} - 1$$
$$= 0.22474$$

즉 정확히는 월별로 평균 22.4%의 수익률을 올렸다는 의미다. ((1+0.22474)×(1+0.22474))-1=0.49999로 50%에 근접하다는 것을 알 수 있다.

억대 연봉에 대하여

프로야구 선수라고 하면 흔히들 '억대 연봉'을 떠올린다. KBO리그 최초의 억대 연봉 선수는 1985년 장명부(삼미 슈퍼스타즈)였다. 재일교포 출신인 장명부는 1983년 삼미 슈퍼스타즈에 입단해 전무후무한 단일 시즌 30승을 기록했다. 이듬해 1984년에도 13승을 기록했다. 그 공로를 인정받아 1985년에 억대 연봉(1억 484만 원)을 받은 것이다. 억대 연봉 선수는 1986년 김일융(삼성 라이온즈, 1억 1,250만 원), 1987년 김기태(삼성 라이온즈, 1억 2천만 원)로 이어

| KBO리그 역대(1985~2021) 억대 연봉 선수 현황

1985년	1986년	1987년	1988년	1989년	1990년	1991년	1992년
1명	1명	1명	–	–	–	–	–
1993년	1994년	1995년	1996년	1997년	1998년	1999년	2000년
1명	2명	1명	7명	14명	14명	19명	31명
2001년	2002년	2003년	2004년	2005년	2006년	2007년	2008년
44명	55명	65명	82명	77명	82명	89명	94명
2009년	2010년	2011년	2012년	2013년	2014년	2015년	2016년
99명	110명	100명	112명	121명	137명	140명	148명
2017년	2018년	2019년	2020년	2021년			
163명	164명	156명	161명	161명			

3이닝: **연봉, 보너스, 샐러리캡**

졌는데 이들도 재일교포 출신 투수다. 순수 국내 선수로는 1993년 선동열(해태 타이거즈, 1억 원)이 처음이었다. 이후 매년 억대 연봉 선수가 배출되었다.

2010년은 억대 연봉 선수가 100명을 넘어섰다(110명). 이후 억대 연봉 선수는 계속 증가했고 KBO는 2021년을 끝으로 억대 연봉 선수를 별도로 발표하지 않고 있다. 2021년 프로야구 억대 연봉 선수는 161명이었다. 전체 소속 선수 532명의 30.3%다.

2020년부터 프로야구 선수 최저 연봉이 2,700만 원에서 3천만 원(11.1%)으로 인상되었고 1군 엔트리가 27명에서 28명으로 확대되었다. KBO는 2019년까지 1군 엔트리가 27명이어서 상위 27명(전체 270명) 기준 연봉을 발표했다. 1군 엔트리가 28명으로 적용된 2020년부터는 상위 28위(전체 280명) 기준 연봉과 전체 소속 선수 연봉을 발표하고 있다. 2020년부터 상위 28명을 제외한 하위 선수의 평균 연봉이 상승하고 있다. 최저 연봉 인상의 영향으로 해석된다.

2021년은 하위 선수 연봉의 비중(13.5%)이 최근 5년 가운데 유일하게 10%대를 넘어섰다. 최근 5년간 소속 선수 연봉을 비교해보면 상위 연봉 280명의 비중이 90%대에 육박한다. 전체 50%를 조금 넘는 선수들이 90%에 가까운 전체 프로야구 선수의 연봉을 차지하는 것이다. 빈익빈부익부의 단면을 보여준다.

프로야구 선수들의 연봉이 급등하게 된 계기는 역시 FA 제도의

▎ 최근 5년간 소속 선수 연봉 비교

연도	소속 선수 연봉(만 원)			구단 상위 28명 연봉(만 원)			하위 연봉(만 원)		
	총액	인원 (명)	평균	총액	인원 (명)	평균	총액	인원 (명)	평균
2021년	6,529,000	532	12,273	5,650,400	280	20,180	878,600	252	3,487
	100%	100%	100%	86.5%	52.6%	164.4%	13.5%	47.4%	28.4%
2022년	8,041,720	527	15,259	7,171,200	280	25,611	870,520	247	3,524
	100%	100%	100%	89.2%	53.1%	167.8%	10.8%	46.9%	23.1%
2023년	7,411,820	506	14,648	6,606,020	280	23,593	805,800	226	3,565
	100%	100%	100%	89.1%	55.3%	161.1%	10.9%	44.7%	24.3%
2024년	7,949,100	513	15,495	7,106,900	280	25,382	842,200	233	3,615
	100%	100%	100%	89.4%	54.6%	163.8%	10.6%	45.4%	23.3%
2025년	8,340,660	519	16,071	7,449,700	280	26,606	890,960	239	3,727
	100%	100%	100%	90.0%	54.0%	166.0%	11.0%	46.0%	24.0%

도입이다. 2005년 FA로 두산 베어스에서 삼성 라이온즈로 이적한 심정수는 당시 역대 FA 최고 대우인 4년 총액 60억 원을 받았다. 매년 연봉은 7억 5천만 원이었다. 이 기록을 깬 선수가 김태균이다. 김태균은 2011년 일본 프로야구(지바 롯데 마린스)를 떠나 한화 이글스로 복귀하면서 연봉 15억 원을 받으며 연봉 10억 원 시대를 열었다. 그리고 2017년 이대호는 롯데 자이언츠와 4년 총액 150억 원, 연봉 25억 원을 받으면서 연봉 20억 원 시대를 열었다.

이대호의 연봉 25억 원의 기록을 깨진 것은 4년 후다. 2021년 추신수는 MLB 텍사스 레인저스에서 FA로 풀리고 SSG 랜더스로 옮기며 연봉 27억 원을 받는다. SSG 랜더스는 추신수의 연봉을 유니폼 번호 17번에 맞추는 방안을 일차적으로 생각했으나, 이대호의 연봉 25억 원을 감안하고 WAR에 기반한 성적 예측방법을 통해 역대 최고 연봉인 27억 원을 산출했다.

그리고 1년 후 2022년 SSG 랜더스는 MLB 세인트루이스 카디널스와 FA 계약이 종료된 김광현과 4년 총액 151억 원에 비FA 다년 계약을 맺었다. 첫 해 연봉이 무려 81억 원이었다. 2023년 샐러리캡 시행 직전인 2022년에 김광현 선수의 연봉을 몰아넣어 팀의 샐러리캡을 관리하기 위해서였다.

류선규 SSG 랜더스 단장은 2022년 3월 16일 김광현 선수의 입단식에 앞서 첫 해 연봉을 발표했는데 이 금액을 말하기가 무척 조심스러웠다. 워낙 큰 금액이었기 때문이다. 한국 프로스포츠 사상 최고의 연봉이자 앞으로도 한동안은 깨지기 어려워 보인다.

초창기 연봉

1982년 프로야구 창설 당시, 프로야구 선수의 연봉은 어느 정도였을까? 우리나라에서 프로스포츠가 처음으로 탄생하다 보니

KBO는 연봉을 어떤 기준으로 산정할지 무척이나 고민했다. 프로야구가 태동하기 전에는 실업야구가 그 역할을 대신했는데, 실업야구 선수들은 선수 활동을 겸직하는 일반 직장인이어서 회사에서 정해진 연봉을 받고 정년을 보장받았다. 반면 프로야구 선수는 1년 만에 방출될 수도 있는 계약직 신분이어서 KBO는 일반 직장인이 수년 동안 받을 수 있는 연봉을 1년에 받을 수 있도록 설계했다. 당시 실업야구팀 한국화장품의 간판타자 김봉연 선수의 연봉과 상여금이 480만 원인 점을 연봉에 반영했다.

1982년 프로야구 선수의 평균 연봉은 1,215만 원이었다. 같은 해 정부가 발표한 2/4분기 도시근로자 월평균 소득은 34만 6,963원으로, 한 해 소득으로 환산하면 416만 3,556원이다. 프로야구 선수가 도시 근로자의 연봉보다 3배 가까이 많이 받은 것이다. 당시 잠실과 도곡동 주공아파트 13평이 900만~1,150만 원에 거래되었으니 프로야구 선수 평균 연봉은 확실히 많았다. 그때 최고 연봉(2,400만 원)은 미국 메이저리그 밀워키 브루어스에서 뛰다 한국 프로야구에 합류한 박철순(OB 베어스) 투수였다.

이와 같이 프로야구 초창기 선수들의 평균 연봉이 고액이다 보니 구단들은 선수들의 연봉 인상이 부담스러웠다. 이에 구단들은 연봉 인상에 25% 상한선을 설정한 적이 있다. 예를 들어 1,200만 원의 연봉을 받던 선수가 그해에 MVP급 활약을 펼쳐도 300만 원만 인상이 가능해 그다음 해 연봉이 1,500만 원을 넘지 못하는 것이다. 지금의 상황으로 비교하면, 2024년 정규시즌 MVP인 김도영(KIA 타이거즈) 선수의 2024년 연봉이 1억 원인데 2025년 1억 2,500만 원까지만 인상이 가능한 것이다.

이에 당연히 선수들의 불만은 폭발했다. 구단에서 보완책으로 연봉 외 보너스를 별도로 지급했는데, 다음 해 연봉을 산정할 때 보너스가 기준금액에서 제외되면서 선수들의 불만은 여전했다. 이로 인해 스타급 선수들의 경우 구단이 모기업의 협조를 얻어 광고에 출연하게 해 연봉을 보전해주기도 했다. 지금은 프로야구 선수의 광고 출연을 보기 드물지만 1980년대에는 곧잘 볼 수 있었던 것도 이런 배경이다. 1988년 최동원(롯데 자이언츠) 선수를 중심으로 각 구단의 주축 선수들이 '프로야구 선수협의회'를 결성한 배경도 연봉 인상 상한제 철폐 문제 때문이었다.

연봉 산정은
어떻게 할까?

프로야구 선수들의 연봉은 어떻게 산정될까? 10개 구단이므로 연봉 고과 시스템도 10가지 색이 있다고 생각하면 된다. 일반 회사도 회사마다 연봉 시스템이 다르듯이 프로야구 역시 구단마다 책정법이 다르다.

큰 축은 동일하다. 프로야구 선수의 연봉 산정 시스템은 기본적으로 전년도 개인 성적을 기반으로 한다. 여기에 전년도 연봉의 기준점을 어느 정도로 설정하느냐가 중요하다. 일반 직장인의 경우 연봉 동결은 있어도 삭감은 없다. 그러나 프로야구 선수는 다르다. 전년도 연봉의 기준점을 얼마로 하느냐에 따라 인상폭, 삭감폭이 달라진다.

예를 들어 전년도 연봉이 1억 원인 선수의 경우 기준점을 50%로 설정하면 5천만 원에서 시작하는 것이고 기준점을 80%로 설정하면 8천만 원에서 시작하는 것이다(일반 직장인의 경우 연봉이 1억 원이면 기준점도 1억 원이다). 5천만 원에서 시작하는 것이 8천만 원에서 시작하는 것보다 변동폭이 커진다. 다시 말해 5천만 원 기준점이 8천만 원 기준점보다 전년도 성적이 좋으면 인상폭이 커지고, 부진하면 삭감폭이 커진다. 여기에 더불어 전년도 팀 성적이 가중치로 반영된다. 우승 25%, 준우승 20%, 3위 15% 등 이러한 식으로 구단마다 정해진 기준이 있다.

고과 항목은 100~200개 정도로 구성되어 있다. 경기 기록을 기반으로 한 정량평가가 80~90%를 차지하고, 팀워크 점수나 공헌도 점수 등을 반영하는 정성평가가 나머지 비중을 차지한다. 정량평가와 정성평가가 실생활에서 어떻게 활용되고 있는지 살펴보자.

정량평가는 객관적으로 수량화가 가능한 자료를 사용하는 평가법이다. 문제에 답이 명확하게 존재하고, 점수가 객관적으로 매겨질 수 있는 대부분의 객관식 시험이 그러하다. 양을 중심으로 업적이나 연구 따위를 평가하는 일 또한 그러하며, 대학 입시에서는 시험 점수와 학업성취도 등 수치화된 정보를 기준으로 평가가 이뤄진다. 프로야구에서 타자는 타율과 안타 등을, 투수는 다승과 평균자책점 등을 기반으로 고과를 평가한다. 정량평가에서 사용되는 자료는 매일 모든 경기가 끝나면 KBO 공식 기록업체가 구단으로 파일을 전송하고, 구단 자체 전산시스템을 통해 자동으로 업로드되고 관리된다.

정성평가는 문제에 답이 명확하게 존재하지 않아 인간의 주관적인 판단으로 점수가 매겨질 수 있는 영역의 평가다. 내용, 가치, 전문성 따위의 질을 중심으로 업적이나 연구 따위를 평가하는 경우다. 정량평가와 마찬가지로 대학 입시에서는 인성이나 전공 또는 학과 적합도, 발전 가능성, 면접, 잠재력 등 수치로 나타내기 어려운 정보를 기준으로 평가한다. 프로야구에서 정성평가는 더그아웃 기록원이 야구 경기를 보면서 선수마다 공헌도 점수를 책정하는 것이 기본이다. 여기에 담당 코치, 트레이너, 구단 운영팀이 팀워크 점수 등을 추가해서 반영한다.

정성평가는 1군 야구 경기에서 산출되다 보니 1군 경기에 출전하지 못하는 퓨처스팀(2군) 선수는 연봉 동결 내지 삭감이 불가피하다. 이런 가운데 일부 구단에서는 퓨처스팀 경기를 기반으로 퓨처스 연봉 시스템을 별도로 운영하기도 한다. 실제로 구단마다 매년 5명 전후의 선수가 1군 성적이 없어도 퓨처스팀 성적만으로 100만~500만 원 정도의 연봉 인상 혜택을 받는다. 1군 선수에 비하면 적은 인상폭이지만 퓨처스팀 선수들에게는 확실한 동기 부여가 된다.

만약 선수와 구단 간 연봉 협상이 타결되지 않으면 KBO 연봉조정위원회를 통해 해결을 유도할 수 있다. 그러나 연봉조정위원회까지 가면 선수와 구단 모두 상처를 받을 수 있기 때문에 꺼리는 경향이 있다. KBO리그는 지난 2022년부터 2025년까지 4년 연속 연봉조정위원회가 열리지 않았다. 일부 구단은 양측의 간극을 좁히기 위해 인센티브(옵션)로 해결하려고 한다. 인센티브는 선수에게 강한 동기 부여 요소지만, 한편으론 지나치게 개인 성적에 집착하게 만들어 팀워크를 해칠 위험도 있다.

선수가 아닌 코치의 연봉은 어떻게 책정될까? 선수는 연봉 삭감도 가능한 데 비해 코치는 동결은 있어도 삭감은 없다. 연봉 삭감이 없는 건 일반 직장인과 같다. 연봉이 삭감될 정도로 성과가 낮다면 소속 구단이 재계약을 하지 않는다. 코치들은 전년도 팀 성적에 따라 동결에서 1천만 원까지 다음 해 연봉이 올라간다. 소속팀이 우승하면 1천만 원 인상, 준우승을 하면 800만 원 인상 등 구단마다 정해진 기준이 있다. KIA 타이거즈는 2024년 우승을 하고 1군 코치 전원의 연봉을 2천만 원 인상시켰다. 파격적인 조치였다.

우리나라에 10명만 존재한다는 프로야구 감독은 어떨까? 초임 감독의 경우 2~3년 계약기간에 계약금 2~3억 원, 연봉 2~3억 원이 책정되고 재계약 시 성적에 따라 인상폭이 달라진다. 우승하면 당연히 큰 폭의 연봉 상승이 보장된다. 첫 번째 감독 계약기간에 우승한 경우 재계약 시 3년 20억 원 이상의 계약금을 보장받는 것이 최근의 흐름이다.

새로운 연봉 제도

    오너가의 야구 사랑이라면 최고인 LG 트윈스. LG 트윈스는 2000년에 인센티브(옵션)를 그다음 해 연봉의 기준점에 반영한다. 덕분에 그해 연봉 계약은 순탄했지만 인센티브까지 연봉 기준점으로 반영하다 보니 치솟는 연봉 인플레이션으로 재정적 어려움을 겪는다. 그래서 이 제도는 오래 가지 못했다.

    이로부터 약 10년 후인 2010년. LG 트윈스는 야구계를 떠들썩하게 만든 '신연봉제'를 추진했다. 약 10년 전에 추진한 인센티브 시스템도 당시에는 신연봉제라고 불렸으니 '신연봉제 시즌2'가 탄생한 것이다. 구본준 당시 LG그룹 부회장 겸 LG 트윈스 구단주의 주도하에 그룹과 야구단이 참여한 태스크포스팀이 조직되었고 여기서 신연봉제를 만들었다. 구본준 구단주는 2011년 1월 8일(한국 시간) 미국 라스베이거스에서 기자 간담회를 통해 "프로 골퍼는 성적이 나쁘면 연봉(상금)이 없는데 야구선수는 3억 원을 받다가 못해도 이듬해 2억 원은 받는다. 그래서 신연봉 시스템을 도입했다"라고 직접 소개했다.

    LG 트윈스의 신연봉제는 빌 제임스가 고안한 '윈 셰어(Win Share)'를 기반으로 만들어졌다. 윈 셰어는 모든 기록을 기초로 팀 승수에 3을 곱한 다음 타격, 투구, 수비 등의 활약에 따라 배분해 선수 1인의 팀 승리 공헌도를 추산한다. 지금은 웬만한 야구팬이라면 들어봤을 WAR의 초기 버전이다. 사실 신연봉제는 LG 트윈스가 66685876, 전화번호처럼 8년간 부진한 성적을 기록한 끝에 내놓은 극약처방이었다.

신연봉제가 도입된 첫 해(2011년)에 연봉이 1/10이 된 선수(박명환)도 있었고, 325%의 파격적인 인상률을 기록한 선수(오지환)도 있었다. 신연봉제는 잘한 선수는 더 많은 연봉 인상을, 부진한 선수는 더 많은 연봉 삭감을 통해 동기를 극대화시켜 팀 성적을 끌어올리는 목적이었다. 그러나 매년 겨울, 뉴스메이커 역할을 하다 2016년부터 조용히 사라졌다. 궁극적인 목적인 팀 성적 상승을 이루지 못했기 때문이다.

삼성 라이온즈의 경우 2021년 '뉴타입 인센티브 제도'를 도입했다. 이 제도는 선수가 본인의 연봉 계약 구조를 직접 선택한다는 점에서 파격적이었고 반응은 뜨거웠다. 일반적인 프로야구 선수의 연봉 계약이 구단이 만든 시스템에서 산출된 연봉을 선수에게 제시하는 형태였다면, 삼성의 뉴타입 인센티브 제도는 선수에게 선택권이 주어진다는 점에서 파격적이었다. 팀 고과체계에 근거해 선수와의 협상을 통해 기준 연봉이 정해지고 이후 기본형, 목표형, 도전형 등 3가지 옵션 가운데 하나를 선택하는 방식이다.

기본형을 선택한 선수는 고과체계에 근거해 합의한 기준 연봉을 그대로 받게 되며 별도의 인센티브가 없다. 목표형을 고른 선수는 기준 연봉에서 10%를 낮춘 금액에서 연봉이 출발하며 이후 성적이 좋을 경우 차감된 금액의 몇 배를 더 받을 수 있다. 도전형을 택하는 선수는 기준 연봉에서 20% 낮춘 금액에서 연봉이 시작한다. 이후 좋은 성적을 내면 역시 차감된 20%의 몇 배를 더 받을 수 있는 구조다. 이 시스템 도입 첫 해인 2021년, 적용 대상 선수 28명 가운데 기본형은 15명, 목표형은 7명, 도전형은 6명이었다.

뉴타입 인센티브 제도는 당시 일반 사회에서도 주목을 받았다. 2022년 HR테크 기업 인크루트에서 직장인 871명을 대상으로 설문조사를 진행했는데 이 중 43.7%는 기본형을, 44.6%는 목표형을, 9.6%는 도전형을 선호한다고 선택했다. 이 제도는 삼성카드 대표이사 사장 출신인 원기찬 삼성 라이온즈 구단주 겸 대표이사가 주도하고 삼성경제연구소의 설계를 통해 만들어졌다. 삼성 라이온즈는 이전까지 99688의 부진한 팀 성적으로 암흑기에 빠질 뻔하다가 이 제도를 적용한 첫 해인 2021년에 2위로 급부상하며 암흑기에서 빠져나온다. 그러나 이듬해 2022년 7위, 2023년 8위로 추락하며 지속성은 떨어졌다.

연봉 5천만 원인 어떤 선수가 목표형을 선택했다고 가정해보자. 그 선수는 기준 연봉에서 10% 차감된 금액인 4,500만 원의 연봉으로 시작한다. 이후 좋은 성적을 거두고 500만 원의 2배인 1천만 원의 금액을 받았다면 이 선수는 실제로는 22%의 연봉 인상률을 이끌어낸 것이다. 그럼 도전형은 어떨까? 도전형을 선택해 4천만 원의 연봉으로 시작한다고 가정해보자. 이후 좋은 성적을 거두면 1천만 원의 2배인 2천만 원을 받는다. 이 경우 연봉이 50% 상승되었다고 볼 수 있다.

번외로 코칭스태프의 연봉을 잠깐 살펴보겠다. KBO는 2020년까지 코칭스태프 연봉을 공개했다. 그러다 2021년부터 코칭스태프 연봉을 비공개하고 있다. 계약 시 다른 코치와 비교하는 경우가 많아 구단들의 요청으로 비공개하게 된 것이다. 과거에는 낮은 연봉이 외부에 알려지는 게 꺼려져 실제보다 연봉을 높게 발표해달라고 요청하는 코치도 있었다.

코칭스태프 연봉에는 감독, (기술)코치, 트레이너가 모두 포함된다. 외국인 코치도 포함되기 때문에 KBO에서는 기준 환율을 같이 발표한다. 감독 연봉은 경력에 따라 2억~5억 원 정도이며 코치는 대부분 초임 5천만 원에서 시작하고 팀 성적에 따라 인상액이 정해진다. 레전드급 코치의 경우 초임 5천만 원을 넘는 경우도 있고 일부 구단에서는 초임이 6천만 원인 경우도 있다. 트레이너는 (기술)코치보다는 낮은 수준(대략 3,500만 원)에서 시작한다.

코칭스태프는 소속팀에서는 연봉 동결은 있어도 삭감은 일절 없다. 그러나 원 소속 구단에서 재계약에 실패하고 타 구단으로 이적하는 경우 연봉이 삭감되기도 한다. (기술)코치는 투수코치, 타격코치, 수비코치, 주루코치, 배터리코치 등 파트별 코치로 구성되며 전원 야구선수 출신이다. 이들은 1군에서 뛰어난 활약을 펼친 경우도

| 2020년 구단별 코칭스태프 평균 연봉

*단위: 만 원(1달러=1,100원, 100엔= 1천 원)

구단	인원	총 연봉	평균 연봉 (소수점 첫째 자리에서 반올림)
두산	27	316,200	11,711
키움	17	138,700	8,159
SK	32	296,200	9,256
LG	31	308,750	9,960
NC	19	186,900	9,837
KT	28	220,700	7,882
KIA	27	279,100	10,337
삼성	27	214,800	7,956
한화	33	255,500	7,742
롯데	29	239,150	8,247
합계	270	2,456,000	9,096

있고 1군 경력이 일천한 경우도 있다. 성공한 선수가 성공한 지도자가 되리라고 담보할 수 없기 때문이다.

트레이너는 구단에 따라 트레이닝 코치, 컨디셔닝 코치로 불리기도 한다. 야구선수 출신은 드물고 대학에서 체육을 전공하고 트

30이닝: **연봉, 보너스, 샐러리캡**

레이너 자격증을 이수한 경우가 대부분이다. 이들은 체력 트레이너와 의무 트레이너로 구분된다. 체력 트레이너는 선수들의 피지컬을 키워주고 의무 트레이너는 선수들의 몸 상태를 지속적으로 확인한다.

보너스는
어떻게 분배될까?

매년 한국시리즈가 종료되면 언론에서는 전가의 보도처럼 우승 팀을 포함한 포스트시즌 배당금에 대해 기사화한다. KBO리그 야구 규정 제47조 '수입금의 분배' 항목에 따르면 포스트시즌 입장 수입 중 행사 진행에 들어간 제반비용을 제외한 나머지 금액은 배당금으로 포스트시즌에 진출한 5개 팀에 분배된다.

정규시즌 우승팀이 배당금의 20%를 먼저 가져가고, 나머지 금액을 한국시리즈 우승팀 50%, 준우승팀 24%, 플레이오프에서 패한 팀 14%, 준플레이오프에서 패한 팀 9%, 와일드카드 결정전에서 패한 팀 3%로 나눈다. 정규시즌 순위대로 하위 순위 팀이 상위 순위 팀을 이기는 업셋 없이 포스트시즌 결과가 나온다면, 우승팀

│ 제47조 수입금의 분배

KBO 포스트시즌 배당금의 20%를 KBO 정규시즌 우승구단 상금으로 시상하고, 나머지 분배금은 아래의 표와 같이 배당한다.

순위	분배율(%)
KBO 한국시리즈 우승	50
KBO 한국시리즈 준우승	24
KBO 플레이오프에서 패한 구단	14
KBO 준플레이오프에서 패한 구단	9
KBO 와일드카드 결정전에서 패한 구단	3

(2017.4.18 개정)

은 정규시즌 우승 배당금 20% 외에 한국시리즈 우승에 따라 나머지 80%의 50%인 40%를 받아 총 60%의 배당금을 받는다. 준우승팀은 정규시즌 우승팀 배당금을 제외한 80%의 24%인 19.2%를 받고 3·4·5위 팀은 각각 11.2%(80%×14%), 7.2%(80%×9%), 2.4%(80%×3%)를 받는다.

정규시즌 2위 팀이 한국시리즈 우승을 차지하는 경우 포스트시즌 배당금에서 정규시즌 우승팀이 가져간 배당금 20%를 제외한 나머지 80%의 50%를 받는다. 따라서 포스트시즌 배당금의 40%를 받는 것이다. 2018년 정규시즌 2위에 오르고 한국시리즈 우승을 차지한 SK 와이번스가 이런 경우였다. 정규시즌과 한국시리즈 통합우승팀이 전체 60%의 배당금을 받는 것과 비교하면 20% 차이다.

2015년부터 2017년까지는 와일드카드 결정전에서 패한 구단은 분배금이 없었다. 여기에 해당하는 구단은 포스트시즌에 참가함에도 불구하고 배당금을 전혀 받지 못하니 '공평하지 않은 분배'라고 볼 수 있다. 그러다 2017년에 규정이 개정되어 2018년부터는 우승팀을 제외한 나머지 3개 팀에서 받을 분배금에서 각 1%p를 차출한 3%의 금액을 와일드카드 결정전에서 패한 팀에게 분배했다. 이로써 와일드카드 결정전에서 패한 팀의 입장에서는 '공평한 분배'가 되었다.

와일드카드 결정전은 KBO리그에서 정규시즌 4위 팀과 5위 팀이 준플레이오프 진출을 놓고 대결하는 시리즈로 약칭은 WC(Wild Card)라고 한다. WC는 '가을야구'라고 부르는 KBO 포스트시즌의 첫 번째 스테이지로, 매년 정규시즌 종료 2일 후에 시작된다. 2015년 KT 위즈의 창단으로 리그 참가팀이 10개 구단으로 늘어나게 되자 신설되었다. 4위 팀에게는 1승(1무) 어드밴티지가 부여되며 두 경기 중 한 경기라도 승리하거나 무승부만 거둬도 준플레이오프에 진출하게 된다. 준플레이오프는 와일드카드 결정전 승리팀과 정규시즌 3위 팀이, 플레이오프는 준플레이오프 승리팀과 정규시즌 2위 팀 간 최종 5차전으로 치뤄지며 3선승제로 거행한다. 한국시리즈는 정규시즌 우승팀과 플레이오프 승리팀 간 7전 4선승제로 펼쳐진다.

2024시즌
배당금 분배

2024년의 경우 포스트시즌 16경기에서 총 35만 3,550명의 관중이 들어왔다. 10월 2일 시작된 KT 위즈와 두산 베어스의 와일드카드 결정전 2경기에 4만 7,500명, KT 위즈와 LG 트윈스의 준플레이오프 5경기에 10만 6,450명, LG 트윈스와 삼성 라이온즈의 플레이오프 4경기에 9만 4,600명, 끝으로 한국시리즈 5경기에 10만 5천 명까지 매진 행진을 보였다. 전체 관중은 2009년(16경기 41만 262명), 1995년(13경기 37만 9978명), 2012년(15경기 36만 3,251명)에 이어 4위다. 역대 최다 관중은 아니었으나 입장료 인상에 따라 역대 최고 수입을 기록했다.

2024년 KBO 포스트시즌 총 입장료 수입은 약 145억 8,855만 원이다. 2024년 정규시즌과 한국시리즈 통합우승팀인 KIA 타이거즈는 40%로 예상되는 제반비용 58억 3,542만 원을 제한 나머지 금액(87억 5,313만 원)의 20%인 약 17억 5,063만 원을 정규시즌 우승 상금으로 먼저 챙겼다. 여기에 나머지 70억 250만 원의 50%인 35억 125만 원을 한국시리즈 우승 상금으로 받았다. 2가지를 합치면 약 52억 5,188만 원이다. 한국시리즈 우승팀의 경우 KBO로부터 받은 배당금의 50%까지 모기업이 보너스로 별도로 지급할 수 있어 KIA 타이거즈 선수단은 52억 6,314만 원의 50%인 26억

| 2024년 KBO 포스트시즌 배당금

*단위: 만 원

포스트시즌 입장 수입	A	1,458,855
제경비(40% 적용)	B	583,542
포스트시즌 배당금	A−B=C	875,313
정규시즌 우승구단 상금(KIA)	C×20%=D	175,063
잔여 분배금	C−D=E	700,250
KS 우승구단(KIA)	E×50%=F	350,125
KS 준우승구단(삼성)	E×24%	168,060
PO 패한 구단(LG)	E×14%	98,035
준PO 패한 구단(KT)	E×9%	63,023
WC 패한 구단(두산)	E×3%	21,008
통합우승 구단(KIA) 배당금	D+F=G	525,188
모기업 보너스 최대액	G×50%=H	262,594
KIA 우승 보너스	D+F+H	787,782

2,594만 원을 추가로 받았다. 즉 KIA 타이거즈 선수단이 수령할 수 있는 최대금액은 약 78억 7,782만 원에 달한다.

한편 2024년 한국시리즈에서 패하며 준우승을 차지한 삼성 라이온즈는 약 16억 8,060만 원, 플레이오프에서 패한 LG 트윈스는

9억 8,035만 원, 준플레이오프에서 패한 KT 위즈는 6억 3,022만 원, 와일드카드 결정전에서 패한 두산 베어스는 2억 1,008만 원의 배당금을 받았다.

이렇다 보니 한국시리즈 직행팀 선수들은 와일드카드 결정전부터 플레이오프까지 보다 많은 경기를 치러서 관중 수입이 늘어나기를 간절히 기도한다. 또한 포스트시즌 배당금이 선수단에게 전액 지급되다 보니, 참여한 구단은 경기 운영비용(선수단 숙식, 교통, 관중 행사 등)만 늘고 수입은 전무한 웃지 못할 상황이 벌어진다.

관건은 공평한 분배

복잡한 계산 과정을 거쳐서 포스트시즌 배당금을 5개 구단에 나누는 이유는 최대한 공평하게 분배하기 위함이다. 일상생활에서도 이와 같이 공평한 분배를 해야 할 때가 있다. 부모님이 남겨준 재산을 자녀들이 분배하는 경우, 한 회사의 공동 투자자가 사업을 분할해서 담당하는 경우 등 무언가를 공평하게 나눠야 할 때가 종종 있다. 이때 수학적으로 공평하게 분배하는 방법이 있다.

보통 우리는 피자 한 판을 나눌 때 똑같은 크기의 부채꼴 여덟 조각으로 자른다. A, B 두 사람이 피자를 공평하게 나눠 먹는 다른

│ 피자 정리

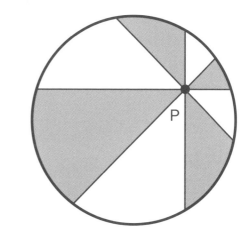

A가 먹는 부분

B가 먹는 부분

방법은 없을까? 원 안에서 임의의 한 점 'P'를 정한 후에 서로 직각으로 만나도록 2개의 직선을 그린다. 그러면 원 안에 4개의 직각이 생기는데, 4개의 직각을 각각 반으로 나누도록 새로운 2개의 직선을 그린다. 그러면 원은 여덟 조각으로 나뉜다. 색을 칠한 부분과 칠하지 않은 부분의 넓이는 같다.

어느 지점이든 네 직선이 원 위의 어느 한 점에서 만난다면, 그 점을 중심으로 네 직선이 8등분해 8개의 영역을 만든 다음 그 넓이를 하나씩 건너가며 더하면 그 값은 일치한다. 기초기하학에서 원판(디스크)을 특정 방식으로 분할할 때 발생하는 두 넓이의 동일성을 피자 정리(Pizza Theorem)라고 한다. 처음에 수학자들이 피자 정리를 증명할 때는 복잡한 계산을 오랜 시간 동안 해야 했는데, 1994년 각 영역을 잘라 재조합하는 방식의 증명이 발견되었다.

이번에는 자녀들이 부모의 유산을 나눠야 한다고 가정해보자. 부모는 유산을 다른 사람에게 절대 팔아서는 안 되며, 반드시 자녀 모두가 만족하도록 나눠야 한다는 유언을 남겼다. 이 유언에 따라 유산을 분배하려면 어떻게 해야 할까? 이런 경우 사용되는 방법을 '봉인된 입찰법'이라고 한다.

봉인된 입찰법에서는 공정한 분배를 위해 3단계 과정을 거친다.

먼저 1단계다. 상속자들은 각 유산에 대해 자신이 생각하는 가치가 얼마인지를 항목별로 적는다. 그리고 각자가 적은 금액의 합을 상속자의 인원수로 나눈다. 이 나눈 값이 상속자 각자의 몫이 된다.

2단계에서는 각 유산 항목에 대해 가장 높은 금액을 적은 사람에게 그 항목을 배당한다. 이때 1단계에서 구한 자기 몫과의 차이를 계산해 그 차액을 주거나 받는다.

3단계에서는 2단계의 결과로 받는 가치에서, 1단계에서 구한 자기 몫을 뺀 나머지 금액을 인원수로 나눠 공평하게 배분한다.

좀 더 구체적으로 들어가보자. 네 자녀를 둔 어떤 가정의 부모가 동시에 사망했다. 이 가정에 남은 재산은 아파트와 임야, 그리고 자동차와 보석이다. 장례 이후 자녀들은 재산을 분배하려고 모였다. 부모의 유언대로 수학적으로 공평하게 재산을 나누기 위해 봉인된 입찰법을 적용했다.

| 네 자녀의 입찰액

(단위: 만 원)

구분	자녀 A	자녀 B	자녀 C	자녀 D
아파트	60,000	62,000	64,000	70,000
임야	46,000	41,000	40,000	43,000
자동차	5,000	5,500	4,400	4,300
보석	3,800	3,500	4,000	3,500

먼저 1단계다. 경매를 할 때는 그 물건의 값을 가장 비싸게 주는 사람에게 파는 것이 최고의 원칙이다. 그러므로 유산에 대한 분배도 최고 높은 가치를 인정하는 사람에게 돌아가게 해야 한다. 그러기 위해서는 우선 4명의 자녀 각자가 생각하는 유산의 가치를 적어내야 한다. 각 자녀가 써낸 유산의 가치 중 최고 높은 가격을 쓴 자녀에게 그 유산을 우선적으로 분배하기 위함이다. 네 자녀가 써낸 결과를 참고하자.

여기서 네 자녀가 생각한 유산의 총액을 4로 나누면 각자가 생각한 자기의 몫을 구할 수 있다. 즉 이 결과에 따라 추산된 각자의 몫만큼을 유산으로 챙기면 절대로 불만을 가져서는 안 된다.

이번에는 2단계다. 각각의 유산은 팔 수도, 여러 개로 나눌 수도 없으므로 누군가에게 줘야 한다. 최고 높은 가치를 인정하는 사람

분배된 유산과 정해진 몫에 따른 차이

(단위: 만 원)

구분	자녀 A	자녀 B	자녀 C	자녀 D
분배된 유산	46,000	5,500	4,000	70,000
각자의 몫	28,700	28,000	28,100	30,200
차액	17,300	−22,500	−24,100	39,800

에게 유산을 우선 분배하는 2단계 원칙에 의하면 아파트는 D에게, 임야는 A에게, 자동차는 B에게, 보석은 C에게 분배된다.

이제 3단계다. 유산이 모두 분배되었으므로 모두가 만족할 수 있도록 정리를 한다. 먼저 지금까지의 분배 현황을 정리하자. 그리고 최초에 적어낸 각자의 몫과 분배된 유산의 차액을 계산한다. 계산 결과에 따라 그 차액은 각자가 현금으로 처리해서 A는 1억 7,300만 원, D는 3억 9,800만 원을 내놓고, 이 중 B에게 2억 2,500만 원, C에게 2억 4,100만 원을 준다.

이렇게 되면 항상 돈이 남게 된다. 각자 자기가 최초에 받았으면 하고 써낸 분배대로 받았으므로 더 이상 불만은 없다. 돈이 남는 이유는 각 재산을 가장 높은 가치를 인정하는 사람에게 주었기 때문이다. 따라서 남은 돈 1억 500만 원은 4등분해서 각자에게 2,625만 원씩 나눠준다.

수학의 결정체, 샐러리캡

KBO는 2023년부터 샐러리캡(Salary Cap)을 도입했다. 국내 프로농구와 프로배구에서 이미 시행하고 있었는데 프로야구가 뒤를 이은 것이다. 샐러리캡은 선수단 연봉 총액 상한제를 의미한다. 도입 목적은 구단 간 전력 균형을 유지하고, 연봉 인플레이션을 방지하기 위함이다. KBO리그 전체 구단을 대상으로 2021~2022년 2년간 신인 및 외국인 선수를 제외한 연봉 상위 40인의 연봉 평균액의 120%로 설정되었고, 그 결과 114억 2,638만 원이 상한액으로 산정되었다.

샐러리캡은 하드캡과 소프트캡으로 구분된다. 하드캡은 팀 연봉 총액 기준선 이상을 절대 넘겨서는 안 된다. 넘길 경우 선수 재

▎2023~2024년 구단별 연봉 상위 40명 합계액

구단	2023년		2024년		비고
	합계액	상한액 대비 금액	합계액	상한액 대비 금액	
LG	107억 9,750만 원	−6억 2,888만 원	138억 5,616만 원	+24억 2,978만 원	28.3%▲
KIA	98억 7,771만 원	−15억 4,867만 원	112억 4,900만 원	−1억 7,738만 원	13.9%▲
두산	111억 8,175만 원	−2억 4,463만 원	111억 9,436만 원	−2억 3,202만 원	0.1%▲
삼성	104억 4,073만 원	−9억 8,565만 원	111억 8,100만 원	−2억 4,538만 원	7.0%▲
롯데	106억 4,667만 원	−7억 7,971만 원	111억 5,018만 원	−2억 7,620만 원	4.7%▲
한화	85억 3,100만 원	−28억 9,538만 원	107억 1,046만 원	−7억 1,592만 원	25.5%▲
KT	94억 8,300만 원	−19억 4,338만 원	105억 1,641만 원	−9억 997만 원	10.9%▲
SSG	108억 4,647만 원	−5억 7,991만 원	104억 5,700만 원	−9억 6,938만 원	3.6%▽
NC	100억 8,812만 원	−13억 3,826만 원	94억 7,275만 원	−19억 5,363만 원	6.1%▽
키움	64억 5,200만 원	−49억 7,438만 원	56억 7,876만 원	−57억 4,762만 원	10.9%▽

계약 금지, 신인 드래프트 지명권 박탈 등 중징계가 이어진다. 반면 소프트캡은 팀 연봉 총액 기준선을 두되 이를 제재 없이 넘어도 되는 각종 예외 규정을 두거나, 지키지 못했을 경우 제재금을 부과하

는 정도로 마무리한다. 즉 소프트캡에 비해 어느 정도 융통성을 허용한다. KBO 샐러리캡은 절대로 넘으면 안 되는 하드캡이 아닌 소프트캡에 속한다.

KBO는 당초 샐러리캡 대신 '전력평준화세'로 명명하려고 했다. 샐러리캡의 도입 취지가 각 구단의 선수단 전력을 평준화시키는 것이 목적이기 때문이다. 도입 첫 해 2023년에는 10개 구단 모두 상한선을 준수해 제재금을 피했다. 그러나 2024년에는 기준선에 근접한 구단이 많아 제재금을 내는 구단이 발생할 가능성이 높아졌다. 결국 10개 구단은 137억 1,165만 원으로 기존상한선보다 20% 증액했다. 참고로 2025년부터 샐러리캡의 명칭은 '경쟁균형세'로 제재금은 '야구발전기금'으로 변경했다. 실제로 2024년 구단별 연봉 상위 40명 합계액을 산출한 결과, 5개 구단이 상한액 대비 2억 원대의 여유밖에 없었다.

2024년 샐러리캡은 2023년 통합우승팀인 LG 트윈스가 사상 최초로 초과한 구단이 되었다. 24억 2,978만 원을 초과해 초과금의 50%인 12억 1,489만 원을 야구발전기금으로 납부했다. LG 트윈스 구단은 2년 연속 샐러리캡에 위반하지 않을 것을 자신했다. 2년 연속 위반 시 신인 드래프트 1라운드 지명권이 9단계 하락하므로 구단으로서는 치명적이다. 공교롭게도 2024년 LG 트윈스의 연봉 상위 40명의 합계액(138억 5,616만 원)이 2025년 샐러리캡 상한선(137억 1,165만 원)과 1억 4,451만 원밖에 차이가 나지 않는다.

샐러리캡에
대비하는 구단들

그러면 구단들은 샐러리캡에 어떻게 대비할까? 단장과 운영팀에서 수십 차례 시뮬레이션을 돌리고 향후 3~4년 연봉 상위 40명에 달하는 구단 소속 선수들의 연봉을 추정한다. FA가 아닌 일반 선수들의 향후 3~4년 연봉 예측은 쉽지 않다. 팀 성적이 선수 연봉에 미치는 영향이 크기 때문이다. 당장 1년 후 성적도 가늠하기 힘든데 3~4년 예상은 난이도가 높다. 여기에 선수 개인의 성적 등락을 예상하기도 어렵다. 따라서 이 작업은 프런트의 고도의 능력을 필요로 한다. 샐러리캡 여유가 적은 구단은 민감할 수밖에 없다.

연봉과 계약금은 확정액인 데 반해 옵션(인센티브)은 미확정액이다. 옵션 달성 가능성을 산정해야 한다. 옵션이 출장수나 엔트리 등록일수와 같다면 달성 가능성을 100%에 가깝게 책정해야 하고 안타 수, 타율, 평균자책점 등과 같은 개인 성적 지표라면 달성 가능성을 다소 낮게 책정한다.

SSG 랜더스의 경우 연봉 상위 40인의 합계액이 2021년 112억 5,489만 원, 2022년 248억 7,512만 원, 2023년 108억 4,647만 원을 기록했다. 2022년 연봉 합계액이 크게 상승한 이유는 샐러리캡이 시행되기 직전 해에 고액 연봉 선수들과 다년 계약을 체결해 샐러리캡 상한선을 높였기 때문이다. 박종훈, 문승원, 한유섬, 김광

| SSG 랜더스 비IFA 다년 계약

선수	기간	총액	2022년 연봉	비중
박종훈	5년	65억 원	18억 원	27.7%
문승원	5년	60억 원	16억 원	26.7%
한유섬	5년	55억 원	24억 원	43.6%
김광현	4년	151억 원	81억 원	53.6%
합계	4~5년	331억 원	139억 원	42.0%

현 등 비IFA 다년 계약 4인의 2022년 연봉 합계는 139억 원이다. 샐러리캡 상한액이 2021~2022년 전체 구단 연봉 상위 40인의 합계액이므로 139억 원의 1/20(1/(2021년 10개 구단+2022년 10개 구단))인 6.95억 원이 상승하는 부가적인 효과가 발생했다. 그만큼 샐러리캡의 여유가 생긴 것이다.

SSG 랜더스는 2021년, 2022년 2년간 연봉액이 KBO리그에서 단연 1위였으나 2023년에는 두산 베어스(111억 8,175만 원)에 이어 2위로 한 계단 하락했다. 구단에서 샐러리캡에 대해 치밀하게 대비한 결과다. SSG 랜더스의 경우 2023시즌에 들어가기 전에 팀 성적을 3위로 예상하고 연봉액을 산출했는데 결과적으로 적중했다.

샐러리캡이야말로 여러 가지 경우의 수를 현장에 접목시켜야 하기에, 야구수학의 결정체라고 볼 수 있다. 샐러리캡을 잘 대비하기 위해서는 구단 프런트가 수학에 대한 기본적인 이해가 필수적이다.

참고로 샐러리캡은 산포도와 깊은 연관이 있다. 산포도는 자료가 흩어져 있는 정도를 하나의 수로 나타낸 값으로 분산과 표준편차가 가장 많이 사용된다. 평균에 얼마나 가까이 있는지, 멀리 떨어져 있는지를 통해서 자료가 흩어진 정도를 알아보는 방법이다.

편차(Deviation)는 자료의 변량에서 평균을 뺀 값으로 편차가 음수면 평균보다 작은 값이고, 양수면 평균보다 큰 값이다. 편차가 0인 경우 변량과 평균이 같다.

편차 = 변량 − 평균

편차의 부호와 상관없이 편차의 절댓값이 작을수록 평균에 가까이 있고, 클수록 평균에서 멀리 떨어져 있다. 편차의 총합은 항상 0이 된다. 편차는 평균, 중앙값을 기준으로 계산할 수 있다.

분산(Variance)은 편차의 제곱의 평균값이다. 변량들이 퍼져 있는 정도를 의미한다.

표준편차(Standard Deviation)는 분산의 양의 제곱근으로 자료가 평균을 중심으로 얼마나 퍼져 있는지를 나타내는 대표적인 값이다.

표준편차 $= \sqrt{\text{분산}}$

표준편차의 단위는 자료의 단위와 일치한다. 표준편차가 0에 가까우면 자료의 값들이 평균 근처에 집중되어 있음을 의미한다. 표준편차가 클수록 자료의 값들이 널리 퍼져 있다. 표준편차는 주어진 자료와 같은 단위를 쓰고, 분산은 단위를 쓰지 않는다.

$2, 4, 6, 8, 10$의 자료에서 평균, 편차, 분산, 표준편차를 계산해보자.

평균: $\dfrac{2 + 4 + 6 + 8 + 10}{5} = \dfrac{30}{5} = 6$

편차: $2 - 6 = -4, 4 - 6 = -2, 6 - 6 = 0, 8 - 6 = 2, 10 - 6 = 4$이므로 $-4, -2, 0, 2, 4$

분산: $\dfrac{(2 - 6)^2 + (4 - 6)^2 + (6 - 6)^2 + (8 - 6)^2 + (10 - 6)^2}{5}$

$= \dfrac{16 + 4 + 0 + 4 + 16}{5} = \dfrac{40}{5} = 8$

표준편차: $\sqrt{8} = 2\sqrt{2}$

샐러리캡이 시행되기 전 2022년 외국인 선수 29명과 신인 선수 50명을 제외한 프로야구 선수는 총 527명, 연봉 총액은 804억 1,720만 원, 평균 연봉은 1억 5,259만 원이다. 평균 연봉만 보면 2024년 평균 연봉 1억 5,495만 원과 거의 차이가 없다. 하지만 표준편차를 각각 계산해서 비교해보면 2022년에는 4,989만 원, 2024년에는 1,985만 원으로 많은 차이가 있음을 알 수 있다. 10개 구단 모두 샐러리캡을 준수하려고 노력했다는 사실을 데이터로 다시금 확인할 수 있다.

외국인 선수 샐러리캡

KBO리그는 1998년부터 외국인 선수 제도를 운영하고 있다. 1998년과 1999년 2년간은 미국에서 KBO가 주관하는 트라이아웃과 드래프트를 실시해 외국인 선수를 영입했다. 그러다 2000년부터 구단들이 자유계약 방식으로 외국인 선수를 영입했다. 처음에는 구단들이 외국인 선수를 최대 2명까지 보유할 수 있었고 신생팀 SK 와이번스만 예외적으로 3명을 보유했다.

현재는 구단들이 외국인 선수를 3명 보유하고, 3명 출전할 수 있다. 3명을 투수, 야수 한쪽으로만 뽑을 수는 없고 투수 2명, 야수 1명 또는 투수 1명, 야수 2명으로 나눠야 한다. 2000년대 초반에는 구단들이 외국인 선수를 강타자 위주로 뽑았다. 그러다 2000년대 후반, 외국인 투수 2명을 강력한 선발 원투펀치로 활용한 삼성 라이온즈, SK 와이번스, KIA 타이거즈가 우승 사례를 만들면서

SK 와이번스, SSG 랜더스에서 2017~2021년 5년간 활약한 제이미 로맥의 선수단 송별회. 당시 코로나19로 조촐하게 행사를 치렀다.

KBO 외국인 선수는 투수가 대세가 되었다. 특히 SK 와이번스에서 김성근 감독이 재임한 기간(2007~2011년) 동안 외국인 야수는 단 한 차례도 뽑지 않았다.

KBO 외국인 선수 연봉 상한선은 처음에는 20만 달러였고, 2005년부터 30만 달러로 올랐다. 그러나 뒷돈 논란이 끊이지 않자 2014년부터 상한선 규정을 없앴다. 2013년 12월, SK 와이번스가 그해 메이저리그에서 275만 달러 연봉을 받은 루크 스캇을 30만 달러에 계약 발표했다. 아무도 믿지 않았다. 당시 SK 와이번스는 브렛 필과 협상 중이었는데 현역 빅리거인 루크 스캇이 한국행 의사를 밝히자 브렛 필 대신 루크 스캇을 전격 영입했다. SK 와이번스는 팀의 간판이었던 정근우와 FA 계약에 실패하자 그 대안으로 외국인 타자 쪽으로 적극적인 투자를 한 것이다. 그러나 루크 스캇은 2014시즌 도중 이만수 감독과의 불화 끝에 귀국했고, KIA 타이거즈와 계약한 브렛 필은 3년간 KBO리그에서 활약했다.

그러다 신입 외국인 선수 연봉 상한선이 부활했다. 2019년부터 총액 100만 달러 상한선이 적용된 것이다. 그리고 3명을 합친 금액을 샐러리캡으로 제한한다. 상한선 400만 달러를 기본으로 하며 재계약하는 외국인 선수가 있을 경우 재계약 연도만큼 10만 달러씩 상한선이 올라간다.

KT 위즈의 경우 2025년 외국인 선수 샐러리캡이 7년차 윌리엄 쿠에바스, 6년차 멜 로하스 주니어와 재계약해 각각 60만 달러, 50만 달러의 증액분이 발생했다. 2024년 키움 히어로즈에서 활동한 엔마누엘 데 헤이수스의 경우 이적을 한 경우라 KBO리그 2년차지만 신입 외국인 선수와 같은 상한선 적용을 받는다. 따라서 2025년 KT 위즈의 외국인 선수 샐러리캡은 510만 달러로 10개 구단 가운데 가장 많다. 2025년 외국인 선수 3명 모두가 신입인 두산 베어스의 경우 샐러리캡이 400만 달러로 가장 적다.

외국인 선수 연봉과 관련해 알아둬야 할 점이 있다. 원화를 받는 국내 선수와 달리 달러로 지급된다는 부분이다. 기준 국가의 관점에서 자국 화폐와 타국 화폐의 교환 비율을 환율이라고 한다. 언론사에서는 1달러의 가격이 1,300원대에서 1,400원대까지 오르

| KBO 2025시즌 외국인 선수 샐러리캡 현황

구단	샐러리캡(달러)	선수	총액(달러)	비고
KIA	410만	제임스 네일	180만	2년차(10만▲)
		애덤 올러	100만	–
		패트릭 위즈덤	100만	–
		계	380만	–
삼성	420만	데니 레예스	120만	2년차(10만▲)
		아리엘 후라도	100만	–
		르윈 디아즈	80만	2년차(10만▲)
		계	300만	–
LG	430만	엘리에이저 에르난데스	130만	2년차(10만▲)
		요니 치리노스	100만	–
		오스틴 딘	170만	3년차(20만▲)
		계	400만	–
KT	510만	윌리엄 쿠에바스	150만	7년차(60만▲)
		엔마누엘 데 헤이수스	100만	–
		멜 로하스 주니어	180만	6년차(50만▲)
		계	430만	–
두산	400만	콜 어빈	100만	–
		잭 로그	80만	–
		제이크 케이브	100만	–
		계	280만	–
SSG	430만	드류 앤더슨	120만	2년차(10만▲)
		미치 화이트	100만	–
		기예르모 에레디아	180만	3년차(20만▲)
		계	400만	–

30이닝: **연봉, 보너스, 샐러리캡**

		찰리 반즈	150만	4년차(30만▲)
롯데	440만	터커 데이비슨	95만	–
		빅터 레이예스	125만	2년차(10만▲)
		계	370만	–
한화	410만	라이언 와이스	95만	2년차(10만▲)
		코디 폰세	100만	–
		에스테반 플로리얼	85만	–
		계	280만	–
NC	410만	라일리 톰슨	90만	–
		로건 앨런	100만	–
		맷 데이비슨	150만	2년차(10만▲)
		계	340만	–
키움	410만	케니 로젠버그	80만	–
		루벤 카디네스	60만	–
		야시엘 푸이그	100만	2년차(10만▲)
		계	240만	–

면 환율이 '올랐다'라고 표현하고, 반대로 1달러의 가격이 1400원대에서 1,300원대가 되면 환율이 '내렸다'라고 한다. 환율이 내렸다는 것은 원화의 가치가 높아졌다는 뜻이고 이것을 '원고 현상'이라고 한다. 즉 달러의 가치 하락으로 생각해도 무방하다. 1달러와 1,300원을 교환할 수 있다면 달러 환율은 1,300원(원달러)으로 표현한다. 기준을 바꾸면 0.0007692달러(달러원)로 표현할 수 있다.

현재 환율이 1,300원(원달러)이고 100만 원을 달러로 바꾼다고 가정해보자.

$1,300(원):1(달러) = 1,000,000(원):x(달러)$

$$평균: \frac{1,000,000}{1,300} = 769.23(달러)$$

2024년 12월 18일, 두산 베어스는 새 외국인 투수 잭 로그를 총액 80만 달러에 영입했다고 발표했다. 총액 80만 달러를 환율 1,300원(원달러)을 기준으로 원화로 바꿔보자.

$1,300(원):1(달러) = x(원):800,000(달러)$

$x = 1,300 \times 800,000 = 1,040,000,000(원)$

환율이 1,400원으로 상승한다면 11억 2천만 원이 될 것이고, 환율이 1,200원으로 하락한다면 9억 6천만 원이 될 것이다.

이처럼 환율 변동은 구단의 손익에 영향을 준다. 즉 환율이 상승하면 외국인 선수에게 지불할 외화를 구입할 때 더 많은 원화가 필요하므로 손실이 확대된다. 은행, 공항, 호텔에 가면 벽에 붙어 있는 환율 시세표를 볼 수 있는데, 현재 여러 나라의 화폐 환율이 얼마인지를 한눈에 알 수 있다. 보통 은행에서는 외화를 팔 때는 비싸게 팔고, 사들일 때는 싸게 사려고 한다. 그래서 고시환율은 통상 '현찰 사실 때' '현찰 파실 때' '송금 보내실 때' '송금 받으실 때' 4가지로 구분된다.

2024년 12월 25일 기준 고시환율은 다음과 같다.

현찰 사실 때: 1,484.73

현찰 파실 때: 1,433.67

송금 보내실 때: 1,473.50

송금 받으실 때: 1,444.90

현찰을 사고팔 때, 송금을 보내고 받을 때 규칙이 숨어 있다. 일단 현찰을 사고파는 금액을 더해서 평균을 구해보자.

$$\frac{1,484.73 + 1,433.67}{2} = 1,459.2$$

더불어 송금을 보내고 받을 때 금액을 더해서 평균을 구해본다.

$$\frac{1,473.50 + 1,444.90}{2} = 1,459.2$$

위 두 평균은 외화를 매매할 때 기준이 되는 환율(매매기준율)이다. 기준이 되는 환율이 있음에도 상황에 따라 환율이 다르게 적용되는 이유는 은행이 환전 수수료를 받기 때문이다. 매매기준율에서 '현금을 파실 때' 금액을 빼면 1,459.2-1,433.67=25.53원 차이가 나는데 이것은 은행이 1달러를 환전할 때마다 해당 금액만큼 수수료를 가져간다는 의미다.

참고로 환율 우대 90%라는 것은 앞에서 계산한 수수료에 대해 90%를 할인해준다는 것으로, 25.53×0.1=2.553원을 우대해 돌려준다는 것이다. 즉 1달러를 살 때 1,484.73원이 아닌 1,459.2+2.553=1,461.753원이 적용된다.

여기서 잠깐
우리 동네 야구단

KBO리그는 1982년 서울(MBC 청룡), 부산·경남(롯데 자이언츠), 대구·경북(삼성 라이온즈), 충남북(OB 베어스), 전남북(해태 타이거즈), 인천·경기·강원(삼미 슈퍼스타즈) 등 광역 연고제를 기반으로 6개 구단으로 시작했다.

프로야구 초창기인 1980년대는 호남에서 롯데 과자를 안 사고 부산에서 해태 과자를 안 먹는다는 말도 있었고 해태 타이거즈와 삼성 라이온즈, 롯데 자이언츠 간 영호남 라이벌 경기가 열리면 관중끼리 싸우고 원정팀 선수단 버스가 불타는 사건도 벌어졌다. 당시 야구장에서 오물 투척은 다반사였다. 수도권 구단의 원정 관중석 시설은 원정팀이 패하면 기물이 파손되는 경우도 더러 있었다.

야구×수학

광주의 '목포의 눈물'과 부산의 '부산갈매기' 응원은 상대 팀 입장에서는 전율 그 자체였다.

인천은 1982년 삼미 슈퍼스타즈를 시작으로 청보 핀토스, 태평양 돌핀스, 현대 유니콘스, SK 와이번스, SSG 랜더스 등 네 차례 구단 매각과 한 차례 구단 이전을 통해 6개의 팀을 맞이했다. 인천은 홈경기 8회말에 응원가로 '연안부두'를 틀어주고 홈 관중이 '떼창'을 하는 전통이 있다. 2002년 SK 와이번스가 연안부두 응원가를 김트리오 원곡 대신에 리믹스 버전으로 바꿨다가 팬들의 반발에 직면한 적이 있다. 구단 입장에서는 김트리오의 연안부두가 야구장 분위기와 맞지 않고 처진다고 판단한 것인데 팬들의 정서는 달랐다. 인천 야구의 전통인 연안부두 응원가를 돌려달라며 항의가 빗발쳤고 결국 구단은 원안으로 돌아갔다.

초창기 SK 와이번스는 야구장 인근 아파트 주민들을 야구장에 초청하고 인천 시내 초중고 교사들을 대상으로 'SK 서포터즈 티처(SK Supporters Teacher)'를 운영하기도 했다. 당시 SK 와이번스는 홈경기 객단가(일정 기간의 판매액을 그 기간의 고객 수로 나눈 값)가 낮아서 타 구단으로부터 원성을 받았다. 야구장은 잘 만들어놨는데 관중석이 채워지지 않다 보니 저가 정책을 펼칠 수밖에 없었다. 구단 직원들이 부평역 광장 등 거리에서 홍보 전단지를 나눠주기도 했다. 구단 직원들은 시민들의 야구에 대한 관심이 적어 머쓱했다.

SK 와이번스는 '인천 SK'를 공식적인 구단 명칭으로 사용하지 않았지만 인천 지역에서 마케팅 활동을 할 때는 '인천 SK 와이번스'라는 이름을 자주 사용했다. 지역과의 일체감을 부각시키는 목적이었다. 그리고 야구장에서 '인천 SK' 응원 구호를 줄곧 사용했다. 인천을 내세우면 다른 지역 팬이 거부감을 가질 수 있어 잠시 중단하기도 했지만 오래 가지 않았다. 지금도 인천SSG랜더스필드에서는 '인천 SSG' 응원 구호를 들을 수 있다.

이러한 노력 끝에 SK 와이번스는 인천에서 최장수 구단 역사(21년)와 한국시리즈 최다 우승(4회)을 기록하며 인천 야구팬의 마음을 사로잡았다. 그러다 오랜 기간 인천 야구팀으로 남을 것으로 기대했던 SK 와이번스는 2021년 갑작스레 신세계 그룹에 매각되어 역사 속으로 사라졌다.

프로야구가 타 스포츠와 비교할 때, 연고 지역에서 보다 많은 사랑을 받고 있는 저변에는 프로야구만이 갖고 있는 신인 연고(1차) 지명의 영향이라는 분석이 있다. 다른 프로스포츠와 달리 프로야구는 1982년 창설 이후 연고 지역 고등학교 졸업 선수를 1차 지명하고, 이후 전국 단위로 드래프트(2차 지명)를 실시하는 방식을 유지해왔다. 다만 이 전통은 2023년부터 전력 평준화를 위해 다른 프로 스포츠처럼 전면 드래프트로 바뀌면서 사라졌다.

만약 다른 프로스포츠처럼 신인 연고 지명 없이 처음부터 전국 단위의 전면 드래프트를 시행했다면 광주(해태 타이거즈)의 선동열, 대구(삼성 라이온즈)의 이만수, 부산(롯데 자이언츠)의 최동원이 다른 유니폼을 입었을지도 모른다. 그랬으면 프로야구가 지역에 빠르게 뿌리 내리지 못했을 수도 있다. 프로야구가 국내 최고의 인기 스포츠로 자리 잡은 데는 초창기 스타플레이어의 공헌이 컸다. 프로야구 초창기 팬들은 자신의 고향에서 나고 자란 선수에 대한 애착이 무척 컸다.

프로축구(FC서울, 전북현대모터스 등), 프로농구(서울SK나이츠, 창원 LG세이커스 등) 등 다른 프로스포츠 구단은 연고지를 구단 명칭에 붙이는 데 반해 프로야구는 모기업만 구단 명칭으로 내세운다. 그럼에도 프로야구가 연고지에서 많은 사랑을 받는 이유는 프랜차이즈 스타의 존재와 구단의 적극적인 지역 밀착 활동 덕분이다.

4이닝:
선수 평가와 에이징 커브

에이징 커브(Aging Curve)는 스포츠에서 선수가 나이가 들어서 운동능력이 감퇴하는 것을 의미한다. 사람은 성장과 노화를 피할 수 없으므로 누구나 나이가 들면서 운동능력이 성장하고 감퇴한다. 그 정도를 분석해 함수 그래프로 수치화하면 포물선 커브 모양을 그린다고 해서 붙여진 이름이다.

WAR이
각광받는 이유

초보 수준 이상으로 야구를 안다면 'WAR(Wins Above Replacement)' 이라는 용어를 들어봤을 것이다. 야구팬들은 약어의 동음이의어 인 '전쟁(War)'으로 부르기도 하는데 정확한 뜻은 '대체 선수 대비 승리 기여도'다. 여기서 대체 선수란 리그 평균 수준의 선수로, 후 보 선수가 아닌 언제든 대체 가능한 2군의 가상 선수를 의미한다. WAR은 선수가 팀 승리에 얼마나 공헌했는가를 종합해서 보여주 며 대체 선수에 비해 몇 승을 더 기여했는지 나타낸다. 세이버메트 릭스의 대표적인 지표라서 야구 매니아라면 모를 수 없는 용어다. WAR을 모르는 매니아는 매니아라고 볼 수 없다.

WAR이 세이버메트릭스의 대표적인 지표가 된 이유는 선수를 종합적으로 평가하는 데 가장 보편적으로 활용되기 때문이다. 선수의 성적을 평가하는 데는 투수는 평균자책점, 이닝, 승, 패, 세이브, 홀드가 쓰이고 야수는 안타, 홈런, 타점, 도루, 타율, 출루율, 장타율 등이 쓰인다. 그러나 이런 지표들은 투수나 타자의 일부 특성을 대변할 뿐이다.

2024시즌 15승 6패 ERA 3.66의 성적으로 공동 다승 타이틀 홀더인 원태인(삼성 라이온즈)과 타율 0.306, 154안타, 46홈런, 119타점의 성적으로 홈런 타이틀 홀더인 맷 데이비슨(NC 다이노스) 중 누가 더 좋은 선수인지 가늠할 수 있겠는가? 여러 지표를 나열해서 보면 누가 더 좋은 선수인지 가늠하기가 어렵다. 투수든 야수든, 선수의 성적과 실력을 한눈에 정리하고 싶은 욕구는 구단과 팬 모두에게 있다. WAR은 이러한 욕구에 부합된다.

WAR이란 무엇인가?

WAR을 산출하는 데 일반적으로 포함되는 항목으로는 실점 억제력, 탈삼진, 볼넷 허용, 이닝 소화, 클러치 상황에서의 투구 내용(이상 투수), 컨택, 선구안, 파워, 수비 포지션, 수비능력, 스피드, 작전수행력(이상 야수) 등이다. 이를 계산해 나온 WAR 수치를 통해

선수 WAR	선수 실력
6 이상	MVP급 선수
4~6	올스타급 선수
2~4	주전 선수
0~2	후보 선수
0 이하	대체 선수

선수가 어느 정도의 실력을 갖고 있는지 가늠할 수 있다.

야구 기록 사이트 스탯티즈가 선정한 WAR 기준으로 보면 2024시즌 원태인은 5.869이고 맷 데이비슨은 3.979다. 원태인이 맷 데이비슨보다 WAR 면에서 우수한 성적을 거둔 것이다.

2024시즌 골든글러브 1루수 부문은 외국인 선수끼리 경쟁이 붙었다. 홈런왕(맷 데이비슨)과 타점왕(오스틴 딘) 가운데 누가 될 것이냐가 초미의 관심사였다. 결과는 타점왕 오스틴 딘이었다. 홈런왕이 주는 임팩트가 클 것이라는 예상을 뒤엎고 타점왕이 압도적인 표 차이로 골든글러브를 수상한 것이다(오스틴 딘 193표, 맷 데이비슨 83표). 스탯티즈 WAR에서 오스틴 딘은 5.065로 3.979인 맷 데이비슨에 앞섰다.

이러한 장점에도 불구하고 WAR은 정해진 표준이 없는 '비표준화 스탯'이다. 대부분의 세이버메트릭스 지표들은 공식이 정해져 있는데 WAR은 통계 사이트마다 계산법이 제각각이다. 예를 들어 MLB의 경우 베이스볼 레퍼런스(www.baseball-reference.com)의 WAR(bWAR)과 팬그래프 닷컴(www.fangraphs.com)의 WAR(fWAR)이 유명하다. KBO리그는 스포츠투아이(tWAR), 스탯티즈(sWAR), KBReport(kWAR)에서 WAR을 집계하고 있다. 이 가운데 스탯티즈 WAR을 야구계에서 가장 많이 활용한다. 스탯티즈는 사설 야구 기록 사이트인데 일반인에게 일찍부터 데이터를 공개해 매니아들에게 친숙하고 구단과 미디어에서도 자주 참고하고 있다.

WAR은 타격, 주루, 수비, 투구 각각을 평가해서 합산하는데 MLB와 달리 KBO는 WAR에 대한 신뢰도가 높지 않다. 특히 수비 WAR, 즉 dWAR은 신뢰도가 없다고 봐야 한다. MLB의 경우 DRS(Defensive Runs Saved)나 UZR(Ultimate Zone Rating)이라는 수비 스탯에 대한 신뢰도가 높은 편이나 KBO는 수비 스탯에 대한 신뢰도가 낮다. KBO리그에서 수비는 아직까지 데이터로 평가하기 어려운 지표라고 할 수 있다.

메이저리그 구단들은 자신만의 고유의 WAR을 운용하고 있다. 각 구단은 WAR 계산 방식을 비공개하고 있고 선수단 구성에 활용하고 있다. 반면 KBO리그는 SK 와이번스가 'SK WAR'을 자체적으로 개발한 바 있으나 노력에 비해 활용도가 떨어진다고 판단해 폐기했다. 아직까지 다른 구단이 자체적으로 WAR을 개발해서 운용하고 있다는 이야기는 없다. 구단이 WAR을 운용하는 이유는 자신들의 방향성에 맞는 선수단 구성을 하기 위해서다. 자체적인 WAR 공식을 만들 때 구단은 자신의 방향성에 따라 가중치를 다양하게 적용한다.

RC, wOBA, wRC+

WAR 외에 선수를 평가하는 데 자주 거론되는 세이버메트릭스 지표로는 득점 생산(RC; Runs Created)이 있다. 1979년 빌 제임스는 각각의 타자가 한 시즌 동안 얼마나 많은 득점을 창출해내는지를 계산하기 위해 안타, 홈런, 아웃, 볼넷, 몸에 맞는 볼을 통해 득점을 예상하는 공식을 만들었다. 이러한 득점 생산 공식에는 여러 버전이 있는데 가장 기본적인 공식은 다음과 같다.

$$득점생산(RC) = \frac{(안타 + 홈런 + 볼넷 + 몸에 맞는 볼) \times (총 루타수)}{(총 타수 + 볼넷 + 몸에 맞는 볼)}$$

총 루타수를 풀어서 보면 다음과 같다.

$$총 루타수 = 1 \times 1루타 + 2 \times 2루타 + 3 \times 3루타 + 4 \times 홈런$$

2024년 골든글러브 1루수 부문에서 경쟁한 홈런왕 맷 데이비슨(NC 다이노스)과 타점왕 오스틴 딘(LG 트윈스)을 득점 생산으로 분석해보자. 오스틴 딘의 2024년 득점 생산은 다음과 같다.

$$\frac{(\text{안타 } 168 + \text{홈런 } 32 + \text{볼넷 } 61 + \text{몸에 맞는 볼 } 3) \times (\text{총 루타수 } 302)}{(\text{총 타수 } 527 + \text{볼넷 } 61 + \text{몸에 맞는 볼 } 3)} = 134.9$$

맷 데이비슨의 2024년 득점 생산은 다음과 같다.

$$\frac{(\text{안타 } 154 + \text{홈런 } 46 + \text{볼넷 } 39 + \text{몸에 맞는 볼 } 17) \times (\text{총 루타수 } 319)}{(\text{총 타수 } 504 + \text{볼넷 } 39 + \text{몸에 맞는 볼 } 17)} = 145.8$$

득점 생산에서 맷 데이비슨이 오스틴 딘보다 앞선 것으로 나온다. 홈런왕이면서 장타 생산력이 우위인 맷 데이비슨이 곱하기 항목인 총 루타수에서 앞선 덕분이다.

WAR, 득점 생산 외에 선수를 평가하는 데 자주 거론되는 세이버메트릭스 지표로는 wOBA, wRC+가 있다. 소문자 'w'는 가중(Weigh)의 의미이고, 기호 '플러스(+)'는 100을 평균으로 하는 값으로 구장별 특성을 반영한 지표다.

wOBA(Weighted On-Base Average), 즉 가중 출루율은 타석당 득점 기여도를 출루율 범위로 표현한다. 모든 출루를 동등하게 취급하는 출루율과 달리 출루 유형에 따라 가중치를 적용한다. wOBA는 타자의 타격능력에 대한 종합적인 기댓값을 산정한 계산식이다. 출루율은 모든 출루를 동등하게 취급하고, 장타율은 사사구를 제외한다는 약점이 있어서 이 둘을 합친 OPS가 대두되었다. OPS는 사사구 1, 단타 1, 2루타 2, 3루타 3, 홈런 4의 가중치가 있는데 wOBA는 OPS의 단점을 보완한 상위호환적인 지표라고 할 수 있다.

다만 wOBA는 가중치가 리그 상황에 따라 조금씩 달라지기 때문에 가중치를 정하려면 통계 산정 및 분석이 필요하고, 이러한 요인 때문에 OPS에 비해 계산이 어렵다는 단점이 있다. 반면 OPS의 장점은 직관적이라는 점에 있다. 출루율과 장타율을 더하기만 하면 되니 계산도 쉽고 수치를 통해 타자들의 실력을 가늠하기도 용이하다.

wOBA를 좀 더 보기 쉽게 하고 리그 및 시즌별로 보정하기 위해 평균을 100에 두고 파크 팩터를 도입한 것이 바로 wRC+(Weighted Runs Created +)다. 타석에서 타자의 구장별 특성을 반영한 조정 득점 생산성을 확인하는데 사용되는 wRC+, 즉 조정 득점 창출력은 야구팬들 사이에서는 '우르크'라는 약칭으로 많이 불린다. 현재 타격 스탯 중 가장 신뢰도가 높다는 평가를 받고 있다. wRC+도 100을 기준점으로 그 이상이면 양호하다는 평가를 내릴 수 있어 직관적인 편이다.

$$wRC = \left(\frac{wOBA - League\ wOBA}{wOBA\ Scale} + League\ R/PA \right) \times PA$$

타석당 득점 기대치(wOBA), 리그 평균 wOBA(League wOBA), OBP와 wOBP의 비를 나타내는 상수(wOBA Scale), 리그 평균득점 (League R), 타석(PA)을 활용하고 보정해 wRC+를 산정한다.

에이징 커브(Aging Curve)는 스포츠에서 선수가 나이가 들어서 운동능력이 감퇴하는 것을 의미한다. 사람은 성장과 노화를 피할 수 없으므로 누구나 나이가 들면서 운동능력이 성장하고 감퇴한다. 그 정도를 분석해 함수 그래프로 수치화하면 포물선 커브 모양을 그린다고 해서 붙여진 이름이다.

일반적으로 수학에서 최댓값, 최솟값을 구할 때 자주 사용하는 것이 이차함수다. 이차함수는 최고차항의 차수가 2인 다항함수이며, 일반형 'y=ax^2+bx+c', 표준형 'y=a(x-p)^2+q'의 모양으로 나타낼 수 있다(단 a, b, c, p, q는 상수이며 a≠0이다).

이차함수의 그래프는 포물선이며 a>0일 때는 아래로 볼록,

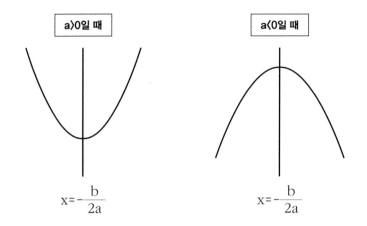

a<0일 때는 위로 볼록하다. 일반형의 도함수는 $f'(x)=ax+b$이며, $f'(x)=0$이 되도록 하는 x 값은 극값이 되며, 실수 전체의 집합에 대해 오직 $x=-\dfrac{b}{2a}$에서만 극값을 갖는다. 이에 따라서 극값 $-\dfrac{b}{2a}$를 기준으로 도함수의 함숫값이 양에서 음으로 바뀌면 최댓값을, 음에서 양으로 바뀌면 최솟값을 알 수 있다. 선수들의 에이징 커브 모양은 보통 양에서 음으로 바뀌는 형태로 커리어 하이가 되는 시점을 예측할 수 있다.

　야구는 다른 스포츠에 비해 신체능력 못지않게 경험이 중요하기에 전성기가 오는 나이가 상대적으로 늦고 쇠퇴기도 더딘 편이다. 과거에는 20대 초반에 가파르게 성장하고 20대 중후반에 전성기 기량에 다다르고 30대 들어서 기량이 떨어지기 시작해 30대 중후반부터 본격적으로 하향 곡선을 그린다는 분석이 일반적이었다.

따라서 30대 중후반에 하향 곡선을 그리는 것이 일반적인 에이징 커브다. 최근 KBO리그 선수들의 수명이 길어지고 있지만 이 부분은 여전히 큰 차이가 없다. 누구나 30대 중후반이면 에이징 커브를 경험한다. 물론 선수 개인의 노력 여하에 따라 떨어지는 각도에는 차이가 있을 수 있다.

2024년을 기준으로 KBO리그에서 40세 이상 나이에 1군 경기에 뛴 선수는 총 8명이다. 김강민, 오승환, 추신수(이상 42세), 고효준, 최형우(이상 41세), 노경은, 박경수, 송은범(이상 40세)이다. 이 가운데 불펜투수가 절반인 4명이다. 불펜투수는 짧은 이닝을 소화하기 때문에 자기 관리를 잘하면 다른 포지션보다 오랜 기간 선수 생활을 할 수 있다. 이들 가운데 김강민, 추신수, 박경수 선수는 2024시즌을 마지막으로 은퇴를 선언했다.

평균의 함정에 주의해야

에이징 커브는 과거 프로야구에서 활동한 적이 있는, 같은 연령대의 선수들의 평균값으로 구한다. 통계에서는 평균 개념을 가장 많이 활용하는데, 이때 우리는 '평균의 함정'에 주의해야 한다. 평균이라는 단일한 값만으로는 자료 전체를 파악할 수 없으며 그 분

포를 함께 살펴봐야 한다는 의미다.

평균의 함정이라고 하면 자주 드는 유명한 일화가 있다. 100명의 군인이 강을 건너려 한다. 군인들을 지휘하는 장군은 군인들의 평균 신장이 180cm이고, 건너려는 강의 평균 깊이가 150cm라는 보고를 받았다. 행군할 수 있겠다고 판단한 그는 강을 건너라고 명령했다. 그런데 강 가운데에서 물이 갑자기 깊어졌고 병사들이 물에 빠져 죽기 시작했다. 뒤늦게 상황을 파악한 장군은 회군을 명령했지만 이미 많은 병사를 잃은 뒤였다. 알고 보니 강의 최대 수심은 2m였다.

프로야구 투수로 예시를 들겠다. 한 팀에 10년 동안 프로야구 선수 생활을 한 10명의 투수가 있다. 이들은 10년 동안 0, 1, 2, 3, 4, 96, 97, 98, 99, 100승을 거뒀다. 이들의 평균 승수는 50승이다. 그러나 이들 중 누구도 평균 50승에 가깝지 않다. 투수의 경우 통산 100승 투수, 50승 투수, 1승 투수의 가치는 차이가 크다. 따라서 평균값으로는 투수 개인의 가치를 나타낼 수 없다.

에이징 커브도 이러한 평균의 함정에 빠질 우려가 있다. 2022년 롯데 자이언츠에서 은퇴한 이대호 선수는 1982년생인데 선수 마지막 해가 40세 나이였다. 에이징 커브가 하향 곡선을 그리는 30대 중후반을 넘어선 나이였지만 이대호 선수는 타율 0.331, 179안타, 23홈런, 101타점의 성적을 남겼고 골든글러브(지명타자 부문)를 수상했다. 2024년 지명타자 부문 골든글러브를 수상한 최형우(KIA 타이거즈) 선수 역시 에이징 커브를 무색케 하는 활약을 보였다. 1983년생으로 41세 나이에 타율 0.280, 119안타, 22홈런, 109타점을 기록했다. 40세 이대호와 41세 최형우는 이 나이에 이렇게 활약한 선수가 극히 드물기 때문에 에이징 커브로 설명하기가 어렵다.

FA
의사결정

FA는 구단 예산의 상당 부분을 차지한다. 구단마다 다르지만 선수단 전체 연봉의 40~50% 정도라고 생각하면 된다. FA가 선수단 전체 연봉에서 차지하는 비중이 해마다 늘고 있다. 구단들이 FA 선수를 거액에 계약하는 이유는 이들이 선수단 성적에 미치는 영향력이 크기 때문이다. 이에 따라 FA에 대한 의사결정은 구단 입장에서 매우 중요하다.

2014년 1월, 최창원 SK그룹 부회장이 SK 와이번스 구단주로 부임하면서 그해 가장 먼저 추진한 일이 FA 정책(내부에서는 'FA Policy'로 부름) 수립이었다. 최창원 구단주는 FA 의사결정이 구단 최대의 현안이라고 판단했다. 이를 통해 SK 와이번스는 외부보다 김성현 선수 FA 계약 체결식. 왼쪽부터 차례로 김성현 선수의 대리인 김현수 브랜뉴스포츠 대표, 김성현 선수, 류선규 단장

는 내부 FA를 우대하는 정책을 정했고, 2021년 1월 신세계 그룹으로 매각될 때까지 이 기조를 유지했다. 야구팬과 야구계에서 SK 와이번스는 내부 선수를 잘 챙기는 구단 이미지가 형성되었다. 대신 외부 FA 영입에 소극적이라는 평가가 많았다.

이 작업에 참여한 류선규 SK 와이번스 전략기획팀장은 2020년 11월 단장으로 부임했고, 12월 1일 1호 FA 계약으로 김성현 선수와 내부 FA 계약을 체결하며 그 기조를 이어갔다. 그리고 10일 두산 베어스 출신 FA 최주환 선수와 계약을 발표함으로써 SK 와이번스는 임경완, 조인성 이후 9년 만에 외부 FA 선수를 영입했다.

4이닝: 선수 평가와 에이징 커브

과거에는 FA 계약금액(계약금, 연봉, 인센티브의 합산금액) 산정은 동일한 포지션, 비슷한 연령대와 기량을 갖춘 이전 계약 사례가 절대적인 기준이었다. 예를 들면 2022년 김광현 선수(SSG 랜더스)의 4년 총액 151억 원은 2017년 이대호 선수(롯데 자이언츠)의 4년 총액 150억 원이 기준이 되었고, 2023년 양의지 선수(두산 베어스)의 4+2년 총액 152억 원은 김광현 선수의 4년 총액 151억 원이 기준이 되었다.

미래 WAR 예측과 FA 계약금액

FA 계약금액이 고액화되고 구단 예산에서 차지하는 비중이 점점 커짐에 따라 구단들은 보다 정밀하게 FA 계약금액의 적정선을 도출하고자 노력하고 있다. 몇몇 구단은 FA 계약 대상 선수들의 미래 성적을 예측해 금액을 산출하는 방식을 활용하고 있다. 이러한 미래 성적 예측에는 에이징 커브가 활용된다. 에이징 커브를 반영해서 FA 계약 대상 선수들의 미래 WAR을 예측하는 것이다. 통상 FA 시점 기준으로 과거 3~4년의 성적을 바탕으로 미래 3~4년의 성적과 WAR을 예상한다. 여기에 과거 FA 선수들의 성적과 계약금액을 기반으로 1WAR당 지불금액을 도출하고, 계약기간 WAR 합계를 곱하면 대상 선수의 FA 계약금액이 나온다.

2021년 SSG 랜더스 1호 선수로 입단한 추신수의 연봉도 이와 같은 방식으로 책정했다. 당시 SSG 랜더스는 추신수의 연봉을 산정하기 위해 KBO리그에서 MLB로 직행한 타자(강정호, 박병호, 김하성)들의 KBO 마지막 시즌 성적과 MLB의 성적 예측 시스템(ZiPS 프로젝션)에서 예측한 미국 첫 해 성적을 비교했다. KBO에서 MLB로 갔을 때 타율, 출루율, 장타율 변화 비율을 계산한 것이다. 추신수는 MLB에서 KBO리그로 오는 반대의 경우라 역산을 했다.

추신수의 MLB 마지막 시즌 2020년을 기반으로 예측한 결과, 국내 복귀 시즌 성적은 타율 0.306, 장타율 0.428, 출루율 0.595이 나왔다. 2020년 KBO리그 기준으로 타율 16위, 장타율 3위, 출루율 4위, OPS 2위에 달하는 성적이다. 그리고 연봉 산출을 위해 WAR을 접목했다. 비교 대상으로 멜 로하스 주니어, 김현수, 나성범, 프레스턴 터커까지 4명을 뽑았다. 이들은 추신수의 예상 성적(OPS 1.023)과 비슷하고, 같은 외야수였기 때문이다. 4명의 2020시즌 WAR 평균값을 계산하면 5.71이 나온다. 이 수치가 2021년 추신수의 WAR 수준으로 전망되었고, 2021년 기준으로 역대 FA 선수들의 1WAR당 금액인 4.6억 원을 곱해 약 26.3억 원(5.71× 4.6=26.266)이 도출되었다.

2021년 2월 23일, SSG 랜더스와 추신수는 연봉 27억 원에 계약을 체결했다. 1WAR당 4.6억 원은 당시 기준이고 지금은 FA 인

플레이션으로 5억 원 정도를 기준으로 잡아야 할 것 같다.

이와 같은 방식은 경험적으로 옵션을 제외한 FA 보장금액을 도출하는 데는 얼추 비슷하게 떨어진다. 그러나 FA는 시장 경제 원리가 작동되기 때문에 경쟁이 치열하면 이런 방식의 금액 산정은 무용지물이 된다. 대부분의 FA 선수들이 계약 시점에 30세를 넘어서다 보니 에이징 커브를 반영하면 과거 성적보다 미래 성적이 떨어지게 된다. 에이징 커브를 뛰어넘은 예외적인 선수가 최정(SSG 랜더스)이다.

최정 선수가 첫 번째 FA 계약(4년 86억 원, 전액 보장, 연평균 21.5억 원)을 맺은 해가 2014년으로 1987년생이니 당시 27세 나이였다. FA 신청한 해를 포함한 이전 4년간 평균 sWAR은 5.032이고, 이후 4년간(2015~2018년)은 평균 4.745다. 이후 두 번째 FA 계약(6년 106억 원, 옵션 6억 원 포함, 연평균 17.7억 원)을 맺은 해가 2018년으로 31세 나이였다. 그리고 6년간(2019~2024년) 평균 sWAR 5.324를 기록한다. FA를 앞둔 세 차례 기간 가운데 평균 sWAR이 가장 높았다. 그 결과 에이징 커브가 우려되는 37세 나이임에도 불구하고 2024년, 세 번째 FA 계약(4년 110억 원, 전액 보장, 연평균 27.5억 원)을 체결한다. 앞선 두 차례 FA보다 더 좋은 계약을 한 것이다. 이로써 최정은 세 차례 FA를 통해 14년간 302억 원을 받는 선수가 되었다.

물론 최정은 예외인 경우다. 대부분의 선수는 에이징 커브를 반영하면서 기대 성적이 떨어진다. 그럼에도 불구하고 구단들이 거

| 최정 연도별 sWAR 현황

연도	sWAR	연도	sWAR	연도	sWAR
2011년	5.621	2015년	3.637	2019년	5.788
2012년	6.233	2016년	5.706	2020년	4.751
2013년	5.846	2017년	6.370	2021년	6.307
2014년	2.428	2018년	3.267	2022년	5.296
–	–	–	–	2023년	5.250
–	–	–	–	2024년	4.552
합계	20.128	합계	18.98	합계	31.944
평균	5.032	평균	4.745	평균	5.324

액의 FA 계약금액을 안겨주는 건 FA 시장에서 수요가 공급보다 많기 때문이다. 일반적인 수요와 공급의 원리에 따라 FA 선수의 가격이 오를 수밖에 없는 구조다.

다양한 선수 평가 방식

프로야구 선수 평가는 기록업체나 구단만 하는 것이 아니다. 매 경기 중계하는 스포츠 채널과 중계를 통해 기업이나 브랜드를 홍보하는 스폰서(협찬사)도 한다. 스포츠 채널과 스폰서가 같이 프로야구 선수를 평가하는 포인트 제도를 운영한 국내 첫 사례로는 '카스 포인트'가 대표적이다. 2011년부터 2017년까지 OB맥주와 MBC 스포츠플러스 간 협약을 통해 카스 포인트로 선수를 평가했다. 이후 2018년부터 2020년까지 모바일 게임사 컴투스와 MBC 스포츠플러스가 제휴해 '컴투스 프로야구 포인트'로 이름을 바꿨다.

컴투스 프로야구 포인트는 경기 기록만으로 포지션에 상관없이 프로야구 선수들의 통합 순위를 결정하는 제도다. 매 경기 객관적인 데이터를 기준으로 선수들에게 점수를 부여하는 방식이다. WAR을 통해 투수와 야수를 동일선상에 놓고 비교할 수 있는 것과 비슷하다.

컴투스 프로야구 포인트는 투수와 타자 그리고 포지션별 선수 특성에 따른 점수 균형을 맞출 수 있도록 타자 부문 19개 항목(가점 11개, 감점 8개), 투수 부문 12개 항목(가점 5개, 감점 7개)로 나뉘어 매일 점수가 누적되어 순위가 결정되는 방식이다.

이와 별도로 금융기관인 웰컴저축은행 역시 선수가 승리에 얼마나 기여했는지를 수치화한 '웰컴톱랭킹 포인트'를 만들어 2017년부터 KBO리그 중계에 활용하고 있다. 웰컴톱랭킹 포인트는 기본 점수와 승리 기여도로 구성된다. 점수 산출 방식은 다음과 같다.

웰뱅톱랭킹 포인트=(투수 또는 타자 기준 성적별 점수 상황 중요도에 따른 점수)+승리 기여도

여기서 상황 중요도(LI; Leverage Index)는 타자의 타석에서 벌어질 수 있는 여러 상황들로 인해 변화하는 WPA의 정도를 가중 평균한 결과값이다. 승리 기여도(WPA; Win Probability Added)는 각 플레이마다 승리 확률을 얼마나 높였는지 나타내는 수치로 높을수록 승리에 기여했다는 의미다.

2024년 웰컴톱랭킹 포인트 타자 1위는 KT 위즈의 멜 로하스 주

| 투수 기준 성적별 점수

선발투수	구원승리	QS	QS+	완봉	완투	패전	세이브	블론세이브	홀드	자책점	비자책점	실책	폭투	보크	피안타	피홈런	볼넷	사구	탈삼진	병살타	아웃	노히트노런	퍼펙트게임
40	30	5	10	20	16	-20	-24	-14	16	-6	-3	-6	-4	-4	-4	-8	-4	-4	1	3	3.2	50	100

| 타자 기준 성적별 점수

타석	득점	타점	실책	단타	2루타	3루타	홈런	볼넷	사구	고의사구	희생타	희생플라이	삼진	병살타	도루	도루실패	아웃	결승타	사이클링히트
0.5	2	4	-5	2	4	6	10	2	2	2.4	1.2	1.6	-1.2	-5	1.6	-1.2	-1	7	40

니어였다. 정규시즌 MVP 김도영(KIA 타이거즈)은 12.42점 차이로 아깝게 2위로 밀려났다. 같은 해 스탯티즈 기준 WAR(sWAR)은 김도영 8.322, 로하스 6.498다. 이처럼 선수 평가 방식은 통일된 규칙이 없기 때문에 평가 방식에 따라 선수의 랭킹은 달라질 수 있다. 공개된 선수 평가 방식을 통해 일반인은 구단의 선수 연봉 고과 시스템을 엿볼 수 있다. 물론 구단의 선수 고과 평가 방식은 이보다 훨씬 다양하고 복잡하다.

5이닝:
성적 예측과 매직넘버

시리즈(3연전)의 승부 예측도 어려운데, 6개월간의 대장정(팀당 144경기)이 펼쳐지는 정규시즌 순위를 예측한다는 것은 정말 어렵다. 매년 KBO리그가 개막하기 전에 방송 해설위원들이나 구단 관계자, 코칭스태프, 선수들을 중심으로 당해 시즌 순위를 예측한다. 그러나 매년 이들의 예측은 틀린다. 김광현(SSG 랜더스)은 2024시즌 개막에 앞서 소속팀이 하위권으로 분류되자 "프로 생활을 하며 순위 예상이 들어맞는 걸 본 적이 없다"는 인터뷰를 했다.

승부
예측

2024년 KBO리그는 어느 해보다 뜨거웠다. 관중수도 폭증하고 시청률도 늘어났다. 이에 편승해 야구가 없는 월요일에 MBC 스포츠플러스의 주간 프로그램인 〈비야인드〉도 인기를 끌었다. 〈비야인드〉에는 '비야인드 픽'이라는 시리즈(3연전) 단위 승부 예측 코너가 있었다. 이 프로그램에 참가한 패널들은 해설위원, 기자, 특별 게스트 등인데 이들은 진행자, 담당 PD와 함께 5개 구장의 주중 시리즈의 승패를 예측했다. 이들은 야구계에 종사하는 전문가에 속했지만 예측 성공 확률이 20~30% 수준에 그쳤다.

최종 승자는 프로그램 진행자인 박소영 MBC 아나운서였다. 박소영 아나운서는 이 프로그램이 시작할 당시에는 야알못이었지만

		참여 횟수	승	패	승률
1	박소영	25	10	15	.400
2	류선규	16	6	10	.375
3	박정권	7	2	5	.285
4	담당 PD	16	4	12	.250 (어 형이야)
5	정세영	22	5	17	.227
6	정민철	5	1	4	.200
	이상훈	5	1	4	.200

최종 순위 ※규정 출연 : 5회

〈비야인드〉 방송 화면. 야구계에 종사하는 전문가들의 예측 성공 확률은 20~30% 수준에 그쳤다.

야구를 꾸준히 공부한 끝에 승부 예측 코너의 최종 승자가 되었다. 25번 참여해서 10승 15패 승률 0.400이었다. 아깝게 승자가 되지 못한 류선규 전 SSG 랜더스 단장은 16번 참여해서 6승 10패 승률 0.375였다.

승부 예측이 어려운 이유는 무엇일까? A팀과 B팀 간 3연전 승패의 경우의 수는 A팀 기준으로 3승, 2승 1무, 2승 1패, 1승 1무 1패, 2무 1패, 1승 2패, 3패, 3무 8가지에 달한다. 물론 여기서 우천 취소라는 변수도 발생한다. 무승부를 예측하는 경우는 드물고 대개는 무승부를 제외한 3승, 2승 1패, 1승 2패, 3패 중 하나를 선택한다. 동일한 팀이 3번 연속으로 맞붙으면 시리즈 스윕은 쉽지 않고 2승 1패 아니면 1승 2패가 나올 가능성이 높다. 그래서 대부분의 패널은 2승 1패 아니면 1승 2패를 선택한다. 2승 1패 아니면 1승 2패만 선택하면 적중률 50%를 넘길 수 있을 것 같은데 실제로는 그렇지 않다. 우천 취소도 자주 발생하고 횟수가 많아지면 평균에 수렴하는 현상이 발생하기 때문이다. 결국 최종 우승자의 예측 성공 확률은 40%에 불과했다.

큰 수의 법칙

큰 수의 법칙(LLN; law of large numbers)은 수학적 확률과 경험적 확률 사이의 관계를 나타내는 법칙이다. 표본집단의 크기가 커지면 표본평균이 모평균에 가까워짐을 의미하며, 수집하는 표본의 수가 많을수록 통계적 정확도는 올라가게 된다.

$$\lim_{n \to \infty} P\left(\left|\frac{X}{n} - p\right| < h\right) = 1$$

어떤 시행에서 사건 A가 일어날 수학적 확률이 p이고, n번의 독립 시행에서 사건 A가 X번 일어난다고 할 때, 아무리 작은 양수 h를 택해도 n의 수가 충분히 커지면 확률 P는 1에 가까워진다.

일반적으로 함수 f(x)에서 x의 값이 a가 아니면서 a에 한없이 가

| 함수의 수렴

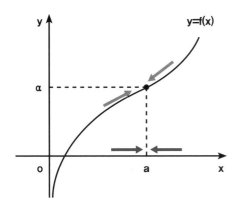

까워질 때, f(x)의 값이 일정한 값 α에 한없이 가까워지면 함수 f(x)는 α에 수렴한다고 한다. 이때 α는 x=a에서 함수 f(x)의 극한값 또는 극한이라고 하고, 이것을 기호로 다음과 같이 표기한다.

$$\lim_{x \to a} f(x) = \alpha$$

기호 lim은 극한(Limit)의 약자다. 특징은 다음과 같다.

$$\lim_{x \to 0} x = 0, \lim_{x \to 0} \frac{x^2}{x} = 0, \lim_{x \to \infty} \frac{1}{x} = 0, \lim_{x \to -\infty} \frac{1}{x} = 0$$

큰 수의 법칙에 의해 우리는 자연현상이나 사회현상에서와 같이 수학적 확률을 직접 구하기 어려운 상황에서는, 시행 횟수를 충분히 크게 하여 얻은 통계적 확률을 수학적 확률 대신 사용할 수 있다.

어떤 분야에 막 입문한 초보자가 일반적인 확률 이상의 성공을 거두거나, 심지어 그 분야의 전문가를 상대로 승리하기도 하는 기묘한 행운을 일컫는 '초심자의 행운(Beginner's Luck)'이란 말이 있다. 도박이나 스포츠, 주식 등에 대해 익숙하지 않은 입문자가 초반에 우연한 행운으로 고수보다 더 큰 이득을 얻을 수 있다는 의미다. 이는 아직 통계적 확률이 수학적 확률로 수렴하지 않은 상태라서 가능한 것이다. 하지만 시행 횟수가 늘어날수록 승리 횟수는 승률에 수렴하게 되므로 결과적으로 초심자의 승률은 고수의 승률보다 낮게 된다.

프로야구계의 명언인 '내려갈 팀은 내려간다(DTD; Down Team is Down)'는 이러한 큰 수의 법칙을 반영한 말이다. 야구는 특성상 독립 확률의 연속이라 역시나 큰 수의 법칙이 가장 철저하게 적용되는 스포츠다. 정규시즌은 144경기를 약 6개월에 걸쳐서 시행되는 장기 레이스라 초반에는 전력이 약한 팀도 잠시 행운으로 높은 승률을 기록할 수 있지만, 경기 수가 늘어날수록 큰 수의 법칙에 따라 원래 실력대로 수렴해 하위권으로 내려가게 된다.

시즌
예측

두 팀 간 시리즈(3연전)의 승부 예측도 어려운데, 6개월간의 대장정(팀당 144경기)이 펼쳐지는 정규시즌 순위를 예측한다는 것은 정말 어렵다. 매년 KBO리그가 개막하기 전에 방송 해설위원들이나 구단 관계자, 코칭스태프, 선수들을 중심으로 당해 시즌 순위를 예측한다. 그러나 매년 이들의 예측은 틀린다. 김광현(SSG 랜더스)은 2024시즌 개막에 앞서 소속팀이 하위권으로 분류되자 "프로 생활을 하며 순위 예상이 들어맞는 걸 본 적이 없다"는 인터뷰를 했다.

이번 장에서는 최근 3년간 다양한 순위 예측과 실제 결과를 비교해보자.

시즌별
예측 결과

    2022시즌 개막 전에 7명의 방송 해설위원들이 시즌 예측을 실시했다. 실제 우승팀인 SSG 랜더스가 우승한다고 예상한 위원은 전체 7명 중 김재현 스포티비 해설위원이 유일했다. 우연히도 김재현 위원은 2년 후 SSG 랜더스 단장으로 선임되었다. 5명의 위원이 전년도 우승팀인 KT 위즈를 우승팀으로 예상했고, 1명은 LG 트윈스를 점찍었다. 가을야구에 진출하리라 예측한 '5강'은 비슷했다. 2021시즌 3강이었던 KT 위즈, 삼성 라이온즈, LG 트윈스에다 MLB에서 김광현을 영입해 새로운 강자로 떠오른 SSG 랜더스까지 4개 팀이 진출할 것이라고 7명 전원이 예측했다. 다만 남은 한 자

2022시즌 한국시리즈 우승 시상식

| 2022시즌 개막 전 전문가 순위 예상

해설위원	우승	5강
김동수(SBS 스포츠)	KT	KT, 삼성, LG, SSG, NC
김재현(스포티비)	SSG	KT, 삼성, LG, SSG, KIA
박용택(KBS N 스포츠)	KT	KT, 삼성, LG, SSG, NC
유희관(KBS N 스포츠)	KT	KT, 삼성, LG, SSG, NC
이순철(SBS 스포츠)	KT	KT, 삼성, LG, SSG, KIA
이종열(SBS 스포츠)	KT	KT, 삼성, LG, SSG, KIA
장성호(KBS N 스포츠)	LG	KT, 삼성, LG, SSG, NC

| 2022시즌 최종 순위

순위	팀명	경기	승	패	무	승률
1	SSG	144	88	52	4	0.629
2	키움	144	80	62	2	0.563
3	LG	144	87	55	2	0.613
4	KT	144	80	62	2	0.563
5	KIA	144	70	73	1	0.490
6	NC	144	67	74	3	0.475
7	삼성	144	66	76	2	0.465
8	롯데	144	64	76	4	0.457
9	두산	144	60	82	2	0.423
10	한화	144	46	96	2	0.324

야구×수학

리를 두고 NC 다이노스와 KIA 타이거즈에서 엇갈렸다.

결과는 어땠을까? 삼성 라이온즈와 NC 다이노스는 5강 진출에 실패했고, 5강 외로 분류된 키움 히어로즈가 한국시리즈까지 진출했다. KIA 타이거즈는 5위 턱걸이를 했다. 우승팀 기준으로 1/7 적중률이고, 5강팀 기준으로는 7명 전원이 틀렸다.

이번에는 2023시즌 개막 전 예측을 알아보자. 개막을 앞두고서 〈스포츠조선〉에서는 10개 구단 단장, 감독, 운영팀장, 선수 50명에게 우승팀과 5강 진출팀을 물어봤다. 우승팀으로 거론된 팀은 1위 LG 트윈스(29명), 2위 KT 위즈(8명), 3위 SSG 랜더스(7명), 4위 키움 히어로즈(6명) 순이었다.

▌ 2023시즌 개막 전 전문가 순위 예상

우승	5강
LG 트윈스(29명) KT 위즈(8명) SSG 랜더스(7명) 키움 히어로즈(6명)	LG 트윈스(45명) 키움 히어로즈(44명) KT 위즈, SSG 랜더스(43명) KIA 타이거즈(26명) 두산 베어스(24명) 삼성 라이온즈(13명) 롯데 자이언츠(6명) 한화 이글스(3명) NC 다이노스(2명)

통상적으로 전문가나 관계자는 전년도 우승팀을 그다음 해 우승팀으로 꼽는데 이번에는 특이했다. 전년도 우승팀인 SSG 랜더스가 개막 전 우승팀 예상에서 2위도 아닌 3위에 머문 것이다.

가을야구에 진출하는 5강으로 지목된 팀으로는 1위 LG 트윈스(45명), 2위 키움 히어로즈(44명), 공동 3위 KT 위즈, SSG 랜더스(43명), 5위 KIA 타이거즈(26명), 6위 두산 베어스(24명), 7위 삼성 라이온즈(13명), 8위 롯데 자이언츠(6명), 9위 한화 이글스(3명), 10위 NC 다이노스(2명) 순이었다.

실제 결과와 비교해보면 우승팀은 적중했고, 5강팀은 다소 차이

▌ 2023시즌 최종 순위

순위	팀명	경기	승	패	무	승률
1	LG	144	86	56	2	0.606
2	KT	144	79	62	3	0.560
3	SSG	144	76	65	3	0.539
4	NC	144	75	67	2	0.528
5	두산	144	74	68	2	0.521
6	KIA	144	73	69	2	0.514
7	롯데	144	68	76	0	0.472
8	삼성	144	61	82	1	0.427
9	한화	144	58	80	6	0.420
10	키움	144	58	83	3	0.411

가 있었다. 5강 예상 두 번째, 다섯 번째 득표를 받은 키움 히어로즈와 KIA 타이거즈가 아닌 NC 다이노스와 두산 베어스가 가을야구에 진출한 것이다.

2024시즌 개막에 앞서 유튜브 채널 '스포키'에서 '최고의 세이버 전문가의 2024 KBO 순위 예측'이란 방송을 진행했다. 정우영 SBS 스포츠 아나운서가 진행하고, 신동윤 데이터인플레이 대표, 최민규 전 일간스포츠 기자, 이성훈 SBS 기자가 참여했다. 신동윤 대표와 최민규 기자는 1990년대 중반 PC통신 하이텔에서 세이버메트릭스와 관련된 기고를 하면서 이 방면에 조예가 깊은 1세대 야구 덕후들이다.

참석자 4명 모두 데이터(주로 WAR) 기반으로 순위 예측을 했다. 전년도 WAR을 기준으로 선수단 변동에 따른 증감 요인을 반영하는 방식이 대부분이었다. LG 트윈스와 KIA 타이거즈가 2강이고,

▎2024시즌 개막 전 전문가 순위 예상

전문가	1위	2위	3위	4위	5위	6위	7위	8위	9위	10위
신동윤	LG, KIA (공동 1위)		NC	KT	롯데	두산, SSG, 한화 (6~8위)			삼성	키움
최민규	LG	KIA	NC	KT	한화	두산	SSG	롯데	삼성	키움
이성훈	KIA	KT, LG, 한화, 두산, NC (5강)					SSG, 롯데 (2중)		삼성, 키움 (2약)	
정우영	KIA	LG	한화	두산	KT	NC	SSG	롯데	삼성	키움

| 2024시즌 최종 순위

순위	팀명	경기	승	패	무	승률
1	KIA	144	87	55	2	0.613
2	삼성	144	78	64	2	0.549
3	LG	144	76	66	2	0.535
4	두산	144	74	68	2	0.521
5	KT	144	72	70	2	0.507
6	SSG	144	72	70	2	0.507
7	롯데	144	66	74	4	0.471
8	한화	144	66	76	2	0.465
9	NC	144	61	81	2	0.430
10	키움	144	58	86	0	0.403

삼성 라이온즈와 키움 히어로즈가 최하위권일 것이라고 예측했다.

이 방식 역시 실제 순위와는 차이가 있었다. 가장 큰 차이는 삼성 라이온즈였다. 예측 순위는 최하위권이었으나 실제 순위는 2위였다. 삼성 라이온즈는 전년도 8위였고, 외국인 선수 3명을 모두 교체해 여러 면에서 불안 요인이 있었다. 또 김재윤, 임창민 등 FA로 불펜투수 보강을 했으나 전력에 크게 보탬이 될 것이라 보지 않았다. 4명의 세이버메트릭스 전문가뿐만 아니라 대부분의 해설위원, 기자도 삼성을 하위권으로 분류했다. 하지만 삼성 라이온즈는 보란 듯이 2위로 마무리했다. 그만큼 시즌 예측은 어렵다.

WAR과
실제 순위

구단 역시 통계 분석을 통해 리그의 전망과 시즌 순위를 예상한다. 이번에는 몇몇 구단에서 사용하는 시즌 순위 예측 방식을 소개해보겠다.

우선 10개 구단은 당해 시즌 1군에서 뛸 선수 40명을 선정한다. 구단당 40명의 선수를 선정하는 건 1군이 한 시즌을 치르다 보면 40명의 선수를 주로 활용하기 때문이다. MLB의 한 시즌 가용 인원인 40인 로스터와 같은 인원이다. 여기에 외국인 선수 3명도 포함시킨다. 기존 외국인 선수의 경우 전년도 KBO리그 역량(WAR)이 산출되지만 신입 외국인 선수는 그럴 수가 없다. 신입 외국인 선수를 미국 해외 리그 성적으로 역량의 차이를 두는 것도 신뢰도가 높지 않다. 리그의 차이와 적응 문제가 있기 때문이다. 그래서 당해 신입 외국인 선수의 경우 선수마다 역량의 차이를 두지 않고 리그 평균치로 일괄 계산하기도 한다.

이후 선수 40명의 역량을 합산한다. 선수 역량은 WAR로 평가한다. 데이터가 일반인에게도 공개되어 있어 야구계에서도 자주 거론되는 스탯티즈의 WAR(sWAR)을 적용한다. 시즌 개막 전 시점에는 전년도 WAR만 공개되기 때문에 전년도 WAR에 에이징 커브를 반영해서 보정을 한다. 10개 구단 40명의 선수들의 WAR을 합산해서 순서를 매기면 그 순서가 곧 해당 시즌 예상 순위가 된다. 물론 선수 역량 외적인 변수도 고려할 수 있다. 코칭스태프(감독)의 역량을 가중치로 반영시키는 방법도 가능하나 주관적인 평가가 될 수 있고 결과가 왜곡될 가능성이 생긴다.

실제 시즌에서는 부상 등 다양한 변수가 발생한다. 이러한 돌발 변수를 시즌 성적 예측에 반영시킬 수는 없다. 이 방식은 1~10위 순위를 정확히 맞추지는 못하지만 상위권, 중위권, 하위권 그룹은 비슷하게 맞추는 편이다.

SSG 랜더스가 우승을 차지한 2022시즌 개막 전, 구단에서 이와 같은 방식으로 시즌 전망을 예상해봤다. LG 트윈스, KT 위즈, SSG 랜더스가 매우 근소한 차이로 상위 그룹을 형성했다. 결과는 SSG 랜더스가 와이어 투 와이어 통합우승을 차지했다.

2022시즌뿐만 아니라 최근 3년간 sWAR을 기준으로 10개 구단

| 2022시즌 WAR과 실제 순위

팀 WAR			정규시즌			팀 WAR 순위와의 차이
순위	팀	sWAR	순위	팀	승수	
1	LG	63.18	1	SSG	88	+1
2	SSG	55.24	2	LG	87	−1
3	KT	53.42	3	KT	80	−
4	KIA	48.86	4	키움	80	+1
5	키움	42.89	5	KIA	70	−1
6	NC	42.54	6	NC	67	−
7	삼성	37.21	7	삼성	66	−
8	롯데	31.72	8	롯데	64	−
9	두산	25.17	9	두산	60	−
10	한화	22.57	10	한화	46	−

| 2023시즌 WAR과 실제 순위

팀 WAR			정규시즌			팀 WAR 순위와의 차이
순위	팀	sWAR	순위	팀	승수	
1	LG	58.36	1	LG	86	−
2	KT	52.00	2	KT	79	−
3	NC	51.74	3	SSG	76	+3
4	KIA	47.02	4	NC	75	−1
5	두산	42.53	5	두산	74	−
6	SSG	39.98	6	KIA	73	−2
7	롯데	36.74	7	롯데	68	−
8	삼성	32.19	8	삼성	61	−
9	한화	29.40	9	한화	58	−
10	키움	28.10	10	키움	58	−

❚ 2024시즌 WAR과 실제 순위

팀 WAR			정규시즌			팀 WAR
순위	팀	sWAR	순위	팀	승수	순위와의 차이
1	KIA	53.29	1	KIA	87	–
2	LG	51.93	2	삼성	78	+1
3	삼성	48.78	3	LG	76	−1
4	두산	47.43	4	두산	74	–
5	롯데	42.63	5	KT	72	+2
6	NC	40.93	6	SSG	72	+2
7	KT	40.80	7	롯데	66	−2
8	SSG	34.84	8	한화	66	+1
9	한화	33.75	9	NC	61	−3
10	키움	28.42	10	키움	58	–

의 WAR과 실제 순위의 상관관계를 따져보자. 3년간 당해 연도 팀 WAR 순위와 정규시즌 순위를 비교해보니 크게 ±3의 차이가 났다. 전년도 WAR이 아닌 당해연도 WAR과 실제 순위를 비교해도 이 정도 차이가 나는데, 개막 전에 전년도 WAR을 기준으로 시즌 예측을 하면 이보다 더 큰 차이가 날 것이다.

이 방식은 원래 시즌 개막에 앞서 선수 역량의 단순 합계를 통해 시즌 순위를 예측하는 방식이다. 여기서는 시즌 종료 시점에서 둘 간의 상관관계를 통계적으로 알아보는 것도 의미가 있다고 판단해 양측의 결과치를 비교해봤다. 실제 순위는 선수 역량 외에도 다양한 변수가 작용하기 때문에 예측과 실제와의 차이는 발생할 수밖에 없다.

WAR과 순위의 상관관계

이제 선수 역량(WAR)의 합계와 시즌 순위의 상관관계를 통계적으로 분석해보자.

두 변량 x, y의 순서쌍 (x, y)를 좌표평면 위에 점으로 나타낸 그림을 산점도라고 한다. 두 변량 x와 y 사이에서 x의 값이 변함에 따라 y의 값이 변하는 관계가 있을 때, 이것을 상관관계라고 한다. 상관관계는 x가 증가함에 따라 y의 값도 증가하는 양의 상관관계, x의 값이 증가함에 따라 y의 값이 감소하는 음의 상관관계, 그리고 x의 값이 증가함에 따라 y의 값의 증감이 분명하지 않은 '상관관계가 없다'가 있다.

스프레드시트의 분석 도구를 활용해 2022년부터 2024년까지 3년의 WAR과 정규시즌 순위를 회귀분석해보자. 회귀분석이란 원인과 결과의 인과관계를 수학적으로 분석하는 것으로 주어진 데이터의 독립변수로 종속변수를 예측하는 것이다. 이것을 위해서 직선 형태의 추세선을 구해야 한다. 추세선의 식은 y=mx+n의 일차

┃ 산점도의 종류

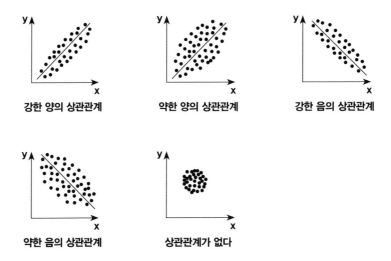

식으로 표현할 수 있다. 독립변수로 2022~2024시즌 'WAR'을, 종속변수로 실제 순위 '결과'를 설정했고, 결과는 오름차순으로 표현했다.

회귀분석 통계량을 살펴보자. 우선 다중 상관계수는 종속변수(결과)의 관찰값과 추정된 회귀모형에 의한 종속변수의 예측값 간 상관관계를 의미한다. 여기서 얻은 통계량 0.899001은 예측값과 실제 측정값 사이의 매우 높은 상관관계가 있다는 것이다. 결정계수는 종속변수 중 독립변수(WAR)가 설명하는 영향력의 비중으로 0.808203의 의미는 WAR이라는 요인이 순위의 80.82%를 설명

| 회귀분석 통계량

다중 상관계수	0.899001
결정계수	0.808203
조정된 결정계수	0.801353
표준오차	1.302055
관측수	30

| 분산 분석

구분	자유도	제곱합	제곱 평균	F 비	유의한 비
회귀	1	200.0303	200.0303	117.9878	1.50E-11
잔차	28	47.46974	1.695348	–	–
계	29	247.5	–	–	–

구분	계수	표준오차	t 통계량	P-값	하위 95%	상위 95%
Y 절편	16.08502	1.003057	16.03599	1.21E-15	14.03035	18.13969
WAR	−0.25129	0.023135	−10.8622	1.5E-11	−0.29868	−0.2039

한다는 것이다. 이때 결정계수는 다중상관계수의 제곱과 동일하게 계산된다.

다음으로 추정된 회귀함수식의 유효성 검정에 사용되는 회귀모형의 분산 분석표를 보자. 여기에서는 유의한 F(유의확률)의 값이 1.05E-11로 0.05보다 작기 때문에 회귀모형이 통계적으로 의미

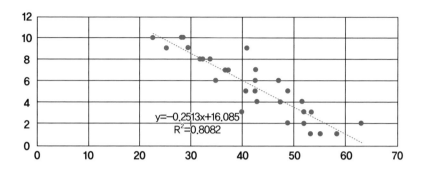

없다는 귀무가설이 기각되고, 회귀모형이 통계적으로 의미 있다는 대립가설이 채택된다.

마지막으로 추세식의 기울기(-0.0.2513)와 y절편(16.085) 결정계수($R2=0.8082$)가 모두 일치하는 것을 확인할 수 있다. 이로써 WAR 과 시즌 순위는 의미 있는 상관관계가 있다는 사실을 알 수 있다.

KBO리그
2025시즌 예측

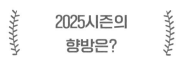

2025시즌의
향방은?

2025시즌을 앞두고, 이번에도 역시 전문가들은 일찍부터 신문 기사와 유튜브 방송을 통해 KBO리그 시즌 순위를 예상했다. 앞서 기술한 바와 같이 방송 해설위원(2022년), 야구 관계자(2023년), 세이버메트릭스 전문가(2024년) 등이 순위를 예측하고 분석했는데, 이번에는 필자가 자체적으로 개발한 시즌 예측 모델을 통해 2025시즌을 내다보고자 한다.

2024년 스탯티즈 WAR(sWAR) 기준으로 구단별 상위 30명을 집

▎10개 구단 WAR 상위 30명 현황

구분	1위	2위	3위	4위	5위	6위	7위	8위	9위	10위
팀	삼성	LG	KIA	두산	KT	NC	롯데	한화	SSG	키움
WAR	59.83	56.33	55.81	49.61	47.51	46.28	45.86	45.18	42.84	27.65

▎10개 구단 WAR 상위 40명 현황

구분	1위	2위	3위	4위	5위	6위	7위	8위	9위	10위
팀	삼성	LG	KIA	두산	KT	롯데	NC	한화	SSG	키움
WAR	60.1	56.52	55.85	49.46	46.47	45.87	45.71	45.2	41.3	25.84

▎10개 구단 WAR 상위 40명과 30명의 차이

구분	1위	2위	3위	4위	5위	6위	7위	8위	9위	10위
팀	삼성	LG	KIA	한화	롯데	두산	NC	KT	SSG	키움
WAR	0.27	0.19	0.04	0.02	0.01	−0.15	−0.57	−1.04	−1.54	−1.81

계한다. 30명의 선수를 기준으로 잡은 이유는 KBO 포스트시즌 엔
트리가 30명이고, 선수단을 역량 순으로 나열했을 때 31~40번 선
수가 미치는 영향이 미미하기 때문에 그렇다. 30명 인원으로도 변
별력이 있다고 판단했다. 구단별 상위 40명과 상위 30명과의 WAR
차이는 0.27(삼성)~-1.81(키움)이다. 31~40명 선수는 정규시즌 때
1군과 2군을 왔다 갔다 하는 경우가 많다. 이들의 합이 플러스(+)
인 경우는 1.5군급 뎁스가 좋다고 볼 수 있고, 마이너스(-)인 경우

는 반대로 해석된다.

신입 외국인 선수의 WAR은 올해 재계약 외국인 선수 가운데 가장 낮은 WAR을 적용한다. 투수는 드류 앤더슨(SSG 랜더스) 3.86, 야수는 빅터 레이예스(롯데 자이언츠) 3.40이다. 2024년 외국인 선수 평균 WAR은 투수 4.45, 야수 3.64인데 이를 적용하면 과대평가되는 측면이 있어 재계약 외국인 선수 하한치를 반영한다. 신인 선수는 포함시키지 않았다.

구단별 30명 선수를 합산하면 1위는 삼성 라이온즈(59.83), 2위는 LG 트윈스(56.33), 3위는 KIA 타이거즈(55.81)로 3강을 형성한다. 1위와 3위의 차이가 4.02이다. 그리고 4위는 두산 베어스(49.61), 5위는 KT 위즈(47.51), 6위는 NC 다이노스(46.28), 7위는 롯데 자이언츠(45.86), 8위는 한화 이글스(45.18), 9위는 SSG 랜더스(42.84)로 6중을 차지한다. 4위와 9위의 차이가 6.77이다. 10위 키움 히어로즈는 27.65로 전력 차이가 크다.

전년도 WAR을 기반으로 하기 때문에 선수의 에이징 커브, 부상, 갑작스러운 기량 상승이나 하강을 반영하지는 못한다. 따라서 다소 보정이 필요한데 이를 위해 전문가 예상을 추가해본다. 5명의 방송 해설위원(정민철 MBC 스포츠플러스 해설위원, 허도환 MBC 스포츠플러스 해설위원, 윤희상 KBS N 스포츠 해설위원, 이동현 스포티비 해설위원, 이동욱 티빙 해설위원)과 5명의 10년차 이상 베테랑 야구기자(안승호 스포츠경향 편집국장, 정현석 스포츠조선 기자, 정세영 문화일보 기자, 김태

▎2025시즌 전문가 순위 예상

전문가	1위	2위	3위	4위	5위	6위	7위	8위	9위	10위
정민철	KIA	LG	삼성	KT	한화	두산	SSG	롯데	NC	키움
허도환	KIA	삼성	LG	한화	KT	NC	두산	롯데	SSG	키움
윤희상	KIA	두산	삼성	LG	한화	KT	SSG	NC	롯데	키움
이동현	KIA	삼성	LG	KT	한화	롯데	SSG	두산	NC	키움
이동욱	KIA	LG	삼성	두산	KT	한화	SSG	롯데	NC	키움
안승호	KIA	KT	LG	삼성	한화	두산	롯데	NC	SSG	키움
정현석	KIA	삼성	LG	한화	KT	두산	SSG	롯데	NC	키움
정세영	KIA	LG	KT	삼성	한화	SSG	두산	롯데	NC	키움
김태우	KIA	LG	두산	삼성	SSG	한화	KT	롯데	NC	키움
배지헌	KIA	LG	KT	삼성	두산	한화	NC	SSG	롯데	키움

▎2025시즌 전문가 예상 순위 점수 환산

팀	1위 (10점)	2위 (9점)	3위 (8점)	4위 (7점)	5위 (6점)	6위 (5점)	7위 (4점)	8위 (3점)	9위 (2점)	10위 (1점)	계
KIA	10										100
LG		5	4	1							84
삼성		3	3	4							79
KT		1	2	2	3	1	1				66
한화				2	5	3					59
두산		1	1	1	1	3	2	1			56
SSG					1	1	5	1	2		38
롯데						1	1	6	2		31
NC						1	1	2	6		27
키움										10	10

구분	1위	2위	3위	4위	5위	6위	7위	8위	9위	10위
팀	KIA	삼성	LG	KT	두산	한화	롯데	SSG	NC	키움
WAR	55.81	59.83	56.33	47.51	49.61	45.18	45.86	42.84	46.28	27.65
×0.7	39.067	41.881	39.431	33.257	34.727	31.626	32.102	29.988	32.396	19.355
전문가	100	79	84	66	56	59	31	38	27	10
×0.3	30	23.7	25.2	19.8	16.8	17.7	9.3	11.4	8.1	3
계	69.067	65.581	64.631	53.057	51.527	49.326	41.402	41.388	40.496	22.355

우 스포티비뉴스 기자, 배지헌 스포츠춘추 기자)의 예측을 반영했다.

WAR 합산 수치와 전문가 예상 점수에 각 0.7, 0.3을 곱한다. 이는 KBO 올스타 선정 방식을 참고했다(팬 70%, 선수단 30%). 2013년까지는 팬 투표만으로 올스타 베스트12를 선정했는데 팬덤이 강한 팀 선수에 대한 몰표 현상이 이어지면서, 2014년 KBO 올스타전부터는 선수단 투표 30%를 반영하고 있다.

최종적으로 WAR 합산 수치(×0.7)와 전문가 예상 점수(×0.3)를 합치면 2025시즌 순위 1위는 KIA 타이거즈(69.067점), 2위는 삼성 라이온즈 (65.581점), 3위는 LG 트윈스(64.631점)로 3강을 이루고 4위는 KT 위즈(53.057점), 5위는 두산 베어스(51.527점), 6위는 한화 이글스(49.326점), 7위는 롯데 자이언츠(41.402점), 8위는 SSG 랜더스(41.388점), 9위는 NC 다이노스(40.496점)로 6중을 형성하고 10위는 키움 히어로즈(22.355점)로 1약을 형성한다.

전문가의 예측은 경험과 직관이 반영된 만큼 주관이 개입될 여지가 있지만, WAR만으로는 현실의 다양한 변수를 충분히 반영하기 어렵기 때문에 두 지표는 상호 보완적일 것으로 기대된다.

　3월 22일 KBO리그 2025시즌이 개막했다. 이번 순위 예측이 어느 정도 적중률을 보일지 지켜보며 관전한다면 더욱 재미있을 것 같다.

피타고리안
기대 승률

피타고리안 기대 승률(이하 피타고리안 승률)이란 야구 시즌의 순위를 예측하는 방식 가운데 가장 널리 알려져 있는 공식이다. 빌 제임스가 고안했으며 고대 그리스의 수학자인 피타고라스의 정리와 공식이 유사해 이런 이름이 붙여졌다. 피타고리안 승률은 야구 경기가 득점을 많이 하고 실점을 적게 하면 이기는 스포츠라는 점에 착안했다. W가 팀 득점, L이 팀 실점일 때 공식은 다음과 같다.

$$P = \frac{W^n}{W^n + L^n}$$

피타고라스의 정리는 직각삼각형 ABC에서 각 꼭짓점에서 대변

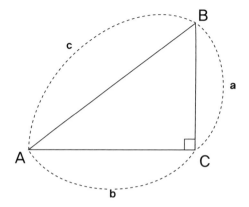

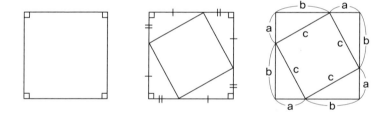

의 길이를 각각 a, b, c라고 할 때, 빗변 c의 제곱은 다른 두 변 a, b 의 제곱의 합과 같다는 것이다. 즉 $a^2+b^2=c^2$이다.

 피타고라스의 정리를 증명해보자. 먼저 정사각형 하나를 만든 다음에 네 귀퉁이에 똑같은 모양의 직각삼각형을 그린다. 내부에 있는 정사각형의 한 변의 길이를 c라고 하자. 그러면 전체 정사각형의 넓이와 안에 있는 정사각형에서 다음과 같이 계산해서 피타고라스의 정리를 증명할 수 있다.

$$(a + b)^2 - 4 \times \frac{1}{2}ab = a^2 + 2ab + b^2 - 2ab = a^2 + b^2 = c^2$$

피타고라스 정리 $a^2+b^2=c^2$에서 양변을 a^2+b^2으로 나누면 다음과 같이 변형시킬 수 있는데 피타고리안 승률과 모양이 비슷하다.

$$1 = \frac{c^2}{a^2 + b^2}$$

n 값으로는 다른 숫자를 대입하는 경우도 있지만 보통 2를 적용한다. KBO리그에서는 무승부가 있어서 1.82를 사용하기도 한다. 팀들이 진행한 경기 수가 제각각 다를 경우 지수를 상황에 맞게 구해야 한다. 이럴 경우 로그(log)를 이용해 지수를 정할 수 있다. 지수를 구하는 공식은 이렇다.

$$1.50 \times \log\left(\frac{(득점 + 실점)}{경기 \ 수}\right) + 0.45$$

일반적으로 a>0, a≠1일 때 양수 N에 대해 $a^x=N$을 만족시키는 실수 x는 오직 하나로 정의되는데, 이 실수 x에 대해 a를 밑으로 하는 N의 로그라고 하며 기호로 $x=\log_a N$과 같이 나타낸다. N을 $\log_a N$의 진수라고 한다.

$$2^3 = 8 \Leftrightarrow 3 = \log_2 8 , 10^4 = 10,000 \Leftrightarrow 4 = \log_{10} 10,000$$

피타고리안 승률은 철저하게 득점과 실점을 가지고 계산을 하기 때문에 득점에서 실점을 뺀 득실 마진과 비례하는 경향이 있다. 득점이 실점의 2배면 피타고리안 승률이 0.8이 되고, 득실 마진이 0이면 피타고리안 승률은 정확하게 0.5가 된다.

언제나 예외는 있다

피타고리안 승률은 야구의 세이버메트릭스 공식 가운데 간단하면서 직관적이고 신뢰도가 높은 것으로 평가받는다. 피타고리안 승률보다 실제 승률이 높은 경우는 박빙의 승부에 강한 팀이 많다. 즉 1점차 승리가 1점차 패배보다 많은 경우이거나, 질 때는 큰 점수 차로 지는 경우다. 이것을 운의 영역으로 해석하는 경우가 많다.

그리고 피타고리안 승률 대비 실제 승률이 지나치게 높거나 낮으면 특별한 전력 보강 요인이 없는 한 다음 시즌은 피타고리안 승률과 실제 승률이 비슷하게 나올 것이라는 주장이 많다. 다만 SSG 랜더스는 예외적인 사례일 수 있다. SSG 랜더스처럼 피타고리안 승률보다 실제 승률이 높은 현상이 여러 해 반복되면 운이 아닐 수도 있는 것이다. 팀워크나 케미가 좋은 팀일 수 있다.

2022년 KBO리그에서 사상 최초로 와이어 투 와이어 통합우승을 차지한 SSG 랜더스는 그해 피타고리안 승률 대비 실제 승률 차이(0.063)가 가장 큰(+) 팀이었다. 참고로 와이어 투 와이어 우승은 경마에서 유래된 표현이다. 1700년대 영국의 경마 경기에서는 우승자를 판별하기 위해 출발선과 결승선에 철사(와이어)를 설치했다. 1등으로 달린 말이 가장 먼저 철사를 끊게 되기 때문에 출발선의 철사부터 결승선의 철사까지(Wire-to-wire) 1등을 지켰다는 의미로 사용되었다.

▍2022년 KBO리그 팀 순위와 피타고리안 승률

순위	팀명	승	무	패	승률 (A)	피타고리안 승률(B)	차이 (A−B)	득점	실점
1	SSG	88	4	52	0.629	0.566②	0.063①	720	622
2	LG	87	2	55	0.613	0.640①	−0.027⑦	715	521
3	KT	80	2	62	0.563	0.552③	0.011④	631	562
4	키움	80	2	62	0.563	0.508⑤	0.055②	621	610
5	KIA	70	1	73	0.490	0.527④	−0.037⑨	720	679
6	NC	67	3	74	0.475	0.503⑥	−0.028⑧	646	642
7	삼성	66	2	76	0.465	0.479⑦	−0.014⑤	663	695
8	롯데	64	4	76	0.457	0.426⑨	0.031③	605	712
9	두산	60	2	82	0.423	0.445⑧	−0.022⑥	638	721
10	한화	46	2	96	0.324	0.368⑩	−0.044⑩	654	759

2023년 KBO리그 팀 순위와 피타고리안 승률

순위	팀명	승	무	패	승률 (A)	피타고리안 승률(B)	차이 (A−B)	득점	실점
1	LG	86	2	56	0.606	0.603①	0.003④	767	610
2	KT	79	3	62	0.560	0.540④	0.020③	672	616
3	SSG	76	3	65	0.539	0.473⑦	0.066①	658	698
4	NC	75	2	67	0.528	0.543③	−0.015⑦	679	617
5	두산	74	2	68	0.521	0.496⑤	0.025②	620	625
6	KIA	73	2	69	0.514	0.550②	−0.036⑩	726	650
7	롯데	68	0	76	0.472	0.495⑥	−0.023⑨	653	660
8	삼성	61	1	82	0.427	0.439⑧	−0.012⑥	636	728
9	한화	58	6	80	0.420	0.428⑩	−0.008⑤	604	708
10	키움	58	3	83	0.411	0.429⑨	−0.018⑧	607	710

2024년 KBO리그 팀 순위와 피타고리안 승률

순위	팀명	승	무	패	승률 (A)	피타고리안 승률(B)	차이 (A−B)	득점	실점
1	KIA	87	2	55	0.613	0.556①	0.057①	858	756
2	삼성	78	2	64	0.549	0.531③	0.018④	770	719
3	LG	76	2	66	0.535	0.547②	−0.012⑥	808	728
4	두산	74	2	68	0.521	0.524④	−0.003⑤	789	748
5	KT	72	2	70	0.507	0.479⑦	0.028③	767	804
6	SSG	72	2	70	0.507	0.466⑨	0.041②	756	814
7	롯데	66	4	74	0.471	0.506⑤	−0.035⑨	802	791
8	한화	66	2	76	0.465	0.479⑦	−0.014⑦	745	780
9	NC	61	2	81	0.430	0.484⑥	−0.054⑩	773	801
10	키움	58	0	86	0.403	0.424⑩	−0.021⑧	673	796

야구×수학

SSG 랜더스는 그다음 해인 2023년에도 10개 구단 가운데 피타고리안 승률 대비 실제 승률 차이(0.066)가 가장 컸다. 전년도와 비교하면 승률 차이가 0.003이 더 벌어졌다. 2024년 KBO리그에서도 SSG 랜더스는 피타고리안 승률 대비 실제 승률 차이가 10개 구단 가운데 두 번째로 큰 팀이었다. 가장 큰 팀은 그해 통합우승팀인 KIA 타이거즈였다. 2022년 이후 SSG 랜더스는 전력의 변화가 크지 않은 편이었다.

KIA 타이거즈의 경우 최근 3년간 피타고리안 승률과 실제 승률이 동반 상승했다. 피타고리안 승률과 순위가 2022년 0.527(4위), 2023년 0.550(2위), 2024년 0.556(1위)이었고, 실제 승률은 2022년 0.490(5위), 2023년 0.514(6위), 2024년 0.613(1위)였다. 2022년과 2023년은 피타고리안 승률보다 실제 승률이 낮았지만 2024년에는 반대가 되었다. 그리고 통합우승을 달성했다.

2017년 이후 포스트시즌에 진출하지 못하고 있는 롯데 자이언츠의 역시 최근 3년간 피타고리안 승률과 순위가 상승했다. 2022년 0.426(9위), 2023년 0.495(6위), 2024년 0.506(5위)이었다. 실제 승률과 순위도 조금씩 올라 2022년 0.457(8위), 2023년 0.471(7위), 2024년 0.471(7위)이지만 여전히 하위권을 면치 못하고 있다. 그러나 이런 추세면 2025년에는 가을야구의 가능성이 엿보인다.

이와 반대의 경우로는 KT 위즈가 있다. 2020년부터 2024년까

‖ 2024시즌 팀별 접전 결과

팀	1점차 승	1점차 패	1점차 승률
KT	22	12	0.647
한화	17	12	0.586
SSG	21	15	0.583
LG	21	19	0.525
NC	16	16	0.500
삼성	19	20	0.487
두산	14	17	0.452
롯데	13	18	0.419
KIA	15	21	0.417
키움	14	22	0.389

지 5년 연속 포스트시즌에 진출한 KT는 최근 3년간 피타고리안 승률과 순위가 하락했다. 2022년 0.552(3위), 2023년 0.540(4위), 2024년 0.479(7위)였다. 실제 승률도 2022년 0.563(3위), 2023년 0.560(2위), 2024년 0.507(5위)로 떨어지고 있다. 이 경우 기존 전력의 변화 없이는 팀 성적에 적신호가 켜질 수 있다.

피타고리안 승률과 실제 승률에 관해 몇 가지 오해가 있다. 첫 번째로 불펜이 강한 팀은 피타고리안 승률에 비해 실제 승률이 높다고 하지만 증명된 바가 없다. 2024년 KBO리그 성적에서 한화 이글스는 1점차 승부에서 17승 12패(승률 0.586)를 기록해 불펜이 잘 막았다고 볼 수 있다. 하지만 실제 승률은 0.465이고 피타고리안 승률은 0.479여서 관계가 없어 보인다.

두 번째로 지략이 뛰어난 감독이 있는 팀이 피타고리안 승률에 비해 실제 승률이 높다고 하는데 이것 역시 증명된 바가 없다. 팀 성적에 감독의 영향이 얼마나 있는지는 데이터로 검증하기 어려운 영역이다. 선수들의 기록은 세부 지표가 존재하지만 감독에 대한 데이터는 승패만 있기 때문이다. 실제로 모 구단에서 시즌 성적을 예측할 때 각팀 감독의 역량을 변수 요인으로 반영시키기도 했으나 평가가 객관적이지 않다고 판단해 오래 가지 못했다.

매직넘버와
트래직넘버

잔여경기 승수로
갈리는 희비

KBO리그 정규시즌은 총 144경기로 치러진다. 여기서 10개 팀 가운데 매년 한 팀이 1위를 차지한다. 1위 팀이 자력으로 우승을 확정 짓기까지 필요한 승수를 매직넘버(Magic number)라고 한다. 매직넘버는 매년 정규시즌 막바지가 되면 언제나 야구 기사에 등장한다. 매직넘버가 0이 되면 2위 이하의 팀들은 1위 가능성이 소멸된다. 예를 들어 1위 팀의 매직 넘버가 3이라면 2위 팀이 잔여경기를 전승해도 1위 팀이 3경기만 이기면 1위가 확정된다. 1위 팀이 아닌 경우에도 해당 순위를 확정 짓기까지 승수를 따지다 보면 매직넘버가 등장한다.

반대 개념으로 0이 되면 탈락이 확정되는 트래직넘버(Tragic number)가 있다. A위 팀의 매직넘버는 A+N위 팀(A위 팀보다 아래 순위 팀)이 잔여경기를 전승한다고 가정할 때, A위를 확정하기 위해 필요한 승리의 숫자다. 매직넘버 X를 방정식으로 구하면 다음과 같다.

(A위 팀 승수+X)−[(A+N)위 팀 승수+(A+N)위 팀 잔여경기]=1

우변이 1인 이유는 A위 팀의 승수와 매직넘버 X를 합친 값이 A+N위 팀 승수와 잔여경기 수를 합친 것보다 커야 A위가 확정되기 때문이다.

그럼 B위 팀의 트래직넘버는 어떨까? B−N위 팀(B위 팀보다 위 순위 팀)이 잔여경기를 전패한다고 가정할 때, B위를 확정하기 위해 필요한 패배의 숫자다. 트래직넘버 Y를 방정식으로 구하면 다음과 같다.

(B위 팀 패수+Y)−[(B−N)위 팀 패수+(B−N)위 팀 잔여경기]=1

KBO리그는 승률로 순위를 매기기 때문에 위 방정식을 쓰지 않고 하위 팀이 기록할 수 있는 최고 승률을 계산한 다음, 1위 팀이 그 승률을 기록할 수 있는 최소 승수를 매직넘버로 산정한다.

승률이란 이길 확률이 아니라 이긴 비율을 의미한다. 표본이 많을수록 실제 확률에 가까워지기 때문에 게임을 많이 한 팀의 승률은 승리 확률과 비슷해진다. 승률을 계산하는 방법은 다음과 같다.

$$승률 = \frac{승리\ 경기\ 수}{승리\ 경기\ 수 + 패배\ 경기\ 수}$$

KBO리그에서는 무승부는 승률 계산에서 제외되어 경기를 치르지 않은 것과 동일하게 생각한다. 일반적으로 소수점 이하 넷째 자리에서 반올림한다. 따라서 읽을 때는 타율과 같이 할푼리로 붙여 읽는다. 통상적으로 포스트시즌 진출팀은 5할 승률 전후에 형성된다.

매직넘버를 따지지 않는 정규시즌은 거의 없다. 2021년 KBO리그 정규시즌은 KT 위즈와 삼성 라이온즈가 최종전까지 승률이 같아서 사상 최초로 타이 브레이커(추가 단판 승부)를 치렀다(이 경기에서 KT 위즈가 승리해 한국시리즈를 직행한다). 이때는 매직넘버 없이 정규시즌을 마쳤다.

승률과 함께 야구의 순위를 좌우하는 지표로 사용하는 것이 승차(勝差)인데, 순위에서 상위 팀과 하위 팀의 간격을 나타내는 용어로 게임차라고도 한다. 승차는 상위 팀이 몇 패를 하고 하위 팀이 몇 승을 올려야 승률이 같아지느냐를 가늠하는 수치다. 상위 팀과 하위 팀의 승리 수의 차이에, 하위 팀과 상위 팀의 패전 수의 차이를 합산해서 둘로 나눈 값이 승차다. 계산하는 방식은 다음의 2가지다.

$$\left\{ \frac{(\text{상위 팀 승리 수} - \text{하위 팀 승리 수}) + (\text{하위 팀 패전 수} - \text{상위 팀 패전 수})}{2} \right\}$$

$$\left\{ \frac{(\text{상위 팀 승리 수} - \text{상위 팀 패전 수}) - (\text{하위 팀 승리 수} - \text{하위 팀 패전 수})}{2} \right\}$$

두 팀이 함께 이기거나 지면 승차는 그대로고, 승패가 엇갈리면 한 게임씩 변동이 생긴다. 따라서 어느 한 팀만 승패를 기록했을 때는 0.5게임의 승차 변동이 있다.

2024 KBO리그 정규시즌 1위 팀 KIA 타이거즈는 87승 2무 55패, 2위 팀 삼성 라이온즈는 78승 2무 64패, 9위 팀 NC 다이노스는 61승 2무 81패를 기록했다. 이 결과를 이용해 승률과 게임차를 계산해보자.

KIA 타이거즈의 승률은 소수점 넷째 자리 반올림 시 0.613이다.

$$\frac{87}{87 + 55} = 0.612676 \cdots$$

삼성 라이온즈의 승률은 소수점 넷째 자리 반올림 시 0.549다.

$$\frac{78}{78 + 64} = 0.549295\cdots$$

NC 다이노스 승률은 소수점 넷째 자리 반올림 시 0.430이다.

$$\frac{61}{61 + 81} = 0.429577\cdots$$

1위 팀과 2위 팀의 승차는 9게임이다.

$$\left\{\frac{(87 - 78) + (64 - 55)}{2}\right\} = 9$$

1위 팀과 9위 팀의 승차는 26게임이다.

$$\left\{\frac{(87 - 61) + (81 - 55)}{2}\right\} = 26$$

승차를 이용한 1위 팀 매직넘버 계산법은 '잔여경기-(1위 팀과 2위 팀의 승차)'다. 수학적으로 승률이 5할을 넘으면 무승부가 많을수록 유리하고, 5할을 넘지 않으면 무승부가 적을수록 유리하다.

먼저 승률이 5할 이상인 경우를 살펴보자. 5경기 후 결과가 A팀은 2승 2무 1패, B팀은 3승 2패를 했다고 가정한다. 승률은 '승'을 '승+패'로 나누기 때문에 A팀의 승률은 다음과 같다.

$$\frac{2}{2+1} = \frac{2}{3} = 0.6666\cdots$$

B팀의 승률은 다음과 같다.

$$\frac{3}{3+2} = \frac{3}{5} = 0.6$$

무승부가 많은 A팀이 B팀을 승률에서 앞서는 것이다.

이번에는 10경기 후에 C팀이 5승 2무 3패, D팀이 6승 4패를 했다고 가정한다. C팀의 승률은 다음과 같다.

$$\frac{5}{5+3} = \frac{5}{8} = 0.625$$

D팀의 승률은 다음과 같다.

$$\frac{6}{6+4} = \frac{6}{10} = 0.6$$

무승부가 많은 C팀이 역시 D팀을 승률에서 앞서게 된다.

두 번째로 승률이 5할 미만인 경우를 살펴보자. A팀이 1승 2무 2패를 하면 승률은 다음과 같다.

$$\frac{1}{1+2} = \frac{1}{3} = 0.3333\cdots$$

B팀이 2승 3패를 하면 승률은 다음과 같다.

$$\frac{2}{2+3} = \frac{2}{5} = 0.4$$

따라서 승률이 5할 미만인 경우에는 무승부가 적은 팀이 승률에서 앞선다.

결국 5할 이상인 경우 승보다 패가 적다는 것이고, 5할 이하인 경우 패가 승보다 많다는 것이다. 즉 승률 5할이 넘는 경우 2개의 무승부가 1승 1패보다 유리하고, 승률이 5할이 안 되는 경우 2개의 무승부가 1승 1패보다 불리해진다. 이는 현행 '승수÷(경기 수-무승부 수)'의 승률 계산법 때문이다.

43년 KBO리그 역사상 승률 5할이 넘는 팀들이 게임차가 없었던 경우는 단 한 차례뿐이다. 바로 2009시즌이다. 당시 정규시즌 우승팀 KIA 타이거즈와 2위 팀 SK 와이번스가 게임차 없이 승률

▎ 2009년 KBO리그 1·2위 팀 승률 계산 비교

구분	순위	구단	승	무	패	승률	게임차	비고
승수/경기 수 (당시)	1위	KIA	81	4	48	0.609	0	81/133
	2위	SK	80	6	47	0.602	0	80/133
승수/ (경기 수-무승부 수) (현행)	1위	SK	80	6	47	0.6299	0	80/127
	2위	KIA	81	4	48	0.6279	0	81/129

에서 7리(0.07) 차이로 갈렸다. KIA 타이거즈가 4무, SK 와이번스가 6무로 SK가 2무가 더 있어서 현행 계산법이면 SK 와이번스가 앞서야 하지만 당시에는 승률 계산법이 '승수/경기 수'로 달라서 무승부는 곧 패배였다.

승-무-패가 동일하지 않으면서 승률이 5할이 안 되는 팀이 게임차가 없었던 사례는 다섯 차례 있었다. 네 차례는 가을야구와 무관했고, 가을야구 막차 탑승에 영향을 미친 건 단 한 차례뿐이다. 2018시즌 5위 KIA 타이거즈와 6위 삼성 라이온즈는 승률이 고작 4모(0.0004) 차이에 불과했다. 2024년 KT 위즈와 SSG 랜더스가 승률이 같아서 타이 브레이커를 치르기 전까지 KBO리그 역사상 가장 적은 승률 차이로 포스트시즌 진출이 갈린 경우였다.

1991년 LG 트윈스와 쌍방울 레이더스는 각각 53승 1무 72패, 52승 3무 71패를 기록해 승차가 없었지만 그해 '무승부=0.5승'이 적용되어 승률이 같았다. LG 트윈스 53승 1무 72패로 계산하면 [53승+0.5승(1무)]/126경기=0.425다. 쌍방울 레이더스 52승 3무 71패로 계산하면 [52승+3무(1.5승)]/126경기=0.425다. '무승부=0.5승'을 적용하면 5할 초과와 5할 미만에 따라 무승부 유불리가 발생하지 않는 것이다.

전년도 1990년 MBC 청룡을 인수하고 정규시즌과 한국시리즈 통합우승을 차지한 LG 트윈스는 이듬해 1991년에 공동 6위로 떨어져 구단은 초상집 분위기였다. 게다가 '무승부=0.5승' 계산 방식

구분	연도	순위	구단	승	무	패	승률	게임차	비고
무승부=0.5승	1991년	6위	LG	53	1	72	0.425	28	(53+0.5)/126
			쌍방울	52	3	71			(52+1.5)/126
승수/(경기 수–무승부 수)(현행)	2001년	7위	SK	60	2	71	0.458	6.5	60/131
		8위	롯데	59	4	70	0.457	6.5	59/129
	2005년	6위	LG	54	1	71	0.432	21.5	54/125
		7위	현대	53	3	70	0.431	21.5	53/123
	2007년	6위	현대	56	1	69	0.448	19	56/125
		7위	롯데	55	3	68	0.447	19	55/123
	2018년	5위	KIA	70	0	74	0.4861	8.5	70/144
		6위	삼성	68	4	72	0.4857	8.5	68/140

이 아니었으면 신생팀 쌍방울 레이더스가 7위가 되고 LG 트윈스가 단독 6위가 되었을 텐데 이 계산법으로 공동 6위가 된 것이다. 상실감이 배가 되었고, 결국 구단은 1990년 우승을 차지한 백인천 감독과 재계약을 하지 않았다.

2000년 창단한 SK 와이번스는 롯데 자이언츠와 게임차는 같았지만 무승부 차이에 따라 단독 7위를 차지하고 탈꼴찌에 성공했다. SK 와이번스는 60승 2무 71패(승률 0.458), 롯데 자이언츠는 59승 4무 70패(승률 0.457)를 기록했다. 그 결과 SK 와이번스는 7위, 롯데 자이언츠는 8위였다.

리그가 종료되고 모든 팀이 같은 수의 경기로 끝난 경우 승률이나 승점 중에서 어느 것으로 순위를 매기더라도 거의 같은 순위가 나온다. 하지만 경기 수가 적은 경우 승률에 의한 순위는 그 값이 왜곡되는 경향이 있고, 승점에 의한 순위는 패한 경기 수에 대한 보정이 제대로 이뤄지지 않는다는 단점이 있다. 리그가 진행 중인 상황에서는 승패 마진의 값을 보는 게 현재 순위를 좀 더 정확하게 볼 수 있다는 장점이 있다.

승패 마진이란 경기 결과, 승리 수에서 패전 수를 뺀 값이다. 같은 승패 마진을 가지고 있더라도 승패 마진이 플러스인지, 마이너스인지에 따라서 승률에 의한 순위는 달라질 수 있다. 예를 들어 A팀은 5승 4패, B팀은 6승 5패라고 하면 두 팀의 승패 마진은 +1로 같지만, 승률은 A팀 0.556, B팀 0.545로 A팀이 약간 더 높다. 또 C팀 4승 5패, D팀 5승 6패라고 하면 이 두 팀의 승패 마진도 -1로 같지만, 승률은 C팀 0.444, D팀 0.455로 D팀이 약간 더 높다.

등번호와 영구결번

야구선수에게 등번호는 자신의 분신이자 최애 숫자다. FA로 팀을 옮길 때 기존에 본인이 달았던 등번호를 계약 조건에 포함시키는 경우도 있다. 16시즌 동안 메이저리그에서 활약한 추신수 선수는 SSG 랜더스에 입단하면서 등번호 17번을 사용하려 했고, 이를 후배 이태양 선수가 양보하자 감사의 의미로 고가의 손목시계를 선물했다. SK 와이번스가 9년(2012년 임경완, 조인성 이후) 만에 외부 FA로 영입한 최주환 선수의 경우 FA 계약 과정에서 원 소속팀 두산 베어스에서 쓰던 53번을 희망했고, 그 과정에서 고종욱 선수에게 양해를 구하고 최주환 선수가 53번 등번호를 달기도 했다.

그만큼 야구선수의 등번호에 얽힌 사연은 정말 다양하다. 롤모

최주환 선수는 SK 와이번스 FA 영입 당시 등번호 53번을 유지했다.

델 선수를 본받고 싶은 마음에 선배 선수의 등번호를 선택하는 경우도 있고, 야구가 안 풀릴 때 분위기 전환 차원에서 등번호를 바꾸기도 한다.

한국 야구 역사상 최고의 유격수로 손꼽히는 김재박(전 LG 트윈스 감독)은 선수 시절 7번을 달았다. 김재박 이후 유격수 계보를 이은 '야구천재' 이종범(현 KT 위즈 코치)과 '국민 유격수' 박진만(현 삼성 라이온즈 감독) 역시 선수 시절 7번을 달았다. 유격수로서 7번을 다는 것은 자부심도 되지만 그만큼 야구를 잘해야 한다는 부담감도 있다.

'국민타자' 이승엽(현 두산 베어스 감독)은 일본 프로야구 요미우리

자이언츠로 이적하면서 삼성 라이온즈와 지바 롯데 마린스에서 달았던 36번이 아닌 33번을 달고 뛰었다. 그러나 부상 등으로 부진이 이어지자 2007년에 25번으로 등번호를 바꿨다. 2006년 월드베이스볼클래식(WBC)에서 25번을 달고 5홈런을 치며 눈부신 활약을 펼쳤던 만큼, 그때의 기세를 이어가고자 하는 의미였다.

때로는 자신의 이름에서 등번호를 가져오기도 한다. 장원삼(삼성 라이온즈)과 공필성(현 NC 다이노스 퓨처스팀 감독)이 대표적이다. 장원삼은 자신의 이름 원(1)과 삼(3)을 따서 13번을 달았고, 공필성은 자신의 성 '공'의 음을 따서 등번호 0번을 사용했다.

야구선수에게 등번호가 처음 부여된 건 1929년 뉴욕 양키스 시절이었다. 당시 등번호는 개막전 선발 라인업 순서였다. 1번 타자가 1번, 2번 타자가 2번, 3번 타자가 3번 이런 식이었다. 수비 포지션별로 등번호를 부여하기도 했다. 이 방식은 통계 관리와 기록 작성 등을 편리하게 하기 위함이었다. 투수는 1번, 포수는 2번, 1루수는 3번 등으로 번호를 매겼다. 주전 외의 선수는 10번 이후의 번호를 받았다.

대부분의 감독, 코치는 70번대 이후 등번호를 쓴다. 38번 역시 일반적으로 선수의 등번호로 활용되는데, 프로야구 감독 가운데 38번을 등번호로 선택한 대표적인 인물이 김동엽 감독(전 MBC 청룡)과 김성근 감독(전 한화 이글스)이다. 김동엽 감독은 1938년에 태어나 6·25 전쟁 때 38선을 넘어왔다고 해서 38번을 애용했고, 김성근 감독은 2006년 10월 SK 와이번스 감독직에 부임하면서 화투게임 섯다에서 최고의 패인 삼팔광땡을 떠올리며 38번을 선택했다.

야구선수에게 있어 등번호가 최애 숫자라고 한다면 영구결번은 최고의 영광이자 영애다. 영구결번은 은퇴한 유명 선수의 등번호를 영구히 사용하지 않는 것인데 KBO리그는 전 구단을 통틀어 총 17번의 영구결번 사례가 있다.

국내 프로야구 최초의 영구결번은 1986년 사고사를 당한 김영신(OB 베어스)의 54번이다. 이후 1996년 선동렬(KIA 타이거즈)의 등번호 18번과 1999년 김용수(LG 트윈스)의 41번이 구단에서 결번 처리되었고, 2002년 두산 베어스는 프로야구 원년(1982년) 최우수 선수였던 박철순(1997년 은퇴)의 등번호 21번을 영구결번으로 지정했다. 이후 삼성 라이온즈의 이만수(22번), 양준혁(10번), 이승엽(36번), 한화 이글스의 장종훈(35번), 정민철(23번), 송진우(21번), 김태균(52번), 롯데 자이언츠의 최동원(11번), 이대호(10번), KIA 타이거즈의 이종범(7번), SK 와이번스의 박경완(26번), LG 트윈스의 이병규(9번), 박용택(33번)의 등번호가 영구결번으로 지정되었다. 10개 구단 가운데 역사가 짧은 키움 히어로즈, NC 다이노스, KT 위즈는 아직까지 영구결번이 없다.

KBO리그에서의 영구결번은 소속 팀에서 오랜 기간 활동하면서 최고의 활약을 펼친 선수를 대상으로 한다. 한 팀에서만 활동한 원클럽맨 선수가 상대적으로 유리하지만 원클럽맨이 아니더라도 기여도가 절대적으로 높으면 선택받을 수 있다. SSG 랜더스의 유일한 영구결번 선수인 박경완(현 LG 트윈스 코치) 역시 쌍방울 레이더스와 현대 유니콘스에서 뛰다 FA로 SK 와이번스로 이적한 경우다. 2007년, 2008년, 2010년 세 차례 한국시리즈를 우승시킨 공로를 인정받았다.

2014시즌 개막을 앞두고 SK 와이번스 구단 내부에서는 원클럽맨이 아니란 이유로 박경완의 영구결번에 이견이 다소 있었지만, 짧은 역사라는 구단의 약점을 보완해줄 수 있다는 점과 최정, 김광현 외에는 영구결번을 달 만한 선수가 오랜 기간 나오지 않는다는 점을 감안해 결정되었다. 원클럽맨이 아니면서도 영구결번이 된 사례는 박경완 외에 양준혁, 최동원이 있다. 향후 KBO리그에서 영구결번이 확실시되는 리빙 레전드로는 최정, 김광현, 양현종 등이 있다.

클리닝타임:
야구 직업의 모든 것

야구를 좋아한다면 야구계 진입이 상대적으로 수월한 분야가 있다. 바로 야구 미디어다. 야구 기자(사진기자 포함), 야구 PD, 아나운서가 그들이다. 해설가도 있지만 선수 출신의 영역에 가깝다. 야구 기자, 야구 PD, 아나운서 모두 일반적인 채용사이트를 통해 공고가 난다. 물론 경력을 뽑는 경우도 있지만 신입을 채용한다면 공개적으로 채용사이트를 활용한다. 대부분의 야구 직업이 인원수가 적어 채용이 비정기적이지만 미디어 분야는 정기적인 채용을 하는 편이다.

행정과
코칭

많은 야구팬이 〈머니볼〉이란 영화를 봤을 것이다. 이 영화는 2011년에 개봉했으며 2002년 MLB 오클랜드 어슬레틱스의 일화를 기반으로 한 영화다. 2003년에 출간된 논픽션 소설은 야구팬의 큰 사랑을 받았다. 이 영화와 책을 보고 프로야구 프런트를 꿈꾸는 이들이 생겨나기 시작했다. 요즘 세대는 〈스토브리그〉를 통해 프로야구 프런트를 떠올릴 것이다. 2019년 12월 13일부터 2020년 2월 14일까지 SBS에서 방영한 드라마 〈스토브리그〉는 최고 시청률 19.1%를 기록하며 인기를 끌었다. 프로야구 프런트를 현실감 있게 다뤄 현장과 싱크로율이 매우 높았다.

주인공 백승수 단장(배우 남궁민)은 타 종목(씨름, 하키, 핸드볼) 단

2018년 골든글러브 시상식에서 KBO 마케팅상을 수상하는 류준열 SK 와이번스 사장

장으로서 우승을 이룬 경력을 인정받고 야구단 단장으로 영입된다. 물론 실제로 이런 경우는 없었다. 프로야구 단장은 과거에는 모기업 임원 출신이 주로 맡았고, 최근에는 방송 해설위원 출신이 맡는 등 외부에서 오는 경우가 대부분이다.

업무의 종류

일반적으로 '야구단의 꽃'이라고 하면 선수단과 동행하고 지원하는 운영팀을 일컫는다. 〈스토브리그〉에서 이세영 운영팀장(배우

박은빈)이 유일한 프로야구 운영팀장으로 나오는데 KBO리그 역사상 여성 운영팀장은 한 차례도 없었다. 이세영 팀장은 백승수 단장과 지근거리에서 활동한다. 실제로도 운영팀장은 단장의 오른팔처럼 움직인다. 2000년대 초반까지만 해도 운영팀에서 1군 지원, 전력 분석, 2군 육성, 신인 스카우트 등의 업무를 모두 담당했지만 최근에는 거의 모든 구단이 업무를 세분화하고 있다. 운영팀, 전력분석팀(데이터분석팀), 육성팀, 스카우트팀 등 현재는 분업화가 이뤄졌다.

야구를 좋아하는 취준생이라면 운영팀을 선호할 것이다. 운영팀과 육성팀은 선수 출신이 아니더라도 일할 수 있다. 1군과 2군 모두 행정 기능이 필요하기 때문이다. 더불어 선수단을 전반적으로 기획하는 업무도 운영팀에 속하는데 이는 비선수 출신의 몫이다.

전력분석팀은 데이터분석팀이라고도 하는데 선수 출신과 비선수 출신이 혼재해 있다. 〈스토브리그〉에는 유경택 전력분석팀장(배우 김도현)이 나온다. 드라마 초반 세이버메트릭스에 부정적이었던 걸로 봐선 비선수 출신보다는 선수 출신으로 추측된다. KBO 전력분석팀장은 실제로도 선수 출신이 대부분이다. 투수의 투구폼과 타자의 타격폼, 경기 및 훈련 영상을 분석하는 역할은 선수 출신의 몫이다. 스탯 데이터, 트래킹 데이터를 대상으로 하는 야구 통계 분석은 비선수 출신의 몫이다.

스카우트팀은 대부분 선수 출신으로 구성된다. 선수 출신이 선수들의 역량과 기술을 판단하기에 절대적으로 우위에 있기 때문

2002년 제춘모(SK 와이번스) 선수를 취재하는 당시 류선규 홍보팀 대리

이다. 외국인 선수 스카우트의 경우 비선수 출신의 역할이 있다. 외국인 선수의 데이터를 분석하고, 교섭 및 계약하는 업무는 비선수 출신의 몫이다. 〈스토브리그〉에는 고세혁 스카우트팀장(배우 이준혁)이 나온다. 드림즈 스타플레이어 출신으로 단장이나 감독 물망에 오르기도 한다. 실제 스카우트팀장이 단장으로 승진한 사례는 2017년 NC 다이노스의 유영준 단장이 있었다. 유영준 단장은 10년간 장충고등학교 감독을 역임한 바 있고, 2018년 감독대행을 잠시 맡기도 했다.

다음으로는 홍보팀이다. 〈스토브리그〉에는 변치훈 홍보팀장(배우 박진우)이 나온다. 변치훈 팀장은 마케팅팀보다 홍보팀이 성적에 영향을 주는 부서라는 자부심이 있다. 실제로도 그렇다. 그러나 홍보팀은 젊은 직원에게는 호불호가 극명하게 갈린다. 홍보팀은 미디어 관계와 SNS를 담당한다. 미디어 관계 쪽은 워라밸을 중시한다면 비선호다. 미디어를 담당하는 홍보팀 직원은 휴일에도 전화를 받는 경우가 생기고 지방 출장도 잦다. 그러나 야구를 좋아한다면 운영팀 다음으로 선수들과 가깝게 지낼 수 있는 장점이 있다. SNS 파트는 젊은 직원이 선호하는 업무다. 모든 구단이 인스타그램과 유튜브를 운영하는데 젊은 직원이 창의력을 발휘하기에 안성맞춤인 분야다.

그다음으로 마케팅팀이다. 스포츠 마케팅을 전공하는 취준생이라면 마케팅팀이 본인과 결이 맞을 수 있다. 〈스토브리그〉에는 이미선 마케팅팀장(배우 김수진)이 나온다. 여성 마케팅팀장은 보기 드문데 KBO리그에서는 김은영 SK 와이번스 마케팅기획파트장이 여성으로서 마케팅 직책자로 활동한 바 있다.

마케팅팀은 이벤트, 영업, 매표, F&B, 굿즈, 구장 관리, 대관 등을 담당한다. 최근에는 마케팅팀을 마케팅팀, 영업팀, 구장관리팀으로 분리 운영하는 구단이 늘고 있다. 이 중 젊은 직원의 선호도가 높은 분야는 이벤트 업무다. 전광판이나 응원단을 담당하는 업무인데 창의력을 마음껏 발산할 수 있으면서 재밌다. 영업은 연간회원(시즌티켓)이나 광고 판매와 관련이 있고, 매표는 홈경기 온·오프라인 입장권 판매를 담당한다. F&B는 홈경기 구장 내 식음료를 판매하는 매점을 관리하고, 굿즈는 구단의 상품 판매를 담당한다. 마지막으로 대관은 대관공서 업무다. 모든 프로야구단이 야구장을 지방자치단체로부터 빌려 쓰기 때문에 관련 부서와의 관계가 중요하다. 이러한 행정 업무는 신입이 맡기는 어렵고 경력 있는 직원의 몫이다.

마지막으로 경영관리팀이다. 어느 회사에나 있는 기능인데 인사, 재무, 총무 등이 그것이다. 이 업무를 맡으면 야구단에서 일하는 느낌이 덜 들 수 있다. 야구가 좋아서 야구단에 입사한 경우 이 업무를 시키면 퇴사하기도 한다. 반대로 취업이 목적이라면 만족도가 떨어지지 않는다.

야구 행정에는 야구단 프런트만 있는 게 아니다. KBO와 한국프로야구선수협회(KPBPA)에서도 일할 수 있다. KBO는 야구단처럼 운영팀, 육성팀, 홍보팀, 총무팀, 재무팀 등이 있고 마케팅 사업을 담당하는 자회사 KBOP가 있다. 한국프로야구선수협회는 소규모 조직인데 프로야구 선수들의 회비로 운영되며 선수들의 권익 보호를 담당한다.

야구 코칭 관련 업무는 선수 출신의 전유물로 인식하기 쉬운데 비선수 출신의 영역도 있다. 트레이너와 멘탈코치가 그것이다.

트레이너는 체육 전공자가 맡는 경우도 있고 아닌 경우도 있다. 트레이너는 의무 트레이너와 체력 트레이너로 나눠진다. 의무 트레이너는 선수들의 부상을 예방하거나 의료적 처치를 담당하고,

2018년 SK 와이번스 2군 선수단의 명상 훈련

체력 트레이너는 일반 헬스 트레이너처럼 선수들의 체력과 피지컬을 강화하는 역할을 맡는다. 대부분의 구단은 의무 트레이너와 체력 트레이너를 분리하지 않고 통합 운영한다.

멘탈코치는 일부 구단에서 운영하는데, KT 위즈의 안영명 코치처럼 프로야구 선수 출신이 하는 경우도 있지만 대부분은 비선수 출신이 맡는다. 야구가 멘탈 스포츠이다 보니 멘탈코칭의 필요성이 커지고 있으나 아직은 많은 구단에서 활용하고 있지는 않다. 멘탈코칭과 유사한 명상 수련도 있다. 명상 수련 역시 선수들의 멘탈 관리에 도움이 된다. 선수가 개인적으로 명상을 하는 일은 많지만, 구단 차원에서는 아직 활성화되지 않았다.

미디어와 데이터

야구 미디어

야구를 좋아한다면 야구계 진입이 상대적으로 수월한 분야가 있다. 바로 야구 미디어다. 야구 기자(사진기자 포함), 야구 PD, 아나운서가 그들이다. 해설가도 있지만 선수 출신의 영역에 가깝다. 야구 기자, 야구 PD, 아나운서 모두 일반적인 채용사이트를 통해 공고가 난다. 물론 경력을 뽑는 경우도 있지만 신입을 채용한다면 공개적으로 채용사이트를 활용한다. 대부분의 야구 직업이 인원수가 적어 채용이 비정기적이지만 미디어 분야는 정기적인 채용을 하는

프로야구 기자들의 취재 현장

편이다.

야구 미디어는 야구 홍보 영역이다 보니 마찬가지로 워라밸을 기대하기 어려운 직종이다. 영상 콘텐츠의 중요성이 커지면서, 펜 기자보다는 방송 기자의 전망이 밝고 경쟁도 더욱 치열해지는 추세다.

야구 PD는 야구 중계를 제작하는 스포츠 미디어에서 채용한다. 2024년부터 OTT업체 티빙이 유무선 중계를 담당하다 보니 티빙에서도 야구 PD를 뽑는다. 야구 PD는 야구 중계만 담당하는 게 아니라 야구 관련 프로그램도 제작한다. MBC 스포츠플러스의 〈비하인드〉나 KBS N 스포츠의 〈야구의 참견〉 등이 대표적이다.

야구 아나운서의 경우 일반 아나운서보다 전문성이 많이 요구되고 때로는 엔터테이너의 기질이 필요하다. 남자 아나운서는 야구 중계 캐스터로 해설위원과 호흡을 맞추고, 여자 아나운서는 경기 중 리포터나 데일리 하이라이트 프로그램을 맡는다.

🌾 데이터 업무 🌾

야구단 프런트 조직 중 전력분석팀(데이터분석팀)에 통계분석원이 있다. 대부분의 구단에 한두 사람 이상의 통계분석원이 있는데, MLB 구단의 경우 10명 이상의 통계분석원을 채용하고 있다. 이들은 대학에서 통계학을 전공하거나 복수전공을 거친 경우가 많다. 영화 〈머니볼〉에 나오는 피터 브랜드의 실제 주인공 폴 디포디스타(Paul DePodesta)가 통계분석원이다. 실제 인물과는 달리 영화 속의 폴 디포디스타는 공부만 할 것 같은 비만 남성이다. 통계분석원은 실제로 책상 앞에 앉아 있는 시간이 많다 보니 비만이 될 가능성이 높다.

야구단 프런트로 취직하고 싶은 학생이 있다면 대학에서 통계학을 전공하라고 권장하고 싶다. 야구단의 다른 업무는 대학교 전공의 구분이 거의 없지만 통계분석원만큼은 통계학 전공자를 우선시하기 때문이다.

운동 역학, 즉 바이오메카닉스도 향후 전망이 밝다. 인체의 움직임을 물리학과 생체역학적 관점에서 분석해서 선수의 퍼포먼스를 향상시키고 부상을 예방하는 학문이다. 미국 메이저리그 구단들은 바이오메카닉스에 대한 투자에 적극적이라 프런트 채용이 늘어나고 있다. 한국 역시 바이오메카닉스에 대한 관심이 늘고 있지만 아직은 마땅한 인재가 없어 채용으로 이어지고 있지는 않다. 그만큼 향후 채용 가능성이 높은 영역이다.

국내에는 대학교(국민대학교 체육대학)와 사설 아카데미(SSTC 야구과학연구소)에서 바이오메카닉스를 연구하고 야구계에 접목시키고 있다. SSTC 야구과학연구소는 LG 트윈스, KT 위즈, 한화 이글스와 협업하고 있고 일본 프로야구 선수들도 바이오메카닉스 측정을 위해 찾아오고 있다.

KBO 공식기록원과 구단 기록원도 있다. 경기 중 야구 기록을 입력하는 업무가 메인이며 구단 기록원은 선수단의 고과를 산정하는 역할을 한다. 1982년부터 매년 KBO는 기록강습회를 운영한다. 그리고 여기서 우수한 성적을 얻은 사람이 KBO 기록원으로 채용되는 경우도 있다. 기록강습회에 가면 KBO리그 1·2군 게임 공식기록위원이 경기 기록 및 규칙, 야구 기록지 작성법 등을 알려준다.

2025년은 1월 16일부터 18일까지 사흘간 서울 건국대학교에서 진행되었다. 모집 공고가 열린 지 36초 만에 200명 정원이 찼다. 수강생은 여성 105명, 남성 95명으로 여성이 남성보다 10명 더 많았다. 2024년까지는 늘 남성이 더 많았다. 또 20대 수강생이

145명(72.5%)에 달했다. 더불어 스포츠투아이나 스탯티즈와 같은 민간 기록업체에서도 많은 기록원이 활동한다.

매니지먼트
업종

에이전시, 대행사
스포츠 용품

일반적으로 스포츠 마케터라고 하면 스포츠 매니지먼트와 관련된 일을 하는 사람일 것이다. 야구 매니지먼트는 선수 에이전시, 마케팅 대행사, 스포츠 용품사에서 일하게 된다.

선수 에이전시는 한국프로야구선수협회에서 실시하는 공인 선수대리인(에이전트) 자격시험에 합격해야 한다. 영화 〈머니볼〉을 통해 프런트를 꿈꾸듯이 영화 〈제리 맥과이어〉를 통해 에이전트를 꿈꾸는 취준생이 있을 것이다. 그러나 KBO리그에서 활발하게 활

| KBO 2025시즌 구단별 선수단 용품 스폰서십 현황

구단	용품 스폰서	구단	용품 스폰서
LG 트윈스	프로스펙스	한화 이글스	스파이더
두산 베어스	아디다스	KIA 타이거즈	아이앱 스튜디오
키움 히어로즈	나이키	삼성 라이온즈	언더아머
SSG 랜더스	다이나핏	롯데 자이언츠	형지엘리트
KT 위즈	뉴발란스	NC 다이노스	리복

동하는 에이전트는 두 손으로 꼽을 정도다. 야구계 경력이 없는 에이전트 자격증 소지자는 선수와 계약을 체결하지 못하고 자격증을 장롱에 보관하는 경우가 비일비재하다.

마케팅 대행사는 광고 대행과 행사 대행을 담당한다. 2가지 다 제일기획 등 대기업 마케팅 대행사의 업무 영역에 속한다. 프로야구의 경우 광고와 행사의 규모가 작다 보니 별도의 스포츠 마케팅 대행사가 맡는 경우가 많다. 야구장 응원을 포함한 행사를 담당하는 것도 이들 마케팅 대행사다. 응원단장과 치어리더도 여기 소속이다.

스포츠 용품사는 야구선수들의 용품을 공급하는 회사다. 나이키, 아디다스 등 글로벌 회사도 있고 프로스펙스, 다이나핏과 같은 국내 회사도 있다. 여기에 수많은 군소업체도 있다. 글러브, 배트, 의류 등을 선수들에게 제공한다. 구단과의 계약을 통해 야구 용품을

납품하는 경우도 있고, 선수가 개인적으로 구매하거나 업체가 선수에게 협찬하는 경우도 있다. 이곳에서 근무하면 선수들과 친해질 수 있어서 야구를 좋아하는 취준생이 선호하는 편이다.

골든글러브와 타이틀 홀더

매년 12월이면 KBO에서 골든글러브 시상식을 연다. 투수, 포수, 1루수 등 10개 포지션을 대상으로 당해 최고의 선수를 뽑기 위해 300명 이상의 투표인단이 투표한다. 투표인단은 기자, PD, 아나운서, 해설위원 등으로 구성된다. 투표에 앞서 사전에 KBO가 포지션별 선정 기준에 맞춰 후보를 선정한다.

10개 구단 체제가 시작된 2015년부터 2024년까지 10년간 시상 내역을 분석해봤다. 한국시리즈 우승팀에서 골든글러브 최다 수상선수를 배출한 경우는 10번 중 4번이다. 그 가운데 한 번은 다른 팀과 공동 기록이었다.

부문별 개인상 수상자(타이틀 홀더)가 골든글러브를 받는 경우가 많았다. 투수의 경우 다승 부문 1위가 골든글러브를 수상한 경우는 10번 중 6번이고 나머지 4번 중 2번은 평균자책점 및 탈삼진 2관왕이 골든글러브를 수상했다. 타이틀이 없는 경우도 한 번 있었다(2018년 다승 2위·승률 3위, 조쉬 린드블럼). 평균자책점 부문 1위는 10번 중 5번, 탈삼진 부문 1위는 10번 중 4번 골든글러브를 수상했다. 2024년 투수 부문 수상자 카일 하트(NC 다이노스)는 탈삼진 부문 1위였다. 여러 개의 개인상을 수상한 투수가 아무래도 유리했다. 2개 부문 이상 다관왕 수상자는 10번 중 7번 투수 부문 골든글러브를 받았다.

타자의 경우 홈런왕과 타격왕이 골든글러브 수상 가능성이 높았다. 두 부문의 타이틀 홀더가 각각 10번 중 8번 골든글러브를 받았다. 홈런왕이 골든글러브 수상 가능성이 높지만 2015년 에릭 테임즈(NC 다이노스)가 전대미문의 40홈런-40도루 대기록을 수립하면서 그해 홈런 1위 박병호(넥센 히어로즈)를 제치고 골든글러브 1루수 부문을 수상했다. 안타왕과 타점왕의 골든글러브 수상은 각각 10번 중 8번이었다. 이에 반해 도루왕의 골든글러브 수상은 10번 중 단 한 번에 불과했다. 도루 부문은 홈런, 타격, 안타, 타점에 비해 주목도가 떨어지기 때문일 것이다. 2024년 골든글러브에서는 홈런왕과 타격왕이 수상에 실패했다. 1루수 부문에서 타점왕 오스틴 딘(LG 트윈스)이 홈런왕 맷 데이비슨(NC 다이노스)을 제쳤고, 외야수 부문에서 타격왕 기예르모 에레디아(SSG 랜더스)가 수상에 실패했다. 타격왕의 골든글러브 수상 실패는 2018년 김현수(LG 트윈스) 이후 6년 만이다.

그러면 골든글러브와 연봉 간의 상관관계는 어느 정도일까? 연봉을 많이 받는 고액 선수일수록 지명도가 높기 때문에 투표인단의 주목을 받을 수는 있지만 투표에 직접적인 영향을 주지는 않는다. 반면 골든글러브를 수상하면 그만큼 당해 큰 활약을 펼쳤기 때문에 그다음 해 연봉 인상 가능성이 매우 높다.

최근 5년간 골든글러브 수상자의 연봉 인상 사례를 살펴보면 2024년 골든글러브 유격수 부문을 수상한 김도영 선수의 경우 2024년 연봉 1억 원에서 2025년 연봉 5억 원으로 수직 상승했다. 인상률 400%를 기록해 가장 높은 인상률을 기록했다. 최소 인상률은 2020년 2루수 부문 수상자 박민우였다. 2020년 연봉 5억 2천만 원에서 6억 3천만 원으로 21.2% 올랐다. FA, 비FA 다년 계약, 외국인 선수, 타 리그 진출을 제외하면 최근 5년간(총 16차례) 골든글러브 수상자의 연봉 인상률은 평균 63.6%였다.

| 최근 5년간 골든글러브 수상자 연봉 인상(FA, 외국인 제외)

연도	포지션	선수명	기존 연봉	이듬해 연봉	인상률
2020년	1루수	강백호	2억 1천만 원	3억 1천만 원	47.6%
	2루수	박민우	5억 2천만 원	6억 3천만 원	21.2%
	외야수	이정후	3억 9천만 원	5억 5천만 원	41.0%
2021년	1루수	강백호	3억 1천만 원	5억 5천만 원	77.4%
	2루수	정은원	1억 2천만 원	1억 9,080만 원	59.0%
	유격수	김혜성	1억 7천만 원	3억 2천만 원	88.2%
	외야수	이정후	5억 5천만 원	7억 5천만 원	36.4%
	외야수	홍창기	1억 원	3억 2천만 원	220.0%
2022년	투수	안우진	1억 5천만 원	3억 5천만 원	133.3%
	2루수	김혜성	3억 2천만 원	4억 2천만 원	31.3%
	외야수	이정후	7억 5천만 원	11억 원	46.7%
2023년	2루수	김혜성	4억 2천만 원	6억 2천만 원	47.6%
	3루수	노시환	1억 3,100만 원	3억 5천만 원	167.2%
	외야수	홍창기	3억 원	5억 1천만 원	70.0%
2024년	3루수	김도영	1억 원	5억 원	400.0%
	유격수	박찬호	3억 원	4억 5천만 원	50.0%
합계			48억 4,100만 원	79억 2,080만 원	63.6%

6이닝:
진화하는 야구

KBO는 볼-스트라이크 판정에 대한 논란을 최소화하고 리그 운영의 공정성을 강화하기 위해 2024년부터 ABS(자동 투구 판정 시스템)를 도입했다. 미국 메이저리그에서도 적용하지 않은 ABS를 KBO리그가 먼저 시행한 것이다. 2024시즌에 적용된 ABS의 좌우 기준은 홈 플레이트 양 사이드를 2cm씩 확대해 적용했다. ABS의 정확한 스트라이크존 판정으로 인해 볼넷이 증가할 가능성이 있는 만큼, 기존 스트라이크존과 최대한 유사한 존을 구현함으로써 존 변화로 인한 시행착오를 최소화하려는 조정이었다.

피치
클락

축구나 농구는 시간이 제한된 경기인 데 반해 야구는 시간의 제한이 없기 때문에 경기시간이 늘어진다는 단점이 있다. 스피드한 숏폼에 익숙한 요즘 젊은 세대에게는 마이너스 요인이 되었다. 그래서일까? 최근 미국 MLB는 야구 인기 하락에 대한 고심이 깊어지고 있다. 야구가 프로농구(NBA)에 따라 잡히고, 프로축구(MLS)에 위협받는 '사양' 스포츠라는 이야기가 미국 내에 떠돌았다. 그 중심에는 젊은 세대의 이탈이 있었다.

KBO리그 역시 한국갤럽 조사에 따르면, 2023년 기준 연령별 관심도에서 20대의 비율이 가장 낮았다. 40대부터 70대 이상에서는 모두 30%대 관심도를 보였지만 30대의 관심도는 27%, 20대는

21%에 그쳤다. 10년 전 2013년 조사 때는 20대의 관심도가 33%에 달했다.

이에 MLB와 KBO는 특단의 대책으로 경기시간 단축을 위해 피치 클락(Pitch Clock)을 도입한다. MLB는 2023시즌부터 적용하고 있고, KBO는 2024시즌 시범 운용하고 2025시즌부터 본격적으로 적용한다.

제한 시간이 생기다

피치 클락은 투수가 잘 보이는 곳에 전자시계를 설치하고 제한 시간 내에 투구하는 규칙이다. 이는 포수가 던진 공을 투수가 받는 순간부터 적용된다.

투수는 주자가 없으면 20초, 주자가 있어도 25초 내에 타자를 상대로 공을 던져야 한다. 이를 위반하면 자동으로 볼 1개가 선언된다. 투구 간격은 MLB의 경우 18초이고, KBO 2024시즌에서는 23초였다. 2025시즌부터 대만 프로야구(CPBL)처럼 25초로 완화했다. 타자에게도 피치 클락은 적용된다. 33초 이내 타석에 들어서야 한다. 타석당 타임아웃은 두 차례만 허용한다. 이를 위반하면 자동으로 스트라이크 1개가 선언된다.

MLB는 2023시즌부터 피치 클락 규정을 도입해 운영하고 있다.

2024시즌 KBO리그는 피치 클락을 시범 운영하면서 위반 시 경고만 적용했다. 페널티가 없으니 야구팬 입장에서는 피치 클락을 주목하지 않았다. 그러다 2024년 3월 20~21일 서울 고척스카이돔에서 열린 'MLB 월드투어 서울시리즈'에서 MLB식 피치 클락을 경험하고 큰 충격을 받는다. 한마디로 정신이 없을 지경이었다. 투수들이 조금만 늦다 싶으면 피치 클락 위반으로 볼이 1개씩 늘어난 것이다.

2023년 MLB의 평균 경기시간은 2시간 40분으로, 2022년 3시간 4분에 비해 경기당 24분 단축되는 효과를 가져왔다.

진법과
수학

십진법은 0에서부터 9까지 10개의 숫자를 사용하며, 10이 되면 그것을 하나의 묶음으로 보고 왼쪽으로 자리를 옮겨 1을 쓰는 방법을 말한다. 우리 생활의 많은 부분에서 숫자를 셀 때나 계산을 할 때 10과 10의 배수를 사용하는 십진법이 쓰인다. 시간과 각도를 잴 때나 지리적 좌표를 측정할 때는 60을 중심 숫자로 사용하는 60진법이 쓰이기도 한다.

60은 약수를 많이 가지고 있는 합성수(合成數)다. 합성수는 1보다 큰 자연수 중 소수(素數)가 아닌 수로, 약수의 개수가 3개 이상이고 둘 이상의 소수를 곱한 자연수다. 1보다 큰 모든 정수는 소수이거나 합성수다. 소수는 1과 자기 자신만으로 나눠서 떨어지는

1보다 큰 양의 정수다. 60은 12개의 인수(1, 2, 3, 4, 5, 6, 10, 12, 15, 20, 30, 60)로 나눌 수 있다. 그렇기 때문에 60이나 60의 배수를 가지고 분수를 만드는 것이 쉬워진다. 또한 60은 1부터 6까지의 모든 수로 나눌 수 있는 수 가운데 가장 작은 수이기도 하다.

인류가 60진법을 사용한 것은 아주 오래전 일이다. 고대 수메르인이 60진법을 사용했으며 이것이 고대 바빌로니아로 전해진다. 그런데 어떻게 인류가 60진법을 알게 되었는지는 알려지지 않고 있다. 원의 둘레를 반지름으로 나누면 6개로 등분되고 하나의 중심각이 60도가 되는 것을 발견하고 60진법을 사용했을지 모른다는 의견도 있다. 10개 천간과 12개 지지의 결합으로 '육십갑자'가 만들어진 것처럼, 10진법을 쓰는 문화와 12진법을 쓰는 문화가 결합되어 60진법이 생겨났을 것이라고 주장하는 사람도 있다. 어쨌든 60이라는 수는 10과 달리 여러 개의 약수를 가지고 있어서 수학적으로는 매우 유용한 진법이다. 그러나 기본적으로 60개의 숫자를 사용해야 하는 불편함 때문에 일반화되지는 못했다.

12진법의 예는 『걸리버 여행기』에 나오는 소인국에서 찾을 수 있다. 소인국의 왕은 걸리버에게 1,728명분의 식량을 지급했다. 왜 10명이나 100명, 1천 명이 아니라 1,728명분이었을까? 그것은 걸리버가 소인국의 국민보다 키가 12배 크기 때문이다. 계산하면 걸리버의 부피는 소인국 국민의 부피의 '$12 \times 12 \times 12 = 1728$(배)'가 된다.

컴퓨터에서 2진법이 널리 쓰이는 이유는 간단하다. 모든 논리를 0과 1의 두 가지 값으로 표현할 수 있어 연산이 효율적이고, 하드 웨어 소자의 동작 방식과도 잘 맞기 때문이다. 60진법을 쓰면 사용 하는 기호가 많아져야 하지만 수가 간단해지고, 2진법을 사용하면 기호가 적어지지만 수는 길어진다.

시계에 관한 수학문제

시계는 12시가 되면 오전·오후가 바뀐다. 그리고 60초는 1분, 60분은 1시간으로, 즉 12진법과 60진법이 사용된다.

일차방정식이 활용되는 시계 수학문제 중에 가장 대표적인 것이 시침과 분침이 겹쳐지는 시각을 구하는 것이다. 이것을 해결하기 위해서는 시계의 시침과 분침이 각각 1분에 몇 도를 움직이는지 알아야 한다. 1시간에 시침은 한 바퀴의 $\frac{1}{12}$ 만큼 움직이니 '360× $\frac{1}{12}$ =30도'를 움직이고, 분침은 1시간에 한 바퀴를 도니 360도를 움직인다.

1시간이 60분이므로 1시간에 움직이는 각도를 60으로 나누면 1분 동안 움직이는 각을 구할 수 있다. 1분 동안 시침은 0.5도, 분침 은 6도를 움직인다. 그리고 시침은 1시간(60분) 동안 현재 시간에서 +1만큼 한 칸을 이동한다. 즉 한 칸의 각도는 30도이므로 시침은 60분 동안 30도를 이동하는 것이다. 그럼 10분 동안은 어떨까? 10분 동안 시침은 $\frac{30}{6}$=5로 계산해서 5도 이동함을 알 수 있다.

몇 가지 예제를 살펴보자.

먼저 5시 정각에 시침과 분침의 각도는 몇 도일까? 답은 150도다. 시간당 각도는 360도÷12시간=30도다. 따라서 30도×5시=150도다.

4시와 5시 사이에 시침과 분침이 겹쳐지는 시각은 몇 시 몇 분일까? 1분 동안 시침은 0.5도, 분침은 6도를 움직인다. x분에는 시침이 0.5x도, 분침이 6x도를 움직이게 된다. 분침이 움직인 각에서 시침이 움직인 각을 빼주면 4시에 시침과 분침이 이루는 각인 120도와 같아지게 된다. 이를 식으로 표현하면 이렇다. '6x-0.5x=120'에서 양변에 2를 곱해주고 정리하면 다음과 같다.

$$12x - x = 240$$

$$11x = 240$$

$$x = \frac{240}{11}$$

따라서 4시와 5시 사이에 시침과 분침이 겹쳐지는 시각은 4시 $\frac{240}{11}$분이다.

자동 투구
판정 시스템

KBO는 볼-스트라이크 판정에 대한 논란을 최소화하고 리그 운영의 공정성을 강화하기 위해 2024년부터 ABS(자동 투구 판정 시스템)를 도입했다. 미국 메이저리그에서도 적용하지 않은 ABS를 KBO리그가 먼저 시행한 것이다. 2024시즌에 적용된 ABS는 홈플레이트 양 사이드를 2cm씩 확대해 도입되었다. ABS의 정확한 스트라이크존 판정으로 인해 볼넷이 증가할 가능성이 있는 만큼, 기존 스트라이크존과 최대한 유사한 존을 구현함으로써 존 변화로 인한 시행착오를 최소화하려는 조정이었다. MLB 사무국이 마이너리그에서 ABS를 운영할 때 양 사이드를 2.5cm씩 확대 조정한 사례를 참고했다.

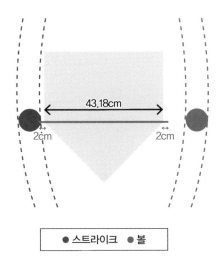

43.18cm

2cm   2cm

● 스트라이크   ● 볼

*홈플레이트 중간면 기준 판정, 적용 기준에서 공 어느 일부분이 스치기만 해도 스트라이크 판정

　상하단 기준은 홈 플레이트의 중간면과 끝면에서 높이 기준을 충족해야 스트라이크로 판정한다. 포수 포구 위치, 방식 등에 상관없이 상하좌우 기준을 충족했는지 아닌지 여부로 판단하는 것이다. 상하단 높이는 선수별 신장의 비율을 기준으로 적용된다. 상단 기준은 선수 신장의 56.35%, 하단 기준은 선수 신장의 27.64% 위치가 기준이다. 이 비율은 기존 심판 스트라이크존의 평균 상하단 비율을 기준으로 삼았다.

　신장 180cm인 선수의 경우 상단은 180×56.35(%)=101.43cm,

신장(cm)	상단(cm)	하단(cm)	비고
180	101.43 → 100.35	49.75 → 48.67	약 1cm 하향
160	90.16 → 89.2	44.22 → 43.26	

하단은 $180 \times 27.64(\%)=49.75$cm였다. 신장 160cm인 선수의 경우 상단은 $160 \times 56.35(\%)=90.16$cm, 하단은 $180 \times 27.64(\%)=44.22$cm였다. 주목할 것은 이처럼 신장 차이에 있어서 스트라이크존의 높이가 달라진다는 것이다. 180cm 신장의 선수는 101.43-49.75=51.68cm이고, 160cm 신장의 선수는 90.16-44.22=45.94cm다. 즉 키가 다른 두 선수의 스트라이크존의 높이는 5.74cm의 차이가 있다.

투수의 모든 정식 투구 대상으로 트래킹 시스템을 활용해 투구 위칫값을 추적하고, 스트라이크 판별 시스템을 통해 심판에게 해당 투구의 판정 결과가 자동 전달된다. 심판은 ABS를 통해 판별된 투구 판정 결과에 따라 스트라이크 또는 볼을 선언한다.

KBO는 2025년부터 ABS 스트라이크존을 하향 조정한다. 2024시즌 경기 지표와 여러 데이터를 토대로 KBO 실행위원회는 2025시즌부터 적용할 새로운 존 높이에 대해 논의했다. 그 결과 상단과 하단 모두 0.6%p씩 하향 조정해 상단 55.75%, 하단 27.04%를 적용하기로 했다. 존의 크기에는 변함이 없고 전체 존만 아래로 약 1cm 이동하는 형태다.

존의 상·하단 외에 스트라이크존의 중간면과 끝면, 좌우폭 등은 현행 유지된다. 상단과 하단의 판정 변화는 2024시즌 기준 전체 투구 판정 중 약 1.2% 정도 영향을 미친다. 또한 2025시즌 적용되는 하단 27.04% 비율은 미국 마이너리그에서 시범 운영 중인 ABS 존 하단 비율과 동일하다.

피치 클락이 경기 속도에 영향을 미친다면, ABS는 리그 운영의 공정성이 주안점이다. 빠른 속도감과 공정성 모두 젊은 세대가 추구하는 가치를 반영한 것이라고 볼 수 있다.

좌표평면으로 바라본 스트라이크존

1800년대 중반까지 야구 경기에서는 타자가 공을 치는 것이 경기에서 매우 중요한 요소였다. 그래서 스트라이크 개념이 없었다. 21점을 먼저 득점하는 팀이 승리하는 방식이었기 때문에 무엇보다도 타자의 공격력이 중요했고, 투수는 타자가 공을 맞출 때까지 던지는 역할이었다. 그런데 늘어지는 경기시간이 문제가 되었다. 이 문제를 해결하기 위해 등장한 것이 삼진아웃이다.

1845년 '현대야구의 아버지'로 불리는 알렉산더 카트라이트

(Alexander CartWright)가 처음 고안했는데, 스트라이크 3개면 아웃이 되는 현재와는 달리 타자가 헛스윙을 3번 하면 아웃이 되는 방식이었다. 스트라이크존은 1871년이 되어서야 도입이 되었다. 타자가 투수에게 높게 던질 것인지, 낮게 던질 것인지 요구하고 그대로 던지면 스트라이크, 그렇지 않으면 볼로 판정했다.

1887년 투수가 타자의 요구대로 공을 던져야 스트라이크가 되는 규정이 없어지고 타자 어깨에서 무릎 사이가 스트라이크존이 되었다. 이후 점점 좁아지기 시작해 1896년 가로로는 43.2cm의 홈플레이트 통과를 전제로 하고, 위로는 타자의 어깨와 허리의 중간점을 상한선으로 하고, 아래로는 무릎을 하한선으로 정한 현재의 스트라이크존이 만들어졌다.

좌표평면과 좌표의 개념을 처음으로 생각해낸 사람은 '나는 생각한다, 고로 존재한다'라는 말로 유명한 해석기하학의 창시자 르네 데카르트(René Descartes)다.

좌표란 점의 위치를 나타내기 위한 값이다. 점의 위치를 나타내기 위해서는 하나의 기준이 필요한데, 일반적으로 이 기준점을 원점이라고 한다. 즉 원점을 기준으로 점이 어디에 위치해 있는지 값을 이용해 나타내는 것이 좌표다. 위치를 알고 싶은 점을 A라고 한다면, 원점에 대해서 앞에 있는지 뒤에 있는지, 위에 있는지 아래에 있는지, 또 얼마나 떨어져 있는지와 같이 점의 위치를 부호와 값을 통해 나타낼 수 있다.

▎원점과 점 A

● A

●

O 원점(기준점)

원점에 대해서 점 A가 얼마나 떨어져 있는지는 두 점 사이의 길이를 통해 쉽게 알 수 있다. 하지만 점 A가 원점의 뒤에 있는지 앞에 있는지는 알 수 없다. 그 이유는 원점에 대해서 어디가 앞인지, 뒤인지를 정의하지 않았기 때문이다. 이것을 정의하기 위해 도입된 것이 수직선이다.

수직선 형태의 하나의 긴 화살표를 긋고 기준점인 원점을 표시한 뒤, 그 원점을 기준으로 점 A를 표시한다. A가 원점에서 얼마나 떨어져 있는지, 원점의 앞에 있는지 뒤에 있는지에 따라 플러스와 마이너스 기호로 나타낼 수 있다. 여기서 부호는 원점을 기준으로 화살표가 가리키는 방향으로 점이 위치해 있으면 플러스, 반대 방향에 위치해 있으면 마이너스로 나타낸다. 일반적으로 수직선 방향은 왼쪽에서 오른쪽 방향(→)으로 플러스가 된다. 원점은 기준점이기 때문에 위치와 거리가 없는 0의 값을 갖는다.

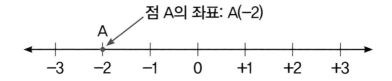

점 A의 좌표: A(−2)

수직선 위의 좌표는 원점을 기준으로 점 A가 앞에 있는지 뒤에 있는지 값을 통해 알 수 있다. 그런데 점 A는 원점의 앞과 뒤뿐만 아니라 수직선 밖의 위와 아래에 위치할 수도 있다. 이 경우 앞-뒤와 마찬가지로 위-아래의 위치를 정의할 수 있는 또 다른 하나의 축이 필요하다. 이때 위-아래의 방향을 나타내는 축을 세로로 추가하게 된다. 일반적으로 이 화살표는 아래에서 위로 가는 방향(↑)을 플러스로 사용하며, 원점을 지나도록 가로로 그려진 화살표에 대해 수직으로 그린다.

이 2개의 수직선을 '좌표축'이라고 하며, 각각의 방향을 구별하기 위해 보통 가로축은 x축, 세로축은 y축으로 정한다. 물론 x축과 y축은 필요에 따라 이름이 바뀔 수 있다. 이러한 2개의 좌표축으로 인해 점 A는 앞-뒤, 위-아래의 위치를 나타낼 수 있다. 이렇게 2개의 좌표축으로 인해 생기는 영역을 '좌표평면'이라고 한다.

좌표의 수학적 기호는 문자 옆의 괄호 안에 가로축 x축 방향의 위치, 세로축 y축 방향의 위치를 순서대로 쓴다. 즉 다음과 같이 나

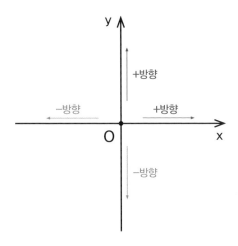

타낸다.

A(x축 방향의 위치, y축 방향의 위치)

이를 일반화하면 임의의 점 P가 좌표평면 위의 원점에서 x축 방향으로 a만큼, y축 방향으로 b만큼 떨어져 있을 경우 기호 P(a,b)로 나타낸다.

다시 정리하면 좌표평면이란 가로축인 x축과 세로축인 y축 2개로 이뤄진 평면을 말한다. 좌표평면이 생김으로써 추상적으로만 생각했던 도형인 직사각형, 정사각형, 곡선, 원 등을 좌표평면에 도입해 정확한 위치와 길이, 모양을 정하고 측정이 가능하고 식을 도출할 수 있게 되었다.

우리가 보통 초등학교와 중학교에서 배우는 도형에 관한 내용으로 도형의 성질과 그 성질의 특징을 생각하는 것이 유클리드 기하학이다. 해석기하학은 좌표와 직선의 방정식과 함수를 바탕으로 도형을 좌표 위에 표현하고 그것을 식으로 구현하는 것이다. 고등학교 과정에서는 중심이 원점이고 반지름이 r인 원을 좌표평면 위에 나타낸 뒤 원의 방정식 $x^2+y^2=r^2$으로 나타낸다.

사분면이란 좌표평면이 좌표축에 의해 4개의 영역으로 나뉜 것을 말한다. 좌표평면 위의 점의 좌표가 플러스인지 마이너스인지에 따라 점이 어떤 영역에 속해 있는지 구분할 수 있다. 4개의 영역으로 나뉘었기 때문에 사분면이라 하며 각 영역을 제1사분면, 제2사분면, 제3사분면, 제4사분면으로 부른다. 각 사분면은 아래와 같은 조건에 따라 정의된다.

제1사분면: x축의 좌표가 +, y축의 좌표가 +

제2사분면: x축의 좌표가 −, y축의 좌표가 +

제3사분면: x축의 좌표가 −, y축의 좌표가 −

제4사분면: x축의 좌표가 +, y축의 좌표가 −

이를 좌표평면으로 보면 좌표축에 의해 나눠진 4개의 영역 가운데 오른쪽 위의 영역을 제1사분면이라고 하고 반시계 방향으로 제

▎ 사분면의 개념

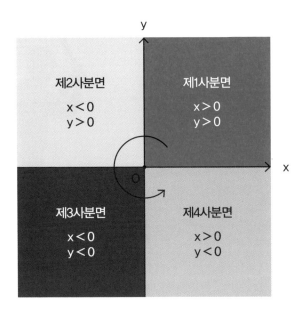

2사분면, 제3사분면, 제4사분면으로 부른다.

스트라이크 존을 4분할(사분면)로 생각해보자. 타자를 기준으로 4개의 영역(몸쪽 높은 코스, 몸쪽 낮은 코스, 바깥쪽 낮은 코스, 바깥쪽 높은 코스)으로 나눌 수 있다. 다만 현장에서는 보통 스트라이크존을 9분할(구분면)로 세분화한다.

야구에서 투수가 던질 수 있는 볼카운트는 모두 몇 가지가 있을까? 노볼 노스트라이크(0B-0S)에서 시작해서 쓰리볼 투스트라이크(3B-2S)까지 총 12가지 경우의 수가 있다. 볼 4가지(0B, 1B, 2B,

┃ 9분할(구분면) 스트라이크존

바깥쪽 높은 코스	가운데 높은 코스	몸쪽 높은 코스
바깥쪽 가운데 코스	한가운데	몸쪽 가운데 코스
바깥쪽 낮은 코스	가운데 낮은 코스	몸쪽 낮은 코스

3B), 스트라이크 3가지(0S, 1S, 2S)가 나오기 때문에 $4 \times 3 = 12$다.

하우스도르프 차원

참고로 하우스도르프 차원으로 데카르트가 정의한 차원을 설명할 수 있다.

$$N = r^D$$
$$D = \log N / \log r$$

수학자 펠릭스 하우스도르프(Felix Hausdorff)는 어느 도형의 길이가 r배 늘어남에 따라 길이나 넓이, 부피 같은 크기(N)가 D배 증가하면 그 'D'를 차원이라고 정의했다.

쉽게 풀어서 설명하면 1차원 직선에는 길이만 존재한다. 길이가 2배 늘어나면 전체 길이도 2배 늘어난다. 즉 '$2=2^1$'이다. 그래서 1차원이다. 2차원 평면에는 넓이가 존재한다. 길이가 2배 늘어나면 전체 넓이는 4배 늘어난다. 즉 '$2=2^2$'다. 그래서 2차원이다. 3차원 공간에는 부피가 존재한다. 그래서 2배 늘어나면 전체 부피는 8배 늘어난다. 즉 '$2=2^3$'이다. 그래서 3차원이다.

점으로 표현되는 0차원은 길이, 면적, 부피가 모두 없다. 그러므로 위치를 표시할 수 있는 좌표축이 존재하지 않는다.

1차원은 하나의 축만 존재하며 길이는 있으나 면적과 부피는 없다. 직선 위의 위치는 하나의 좌표로만 표시한다. 1차원에서는 좌 또는 우에서 '하나'만 선택할 수 있다.

2차원은 평면으로 길이와 면적은 있지만 부피는 없다. 평면상에서의 위치는 직교하는 가로축과 세로축 2개의 좌푯값으로 나타낸다. 2차원에서는 가로에서 좌 또는 우 중 하나를, 세로에서 위 또는 아래 중 하나를 골라 2가지 선택할 수 있다.

▎1·2·3차원의 구분

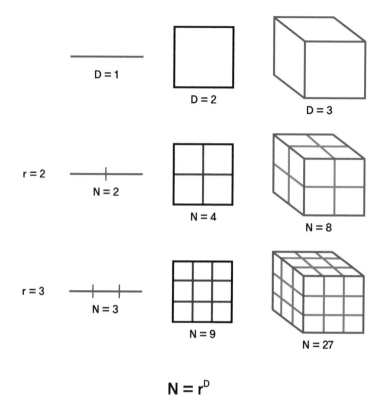

공간인 3차원은 길이, 면적, 부피를 모두 가지며 가로축과 세로축에 수직인 또 다른 축까지 총 3개의 좌푯값으로 위치를 표현할 수 있다. 3차원에서는 가로에서 좌 또는 우 중 하나를, 세로에서 상 또는 하 중 하나를, 높이에서 상 또는 하 중 하나를 골라 총 3가지를 선택할 수 있다.

알베르트 아인슈타인(Albert Einstein)의 상대성이론에 따라 새롭게 등장한 것이 4차원 시공간에 대한 개념이다. 즉 '4차원 시공간=3차원 공간+시간이라는 물리량'이란 개념이다. 상대성이론에 의하면 빛의 속도에 근접할 만큼 빠른 속도를 가진 물체나 블랙홀처럼 중력이 매우 큰 공간에서는 시간이 다르게 흘러가며, 시간과 공간이 서로 연결되어 있다고 본다. 따라서 시간의 축은 상대성이론에 의해 새로운 의미를 가진 좌푯값이 될 수 있었으며, 우리는 4차원 시공간에 대해 생각할 수 있게 되었다.

이해할 수 없는 차원을 이해하기 위해서는 '프랙털(Fractal)'이라는 수학 용어를 이해해야 한다. 프랙털이라는 용어는 폴란드 출신 수학자 브누아 망델브로(Benoît Mandelbrot)가 1975년 자신의 저서 『자연의 프랙털 기하학』에서 처음 사용했다. 프랙털이란 일부분을 아무리 확대해도 그 구조가 확대하기 전과 같은 모양, 즉 반복과 자기 닮음이라는 성질을 지닌 도형이다. 프랙털의 특징은 단순한 구조가 끊임없이 반복되는 '순환성'과 자기와 비슷한 전체 구조를 만드는 '자기 유사성'이다.

카오스(Chaos)는 컴컴한 텅 빈 공간, 곧 혼돈(混沌)을 뜻한다. 카오스 이론은 1900년대 물리학계에서 3체 문제, 난류 및 천체 문제 등의 비선형 동역학을 연구하는 과정에서 출발했다. 1961년 미국의 기상학자 에드워드 로렌츠(Edward Lorenz)가 기상모델을 연구하면서 나비효과(Butterfly effect)를 발표해 이론적 발판을 마련했

| 프랙털 구조의 예시

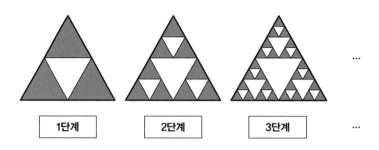

1단계　　　2단계　　　3단계　　　...

고 현재까지도 활발하게 연구되고 있다.

나비효과는 중국 베이징에 있는 나비의 날갯짓이 다음 달 미국 뉴욕에서 폭풍을 발생시킬 수도 있다는 비유로, 지구상 어디에선가 일어난 조그만 변화가 예측할 수 없는 변화무쌍한 날씨를 만들어낼 수도 있다는 것을 말한다. 로렌츠의 이러한 생각은 기존의 물리학으로는 설명할 수 없는 이른바 '초기 조건에 민감한 의존성', 곧 작은 변화가 결과적으로 엄청난 변화를 일으킬 수 있다는 사실을 보여준다.

안정적으로 보이면서도 안정적이지 않고, 안정적이지 않은 것처럼 보이면서도 안정적인 여러 현상을 설명하고, 겉으로 보기에는 한없이 무질서하고 불규칙해 보이면서도 나름대로 어떤 질서와 규칙성을 가지고 있는 여러 현상을 설명하려고 하는 것이 카오스 이론이다. 투수의 피칭 맵에서 투구된 좌표도 일정 부분에 몰려 있거나 규칙성을 보일 수 있는데 이것도 하나의 카오스 현상이라고 말할 수 있다.

투수의 피칭맵은 3차원의 현상을 2차원으로 표현한 대표적인 사례다. 이때 주로 쓰이는 것이 원근법이다. 원근법이란 3차원의 풍경이나 물체를 눈에 보이는 것처럼 편평한 종이에 표현하는 것을 말한다. 르네상스 시대의 화가들은 그리드(격자)를 댄 광학기구를 사용해 3차원의 그림을 그렸다.

원근법을 잘 표현하는 방법은 표현하고자 하는 3차원 공간의 한 점에서 가상의 직사각형, 즉 화폭을 지나서 관찰자의 눈에 이르는 빛의 움직임을 그려보는 것이다. 이 방법은 물체를 실제로 보이는 것처럼 나타내는 것이므로 물체가 관찰자로부터 멀어지면 작아지고, 가까워지면 커진다. 그리고 시선과 같은 방향으로는 물체의 차원이 시선에 수직한 방향의 차원보다 상대적으로 더 작아진다. 즉 표현하고자 하는 물체는 시점과 시선의 방향에 따라 입체적인 물체가 평면 위에 표현되면서 차원이 2차원으로 나타나고, 그 모양이 원래의 모습과 다르게 나타난다.

원 모양이었다고 해도 시점과 시선의 방향에 따라 타원 모양으로 보인다. 그리고 직사각형의 경우는 대부분은 사다리꼴로 보인다. 또 다른 특징은 철도나 전봇대 등의 그림에서 보이듯이 지평선이 나타나게 된다. 이 직선은 관찰자의 눈과 정반대에 있는 무한히 멀리 있는 물체들을 표현한 것이다. 이 지평선의 각 점들은 무한히 멀리 있는 것들이다. 따라서 평행선을 포함하고 있는 그림을 그리

게 되면 평행선이 만나는 점이 생기고 이를 소실점(Vanishing point)
이라고 한다. 소실점의 수에 따라 1점 투시, 2점 투시, 3점 투시 등
이 있다.

원근법을 효과적으로 표현하고 계산하기 위해서 기존의 수학적
방법을 이용해 원근법을 체계적으로 이해할 수 있다고 생각한 레
온 알베르티(Leon Alberti)는 1435년 회화에서 거리감을 표현하는
적절한 방법에 관한 이론서『회화에 대하여(De pictura)』를 썼다. 직
교 사영이론을 확립하고 두 닮은 삼각형을 이용해서 서로 거리가
다른 물체의 화폭에서의 높이를 계산했다.

이와 같은 원근법에 대한 수학적 탐구에 의해 사영기하학이 나
타나게 되었다. 사영기하학은 점과 직선과의 관계에 대한 탐구에
서 시작되었으며, 이는 쌍대성(Duality)의 원리로 표현된다.

일상적인 시각에서 볼 때는 그림에 나타난 대상의 모습이 뒤틀
려 보이지만 특별한 각도에서 보거나 곡면 거울에 비추어 보면 왜
곡이 사라지고 그림 속의 모습이 정상적으로 보이도록 그리는 원
근법을 왜상화법(Anamorphosis)이라고 한다.

3차원 공간에 존재하는 도형 또는 입체를 2차원 평면에 나타내
는 방법을 연구하는 학문을 입체도학이라고 한다. 그리고 공간에
있는 도형 또는 입체를 평면 위의 도형으로 나타낸 그림을 투영도
하고 한다.

메르카토르 도법(Mercator projection)은 네덜란드의 지리학자 게

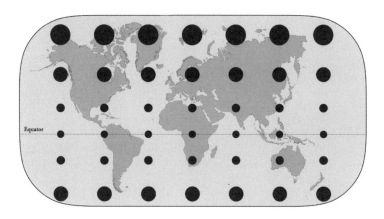

메르카토르 도법으로 그린 세계지도. 적도에서 멀어질수록 크기가 왜곡된다.

라르두스 메르카토르(Gerardus Mercator)가 고안한 지도 투영법이다. 원통도법이라고도 하는데, 지도의 적도가 접하도록 원통 안에 넣고 지구 안에서 불을 밝혀 원통에 나타낸 그림자를 펼쳐 평면지도로 나타내는 것을 이른다. 원통도법에서는 광원이 구의 중심에 있을 때 적도에서 멀어질수록 왜곡되는 부분이 커진다. 원통도법의 왜곡을 조정하기 위해 원통도법에서 위선의 간격을 조정한 도법으로, 구면을 평면에 그림으로 나타내어 두 점을 이은 선은 지구 경선에 대해 항상 같은 각도를 유지한다는 특징 때문에 등각 항로용 지도로 항해에 널리 이용되었다. 대항해시대 이후 전문가와 대중을 막론하고 가장 보편적인 지도 투영법으로 자리 잡았다.

　메르카토르 도법은 특징상 적도에서 먼 지역일수록 면적이 실제보다 커지는 현상이 일어난다. 이러한 면적의 왜곡은 극 부분에 가까운 고위도 지역이, 적도와 가까운 저위도 지역보다 더 크고 넓게 묘사된다. 적도 부근은 거의 정확하게 투영되지만 극 부분은 그렇지 않다. 실제로 그린란드와 아프리카가 거의 같은 크기로 보이는데 아프리카의 면적은 그린란드의 14배에 달한다.

18세기 후반의 제도공이자 수학자 가스파르 몽주(Gaspard Monge)는 풍경과 건물을 측량하고 그것을 지도로 정확하게 옮기는 기법을 만들어냈다. 그 과정에서 현대 공학과 건축학의 기초를 이루는 사영기하학 분야를 창안했다.

투영도의 원리는 입체의 그림자를 3개의 평면에 비춰서 그 평면을 잘라 펼쳐서 나열하는 것으로, 이를 통해 3차원의 공간이 2차원의 평면이 된다. 그 입체를 보는 시각에 따라서 입화면, 평화면, 측화면이라고 하는데 정투상법에 사용된다.

평화면은 입화면의 위쪽에 수평으로 놓여 있는 투상면이며, 이 평화면에 투상된 정투상도를 평면도(Top view)라 한다. 입화면은 물체의 특징을 가장 잘 나타낼 수 있는 쪽에 수직으로 세워진 투상면이며, 이 입화면에 투상된 정투상도를 정면도(Front view)라 한다. 측화면은 입화면의 오른쪽 또는 왼쪽에 세워진 투상면이며, 측화면에 투상된 정투상도를 측면도(Side view)라 한다.

입화면, 평화면, 측화면은 서로 직각으로 연결되어 있다. 평화면과 측화면을 입화면과 같은 평면이 되도록 회전시키면 정면도, 평면도, 측면도가 하나의 평면 위에 놓이게 된다. 이것은 제도용지에

┃ 3개의 투상면

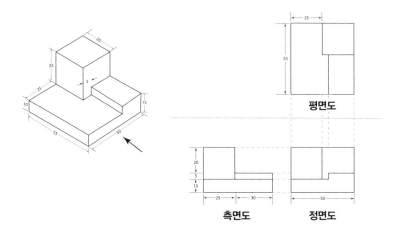

정투상도를 그릴 때 정면도와 평면도, 정면도와 측면도의 모든 대응점이 일직선 위에 있어야 한다는 것을 의미한다. 정면도, 평면도, 측면도는 서로 다른 물체를 나타낸 것이 아니라 하나의 물체를 각각 다른 방향에서 투상한 것이다.

베이스
크기 변화

KBO는 선수(수비수, 주자)의 부상 발생 감소, 도루 시도 증가를 통한 보다 박진감 넘치는 경기를 선보일 수 있도록 2024시즌부터 베이스 크기를 확대했다. MLB가 2023년에 베이스 크기를 기존의 15인치(38.1cm)에서 18인치(45.72cm)로 키웠는데 KBO가 이를 벤치마킹한 것이다. 수비수와 주자가 함께 베이스를 밟을 때 베이스가 작으면 발끼리 부딪치거나 주자가 베이스 끝부분을 밟아 부상을 당하는 경우가 발생할 수 있다.

베이스 크기가 커지면 도루 성공률이 높아지게 된다. 홈플레이트와 1루, 3루 간 거리가 10.16cm 줄어들었고 1루, 2루, 3루 간 거리도 11.43cm 감소했다. 대부분의 도루가 간발의 차이로 성패가

갈리는 만큼 도루 성공률이 올라갈 것으로 보인다.

이론적으로 주자의 달리기 기록이 12초라고 가정했을 때 1루에서 2루까지의 소요시간은 약 3.3초, 준비 동작과 슬라이딩 시간은 약 0.7초다. 따라서 도루에 걸리는 시간은 약 4초라고 한다. 투수가 던진 공이 포수 미트에 도달하기까지 약 1.35초, 포수가 2루로 공을 던지기까지 약 2초가 필요하기 때문에 수비 시 소요되는 시간은 약 3.35초다. 이론적으로는 도루 성공 가능성은 제로에 가깝다고 할 수 있다. 하지만 야구선수는 기계가 아니기 때문에 실수가 나올 수 있다. 주자는 투수의 투구 타이밍과 구종 선택, 카운트 상황, 포수의 능력 등을 가늠하고 활용해 도루에 성공한다.

도루의 손익분기점

빌 제임스는 "도루 성공률이 70% 이하라면 절대로 시도하지 말라"고 주장했다. 야구 기록을 분석한 『더 북(The Book)』에서는 성공률 72.7%를 도루의 손익분기점으로 분석했다. 이 책은 1999년부터 2002년까지 메이저리그 기록을 토대로 주자가 1루에 있는 상황에서 도루를 성공하면 평균 0.175점을 더 얻을 수 있지만, 실패하면 0.467점이 깎인다고 봤다. 따라서 도루 성공률에 따른 손익분기점은 72.7%라고 설명했다. 손익분기점을 계산하는 공식은 다음과 같다.

$$\frac{도루\ 성공\ 시\ 기대득점\ 상승량}{도루\ 성공\ 시\ 기대득점\ 상승량\ +\ 도루\ 실패\ 시\ 기대득점\ 하락량}$$

2016년 한국통계학회에서 발간한 『응용통계연구』에 게재된 '한국 프로야구 경기에서 기대득점과 기대승리확률의 계산' 논문에 따르면, 무사 주자 1루에서 도루에 성공하면 0.216점을 기대할 수 있지만 실패하면 0.775점을 잃는다고 분석했다. 이때 도루의 손익분기점은 성공률 78.2%가 된다. 1사 주자 1루에서는 76.1%, 2사에서는 68%로 떨어진다. 분석 방식에 따라 다소 차이가 있지만 도루의 손익분기점은 성공률 70% 전후가 된다.

이와 달리 발야구 애호가인 염경엽 감독(현 LG 트윈스)은 도루의 손익분기점이 65%라고 주장했다. 2023년 4월, 염경엽 감독은 "보통은 도루 성공률이 75%는 돼야 이득이라고 하지만 나는 65% 성공률이라면 나머지 10%는 다른 부가적인 영역에서 효과를 찾을 수 있다고 생각한다"라고 말했다. 그가 주목한 나머지 '10%'는 상대 팀 배터리를 포함한 수비수들을 복잡하게 만들어 아군의 공격을 유리하게 만드는 것이다. 투수와 포수를 비롯해 상대 수비수들이 주자의 도루 여부를 고민하게 함으로써 상황을 유리하게 이끌 수 있다는 이론이다. 이는 기존의 통계적 분석과는 배치되지만 현

최근 10년간 도루 성공률

연도	도루 시도	도루 성공	도루 성공률(%)
2015년	1,728	1,202	69.6
2016년	1,605	1,058	65.9
2017년	1,185	778	65.7
2018년	1,338	928	69.4
2019년	1,416	993	70.1
2020년	1,269	892	70.3
2021년	1,335	941	70.5
2022년	1,257	890	70.8
2023년	1,437	1,040	72.4
2024년	1,549	1,152	74.4

장의 경험에서 우러나온 의견이다.

어쨌든 현장에서는 도루 성공률이 75%가 넘지 않으면 도루가 경기에 해가 되고, 부상 우려 때문에 고액 연봉자는 도루를 자제해야 된다는 논리가 우세했다. 이런 가운데 베이스 크기가 확대되었고, 앞으로 도루 성공률이 높아지고 부상 위험도가 낮아짐에 따라 발 빠른 타자들의 가치가 올라갈 것으로 예상된다. 종전에는 홍창기(LG 트윈스)처럼 발이 빠른 편이 아니지만 OPS가 높은 타자가 1번 타자로 중용되기도 했는데 여기에도 변화가 생길 가능성이 있다. 향후 KBO리그는 뻥야구(장타 야구) 대신 발야구의 시대가 돌아올 수도 있다.

10구단 144경기 체제가 정착된 2015년 이후 도루 수는 감소 후 등락을 보이다가 2023년부터 다시 증가하고 있으며, 도루 성공률은 2018년부터 2024년까지 8시즌 연속 상승하고 있다. 특히 베이스 크기가 확대되면서 2024년은 도루 성공률이 전년 대비 2%p 올랐다.

수비 시프트
제한

KBO는 보다 공격적인 플레이를 유도하고 수비능력 강화를 위해 2024시즌부터 수비 시프트를 제한했다. MLB가 2023년부터 시행한 것을 KBO가 1년 만에 벤치마킹한 것이다.

투수가 투구판에 올라가 있을 때 내야수 4명이 모두 흙으로 된 내야 부분에 있어야 하며, 2루를 기준으로 양쪽에 내야수가 2명씩 위치해야 한다. 이닝 도중 내야수끼리의 포지션 변경도 금지된다. 이에 따라 내야수가 외야수 위치에 서 있고 2루를 기준으로 한쪽에 내야수가 3명 서 있는 진기한 장면은 이제 볼 수가 없게 되었다. 내야수가 2루를 기준으로 한쪽에 1명이 더 있느냐 덜 있느냐 차이가 안타 확률에 큰 영향을 미치는데, 극단적인 수비 시프트를 막으

▌변화된 수비 시프트 규정

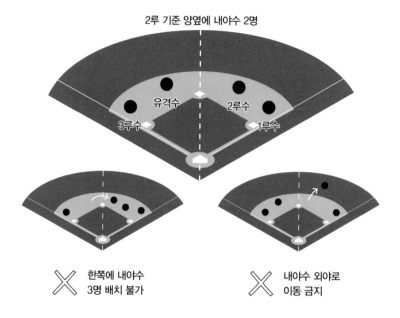

2루 기준 양옆에 내야수 2명

유격수
2루수
3루수
1루수

✕ 한쪽에 내야수
3명 배치 불가

✕ 내야수 외야로
이동 금지

면서 타자들, 특히 당겨치기 일변도의 좌타자에게 유리해졌다.

KBO리그에서 수비 시프트로 단연 두각을 나타낸 선수는 고영민(현 롯데 자이언츠 코치) 선수였다. 고영민은 2002년부터 2016년까지 두산 베어스에서 2루수로 주로 활약했다. 2007년, 2008년 2년 연속 한국시리즈에서 SK 와이번스와 두산 베어스가 격돌했는데 당시 두산 베어스 2루수 고영민의 수비 범위가 무척이나 넓어 화제가 되었다. 고영민은 타석에 들어선 상대 팀 타자의 주력이 느리면 일반적인 2루수 위치보다 더 외야 쪽으로 빠져 있는 독특한 시프트를 보여주며 2익수(2루수+우익수)라는 신조어를 만들어냈다. 우측 외야로 빠져나갈 안타성 타구를 우익수 근처에서 잡아 1루에 아웃을 시키곤 한 것이다.

1980년대와 1990년대에 걸쳐 KBO리그에서 강타자로 이름을 날렸던 3명의 감독이 변형 시프트를 시도해 화제를 모으기도 했다. 유승안(통산 92홈런), 이만수(통산 252홈런), 김기태(통산 249홈런)가 그들이다.

2004년 6월 25일, 한화 이글스 유승안 감독은 두산 베어스와의 잠실 원정경기 8회말 1사 만루 3점차 뒤진 상황에서 더 이상의 추가 실점을 내주면 경기가 어렵다고 판단했다. 상대 팀 타자로부터 내야 땅볼을 유도해 이닝을 끝내려고 좌익수였던 이영우를 1루로 보내 5인 내야 시프트를 사용한 것이다. 결과는 대실패. 상대 타자 최경환이 좌익선상 2루타로 2득점에 성공하면서 승부에 쐐기를 박았다.

2013년 4월 14일, SK 와이번스 이만수 감독은 NC 다이노스와의 마산 원정경기 9회말 1사 만루 끝내기 위기에서 중견수 김강민을 2루로 불러 내야에만 5명의 선수를 배치했다. 공이 외야로 뜨면 희생플라이로 경기가 끝날 수 있기 때문에 내야 땅볼을 유도해 홈에서 승부를 보거나 병살로 연결시키겠다는 계산이었다. 이 역시 결과는 대실패. NC 다이노스 타자 박으뜸은 SK 와이번스 투수 송은범 앞으로 기습적인 번트를 댔다. 3루 주자 김종호가 이미 스타트를 끊은 상황에서 여유 있게 홈으로 들어와 경기가 허무하게 끝났다. SK 와이번스 수비는 상대 팀 NC 다이노스의 스퀴즈를 예상하지 못했다.

2015년 5월 13일, KIA 타이거즈 김기태 감독은 KT 위즈와의 광주 원정경기 9회초 2사 2, 3루의 위기에서 3루수 이범호를 포수 뒤에 서도록 지시를 내렸다. 김기태 감독은 투수에게 고의사구를 지시했는데 고의사구 과정에서 악송구가 생길 경우를 대비한 것이다. 누구도 상상할 수 없는 기발한 수비 시프트였다. 하지만 이 시프트는 심판의 저지로 무산되었다. 규칙 위반이기 때문이다. 야구 규칙 4.03항에 따르면 '경기 시작 때 또는 경기 중 볼 인플레이가 될 때 포수를 제외한 모든 야수는 페어지역에 있어야 한다'고 규정하고 있다. 3루수 이범호가 파울 지역인 포수 뒤에 서 있는 것은 허용될 수 없었다.

이상 세 차례 수비 시프트는 일회성으로 기지를 발휘한 사례다. KBO리그에서 본격적으로 수비 시프트가 적용된 건 2017년 트레이 힐만 감독의 SK 와이번스 시절이었다. 야구의 본고장인 미국 메이저리그에서 극단적인 수비 시프트를 경험한 힐만 감독은 2017년 SK 와이번스 감독으로 부임한 첫 해, 2월 스프링캠프에서 구단에 수비 시프트를 제안했다. 당시 구단은 수비 시프트를 연구하고 준비하던 상황이어서 이를 뒷받침할 수 있었다.

이전 3명의 감독은 본인의 감으로 수비 시프트를 시도했지만, 한

시즌 내내 수비 시프트를 적용하기 위해서는 구단에서 상대 타자들의 타구 방향 데이터를 충분히 갖고 있어야 한다. 그래야 수비코치가 수비수들을 최적의 위치에 옮겨놓을 수 있다. 여기에 수비 시프트에 대해 거부감이 있는 투수들을 충분히 이해시켜야 된다. 야수가 평소 수비 위치에 서 있으면 충분히 아웃시킬 만한 타구가 수비 시프트로 안타 처리가 되면 투수들은 불만이 생긴다. 힐만 감독은 투수들을 불러 개별로 설득시키는 작업을 지속적으로 했고, 재임 2년간 수비 시프트 덕분에 경기에서 많은 아웃을 잡을 수 있었다. 2018년 우승한 SK 와이번스의 원동력의 한 축에 수비 시프트가 있었다.

이 밖에 카를로스 수베로 감독이 2021년 한화 이글스 감독으로 부임하면서 3년 만에 KBO리그에서 다시 극단적인 수비 시프트를 볼 수 있었다. 그러나 외국인 감독이 떠나고 나서 KBO리그에서는 당겨치기 일변도의 좌타자가 타석에 서는 경우에만 극단적인 수비 시프트를 볼 수 있었다. 이마저도 2024년부터 수비 시프트 제한 규정이 적용되면서 사라졌다.

야구공과
홈런

핵심은
반발계수

야구는 야구공과 배트, 글러브를 기본적으로 갖춰야 한다. 이 중 야구공은 KBO 경기사용구에 적합한 공인구가 따로 있다. 규정에 따르면 실밥은 108개로 이뤄져 있고, 둘레는 229~235mm, 중량은 141.7~148.8g이어야 한다. 경기사용구의 경우 겉은 최상등급 소가죽으로 감싸여 있고, 내부는 코르크와 고무 소재의 속심을 중심으로 굵은 실-중간 굵기 실-가는 실 순으로 감겨 있다.

야구공에서 중요한 부분은 반발계수(물체의 충돌 전후 속도의 비율)다. 반발계수가 너무 높으면 가볍게 맞아도 쭉쭉 뻗어나가는 소위 '탱탱볼'이 되고, 반대로 너무 낮으면 아무리 쳐도 장타가 나오지 않는다. 이 반발계수는 리그 사무국에서 지정하는데 MLB(0.3860~0.4005), NPB(0.4034~0.4234), KBO(NPB와 동일), CPBL(0.550~0.570)이 제각각이다.

2018년 KBO리그는 극심한 타고투저(타자의 성적은 높고, 투수의 성적은 낮음) 현상이 발생했다. 리그 전체적으로 홈런이 1,756개로 2017년보다 209개나 늘어났고, 예년 같으면 홈런왕이 되었을 수치인 40개 이상 홈런을 친 타자가 5명이나 되었다. 이에 따라 2019년 KBO는 공인구 반발계수 기준을 0.4134~0.4374에서 NPB 기준인 0.4034~0.4234로 하향 조정했다.

공인구의 반발력을 줄이자 기대대로 타고투저 현상이 완화되고 홈런이 크게 줄었지만(2019시즌 홈런 1,014개), 리그는 흥행 부진을 면치 못했다. 2018년 800만 명에 달했던 관중이 720만 명까지 하락한 것이다. 공인구의 반발계수 하향 조정이 리그 흥행의 악재가 되었다.

2024시즌은 2018시즌에 버금가는 '탱탱볼 시대'라는 평가가 나왔다. KBO가 매년 공인구 수시검사를 실시하는데, 2024년 공인구의 반발계수는 1차 수시검사 기준 2023년 0.4175에서 2024년 0.4208으로 0.0033이 상승했다. 보통 반발계수가 0.001 높아지면 타구 비거리가 약 20cm 늘어나는 것으로 알려져 있다. 그 영향 때

2018년 11월 12일 한국시리즈 6차전 연장 13회초, 결승 홈런을 친 한동민 선수의 모습

문인지 2024년 KBO리그는 홈런 개수가 전년 대비 514개 늘었다.

홈런 개수가 늘면서 관중 역시 278만 7,379명 증가했다. 공인구 반발계수를 하향 조정한 2019년과는 정반대 현상이다. 2025년 공인구 반발계수는 1차 수시검사 기준으로 0.4123이 나왔다. 전년도 대비 0.0085가 낮아졌다. 리그 홈런과 흥행에 어떤 영향을 미칠지 궁금하다.

홈런이 늘고 타고투저 현상이 심화되면 흥행이 잘되는 것일까? 야구 매니아가 아닌 일반 야구팬의 시각에서 볼 때 홈런이 터지는 경기가 드라마틱한 것은 사실이다. 일반적으로 극심한 타고투저 현상은 야구의 수준을 떨어트린다는 평가를 받는다. 이는 막장 드라마가 시청률이 높은 것과 비슷한 이치다.

공인구 반발계수와 리그 홈런, 총 관중

연도	반발계수(1차 기준)	리그 홈런	총 관중
2018년	0.4198	1,756	8,073,742
2019년	0.4247(불합격)	1,014	7,286,008
2020년	0.4141	1,363	코로나19
2021년	0.4190	1,158	코로나19
2022년	0.4061	1,085	6,076,074
2023년	0.4175	924	8,100,326
2024년	0.4208	1,438	10,887,705

야구공 모양의 변천사

야구공은 왜 8자 모양의 천 2개로 만들어졌을까? 초기 야구공은 레몬필(Lemon peel)이라고 불렸는데, 현재 우리가 알고 있는 8자 모양이 아닌 4개의 패널 형태로 되어 있다.

야구공에 대해 알아보기 전에 축구공과 배구공부터 살펴보자. 1970년 FIFA 월드컵 공인구는 텔스타였다. 텔스타는 멕시코가 개최한 1970년 FIFA 월드컵과 서독이 개최한 1974년 FIFA 월드컵의 공식 경기구로 아디다스가 제작했다. 1970년 FIFA 월드컵부터

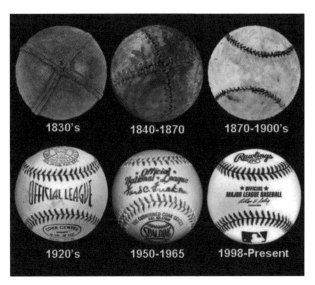

시대별 야구공의 변천사

공식 경기구 제도가 도입되었는데, 이때 사용된 최초의 공식 경기

구다. 1970년 월드컵이 최초로 위성 생중계되면서 '텔레비전 속의

별'이라는 뜻의 텔스타라는 이름을 얻었다. 12개의 검은색 오각형

과 20개의 흰색 육각형 조각들로 이뤄져 있는 이 디자인은 탱고와

함께 대표적인 형태의 축구공 디자인이다.

축구공은 정오각형 12개와 정육각형 20개로 이뤄진 입체도형이

다. 정이십면체의 꼭지점에는 정삼각형 5개가 모여 있는데 각 모

서리를 3등분하고 그 지점을 잘라내면 깎은 정이십면체를 만들 수

있다.

▎깎은 정이십면체 형태의 축구공

정이십면체

정이십면체의 꼭짓점을
깎는 과정

깎은 정이십면체

　배구공은 어떨까? 둥글고 전통적으로 거의 직사각형에 가까운 인조 가죽 또는 천연 가죽 패널 18개로 구성되어 있다. 각각 3개의 패널로 구성된 6개의 동일한 섹션으로 배열되어 주머니를 감싸고 있다. 즉 육면체와 모양이 일치한다.

　다각형으로 이뤄진 면으로 둘러싸인 입체도형을 다면체라고 한다. 각 다면체의 중심을 꼭짓점으로 하는 새로운 다면체를 원래 다면체의 쌍대다면체라고 한다. 정다면체는 모든 면이 합동인 정다각형이고, 각 꼭짓점에 모인 면의 개수가 같은 다면체다. 종류는 총 5개로 정사면체, 정육면체, 정팔면체, 정십이면체, 정이십면체가 있다. 이 중 정육면체의 쌍대다면체는 정팔면체다.

　일정한 형태의 도형들로 평면을 빈틈없이 채우는 것을 테셀레이션(Tessellation)이라고 한다. 이러한 형태로 구를 빈틈없이 채우는 것을 '구 테셀레이션'이라고 한다. 즉 구면기하학과 테셀레이션을

| 정육면체의 전개도

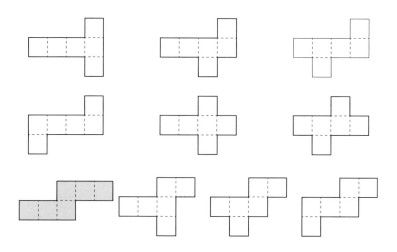

융합시킨 것이다.

구 테셀레이션이 적용된 정사면체, 정육면체, 정팔면체를 관찰해 보면 야구공이 왜 8자 형태로 만들어졌는지 알 수 있다. 정육면체의 전개도를 보자. 전개도에서 3칸이 일직선으로 붙은 것을 기준으로 생각해보자. 색을 칠한 전개도를 3칸의 정사각형으로 2개로 나눠서 그것의 모양을 8자형(땅콩) 모양으로 바꾼 다음, 2개를 연결해서 구의 형태로 만든 것이 야구공의 모양이다.

그럼 여기서 문제. 반지름의 길이가 4cm인 야구공의 겉면은 8자형 모양의 두 조각으로 이뤄져 있다. 이때 한 조각의 넓이를 구해보자.

구의 겉넓이의 절반을 구하면 되므로 식은 다음과 같다.

$$\frac{4 \times \pi \times 4^2}{2} = 32\pi$$

야구수학 토크 콘서트

야구는 기록의 스포츠다. 그래서 수학이나 통계학과 연관성이 깊다. 야구와 수학의 만남으로 수학이 '어렵다'는 고정관념을 완화시킬 수 있는데, SK 와이번스(현 SSG 랜더스)의 주도로 '야구수학 토크 콘서트'가 열린 바 있다.

2018년 7월 18일, SK 와이번스는 NC 다이노스와의 홈경기를 앞두고 야구수학 토크콘서트를 열었다. 프로야구단 SK 와이번스는 학생 관중으로 하여금 야구를 통해 수학과 친해지도록 만들고자 이 행사를 기획했다. 기대 이상으로 반응은 뜨거웠다. 당초 200명을 참가시키려는 계획을 세웠으나 682명이 참가 의사를 밝혀 행사 장소를 넓은 곳으로 옮겨야 했다. 수학이라는 과목 특성상 현장

2018년 SK 와이번스가 주최한 야구수학 토크 콘서트

체험학습의 기회가 부족하기 마련이고, 학생과 학부모가 동참하는 가족 행사로 두루 활용될 수 있어 일석이조의 효과를 거둘 수 있었다.

같은 해 9월에는 규모를 키웠다. '가을 시리즈'라는 제목 아래 초·중·고·대학교 과정별로 네 차례에 걸쳐 토크 콘서트를 진행했다. 대학생에게는 에이징 커브를, 고교생에게는 타율과 OPS 등의 기본 개념을 설명했다. 야구와 수학에 대한 친밀한 감정과 전문지식을 모두 챙길 수 있는 자리였다. 선수도 일일 강사로 참석했고, 치어리더 공연도 곁들여져 반응이 뜨거웠다.

특히 2018년 9월 12일 KT 위즈와의 홈경기를 앞두고 열린 고등학교 과정의 토크 콘서트는 강화여자고등학교 1·2학년 전교생 350명이 버스 8대를 대절해 참여하는 열의를 보였다. 인천 지역 6개 고등학교를 비롯해 청주 지역 고등학교까지 총 543명이 참가했다. 강의 내용으로는 수비 시프트와 수학의 확률에서 '배반 사건 (같이 일어날 수 없는 사건들)'이라는 개념을 접목시켰다.

SK 와이번스는 2019년에도 야구수학 토크 콘서트를 운영했다. 보다 많은 학생이 프로그램에 참여할 수 있도록 모든 홈경기로 확대해 운영했다. 수학나눔학교, 진로교육을 원하는 고등학교, 야구 경기 관람을 통한 현장체험활동이나 수학여행을 희망하는 학교 등 '학교 단위'로 운영했다. 수강 과목을 세분화하고 참가자들이 학습뿐만 아니라 야구장에서 보다 많은 추억을 만들 수 있도록 그라운드 포토타임 및 선수단 버스 투어 등을 패키지에 포함시켰다.

야구수학 토크 콘서트는 여러모로 유익한 이벤트였으나, 코로나19 팬데믹으로 인해 무관중 경기가 적용되면서 더 이상 진행되지 못했다. 이때 참가한 학생들이 이제 대학생이 되어 야구장의 핵심 관람층으로 성장했다.

7이닝:
미디어와 수학

매년 프로야구 개막전이 열리기 전에 MBC 스포츠 플러스, KBS N 스포츠, SBS 스포츠, 스포티비 등 중계 방송사 편성 담당자들은 한자리에 모인다. 당해 시즌 프로야구 중계 순번을 정하기 위해서다. 제비뽑기를 통해 방송사별로 1부터 5까지 숫자가 배정된다. SPOTV는 2개 채널에서 프로야구 중계를 하기 때문에 2번의 기회가 주어진다. 최근에는 제비뽑기 대신에 카카오톡 사다리타기 게임으로 중계 순번을 정하기도 했다.

기사 속의
수학

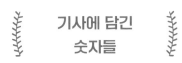

기사에 담긴
숫자들

'대장 독수리' 김태균의 은퇴식은 29일 대전한화생명이글스파크에서 SSG 랜더스전이 종료된 후 거행됐다. (…) 이번 은퇴 경기를 준비하면서 '86:52:1'의 슬로건을 내세웠는데 이 숫자들은 김태균이 세운 86경기 연속 출루 기록, 김태균의 등번호, 그리고 원클럽맨을 뜻한다.

2021년 5월 29일 〈뉴스1〉 기사다.

김태균 선수는 2020년 10월 21일에 현역 은퇴를 선언하고, 한화 이글스 구단은 이듬해인 2021년 5월 29일, 대전 한화생명이글스파크에서 공식 은퇴식을 열었다. 김태균 선수는 특별 엔트리에 등록되어 한화 이글스 유니폼을 입고 그라운드에 섰고, 한화 이글스 선수단은 김태균 선수의 프로 데뷔 당시 유니폼을 착용해 그의 은퇴를 기념했다.

김태균 선수 은퇴식 행사에서는 '86:52:1'이라는 숫자가 등장했다. 처음 본 사람은 이 숫자에 대해 의아했을 것이다. 86은 김태균 선수의 연속 출루 기록이고, 52는 김태균 선수의 등 번호이며, 1은 원클럽맨을 의미한다.

김태균은 2001년부터 2020년까지 18시즌 동안 2,014경기를 뛰면서 통산 타율 0.320, 2,209안타, 311홈런, 1,358타점의 성적을 남겼다. 여기에 2021년 은퇴 경기 1경기가 추가되어 통산 경기 수는 2,015경기가 되었다.

삼성은 2014년 5월 23~25일 대구 시민구장에서 벌인 3연전 싹쓸이 이후 무려 3,626일 만에 히어로즈전 3연전 스윕에 성공했다. 10년 전인 당시 키움의 구단명은 넥센 히어로즈였다.

〈스포츠타임스〉 2024년 4월 28일 기사다.

삼성 라이온즈는 2024년 4월 26~28일 키움 히어로즈와의 원정 경기에서 모두 승리를 거두면서 3,626일 만에 키움 히어로즈전 스윕을 따냈다. 삼성 라이온즈는 2014년 5월 23~25일 당시 넥센 히어로즈와의 홈경기에서 스윕을 거둔 바 있다.

이처럼 야구를 보다 보면 '○○일 만에 승리' '○○일 만에 홈런'과 같은 표현을 쉽게 볼 수 있다. 3,626일 대신 9년 11개월 3일이라는 표현도 간혹 사용한다. 그러나 기자들은 일 단위 숫자를 더 많이 활용한다.

3,626일을 연 단위로 환산하면 다음과 같다.

$$\frac{3{,}626일}{365일(1년)} = 약 9.93년$$

계산을 정확하게 하지 않고 근사적으로 값을 구하는 방법을 어림셈(Estimation)이라 한다. 이 방법으로 셈하면 9.93년이 아니라 10년이 될 수 있다. 이를 통해 계산이 복잡할 때 쉽고 빠르게 결과를 얻을 수 있다. 어림셈은 일상적인 상황에서도 매우 유용하며, 큰 수나 복잡한 계산을 빠르게 처리할 수 있게 도와준다.

어림셈에는 여러 가지 방법이 있다.

첫째, 반올림을 이용한 어림셈이다. 반올림은 주어진 숫자를 가장 가까운 10, 100, 1,000 등으로 반올림해서 계산을 간단하게 만드는 방법이다. 예를 들어 487을 100의 자리로 반올림하면 500이 된다. 1,374를 1,000의 자리로 반올림하면 1,000이 된다. 이 방법은 숫자를 간단하게 만들어 계산을 빠르게 할 수 있지만 정확도는 떨어질 수 있다. 대체로 결과를 빠르게 추정할 때 유용하다.

둘째, 근삿값을 이용한 어림셈이다. 근삿값을 이용한 어림셈은 어떤 값을 비슷한 값으로 간단하게 추정하는 방법이다. 예를 들어 0.98은 1로 근사할 수 있다. 또 4.7은 5로 근사할 수 있다. 이 방법은 실제 계산에 비해 빠르게 대략적인 값을 구할 수 있다. 특히 소수점 계산이나 길이가 긴 수를 다룰 때 유용하다.

셋째, 덧셈과 뺄셈을 이용한 어림셈이다. 큰 수의 덧셈이나 뺄셈에서 각 수를 반올림해서 더하거나 빼는 방법이다. 이 방법을 사용하면 수를 간단하게 만들어 빠르게 계산할 수 있다. 예를 들어 '38+63'을 반올림하면 '40+60'이 되고 100이란 결과를 쉽게 도출할 수 있다. '123-45' 역시 반올림해서 '120-50'으로 바꾸면 70이란 결과를 쉽게 도출할 수 있다. 이 방법은 덧셈이나 뺄셈을 할 때 숫자들을 근사시켜 수를 간단하게 만들어서 계산을 빠르게 하는 방법이다.

넷째, 곱셈과 나눗셈을 이용한 어림셈이다. 곱셈과 나눗셈에서 근삿값을 사용해서 계산을 단순화하는 방법이다. 예를 들어 '8×32'를 '8×30'으로 바꾸면 240이라는 값이 도출된다. '82÷41' 역시 '80÷40'으로 바꾸면 2라는 결과가 쉽게 도출된다. 이 방법은 곱셈과 나눗셈에서 정확한 값을 구하지 않고도 근삿값을 구할 수 있어 계산이 훨씬 빨라진다.

다섯째, 배수나 비율을 이용한 어림셈이다. 배수나 비율을 이용해서 대략적인 값을 구하는 방법이다. 이를 통해 비슷한 비율을 사용해 빠르게 결과를 추정할 수 있다. 예를 들어 15%는 10%+5%로 나누어 계산할 수 있다. 또 '250×6'은 '250×5+250'으로 나누어 계산할 수 있다. 이 방법은 복잡한 계산을 여러 단계로 나누어 계산할 수 있어 직관적이고 빠르다.

마지막 여섯째, 단위를 배수로 적당히 변환하는 방법이다. 예를 들어 길이, 무게, 부피 등의 단위를 쉽게 조정할 수 있다. '3.5m× 2m'는 '3×2=6²'으로 근사할 수 있다. 이 방법은 큰 단위나 복잡한 수치를 다룰 때 단위의 크기를 적당히 조정해 빠르게 계산할 수 있게 도와준다.

단위에도 여러 가지 변환방법이 있다.

5인치를 cm로 변환해보자. 1인치=2.54cm다. 양변에 5를 곱하면 5인치=5×2.54cm=12.7cm라는 결과가 도출된다. 이때 1인치를 2.54cm가 아니라 2.5cm라고 가정하면 계산이 쉬워진다. $2.5=\frac{25}{10}=\frac{5}{2}$ 이므로, 인치에 대응하는 cm를 구할 때 인치에 5를 곱하고 2로 나누면 어림셈 변환값이 된다. 예를 들어 5인치를 cm로 변환하는 경우 5×5÷2=12.5cm다. 12인치는 12× 5÷2=30cm(실젯값 30.48cm), 30인치는 30×5÷2=75cm(실젯값 76.2cm)다.

이번에는 cm를 반대로 인치로 변환해보자. 12cm를 인치로 변환해보겠다. 일단 $1cm=\frac{1}{2.54}$ 인치다. 양변에 12를 곱하면

12cm=4.72인치다. 어림셈의 방법을 이용하면 cm에 2를 곱하고 5로 나누면 된다. 하지만 5로 나누는 것보다 10으로 나누는 방법이 편리하기 때문에 4를 곱하고 10으로 나누는 방법을 사용하는 것이 좋다. 예를 들어 30cm는 30×4÷10=12인치(실젯값 11.81인치)다.

KBO
시상식

매년 연말이면 KBO는 두 차례에 걸쳐 프로야구 시상식을 진행한다. KBO 시상식과 KBO 골든글러브 시상식이 그것이다. KBO 시상식은 퓨처스리그 및 KBO리그 투타 개인 부문별 1위 선수 시상, 심판상, 수비상, 신인상, MVP 시상을 한다. KBO는 매년 MVP와 신인상 수상자 선정을 위해 정규시즌 종료 후 한국야구기자회 소속 언론사(33사) 기자 및 각 지역 언론사(14사) 기자로부터 사전 온라인 투표를 진행한다.

현행 MVP·신인상 투표는 2016년부터 온라인으로 진행되었다. 스포츠 전문지 2~5표, 방송·통신·종합지 2~3표, 인터넷 매체 1표, 그리고 지역 언론에 1표가 배분된다. 2024년 MVP·신인상 투표는

| 2024시즌 MVP·신인상 투표 기자단 현황

종합지 (26표)	방송사 (19표)	통신사 (9표)	전문지 (19표)	인터넷 (5표)	지역 언론 (23표)
A사(2표) B사(3표) C사(2표) D사(3표) E사(1표) F사(3표) G사(3표) H사(3표) I사(3표) J사(3표)	a사(3표) b사(1표) c사(2표) d사(2표) e사(3표) f사(1표) g사(3표) h사(1표) I사(3표)	ㄱ사(3표) ㄴ사(3표) ㄷ사(3표)	Ⅰ사(3표) Ⅱ사(2표) Ⅲ사(2표) Ⅳ사(5표) Ⅴ사(5표) Ⅵ사(2표)	갑사(2표) 을사(1표) 병사(2표)	①사(5표) ②사(3표) ③사(4표) ④사(4표) ⑤사(2표) ⑥사(3표) ⑦사(2표)

총 131표 가운데 101표가 참여했다(투표율 77.1%). MVP·신인상 투표는 주관이 개입되는 만큼 만장일치가 나오기 어렵다. 특히 지역 언론은 해당 연고 선수를 선호하는 경향이 있다.

2024년 정규시즌 MVP 부문은 개인 부문별 1위 선수 및 한국야구기자회에서 적격한 후보로 선정한 선수 총 18명이 후보로 등록되었다. 이 가운데 기자단 전체 101표 중 95표를 득표한 김도영이 득표율 94.06%로 MVP를 수상했다. 빅터 레이예스 3표, 멜 로하스 주니어·카일 하트·원태인이 각 1표를 얻었다.

신인상 후보는 KBO 표창 규정 제7조 '2024년 입단한 선수 및 당해 연도를 제외한 최근 5년 이내 입단한 선수 중 누적기록이 투수는 30이닝, 타자는 60타석을 넘지 않는 모든 선수. 단, 해외 프

| 2024시즌 MVP·신인상 투표 결과

MVP 투표		신인상 투표	
김도영(KIA)	95	김택연(두산)	93
빅터 레이예스(롯데)	3	황영묵(한화)	3
멜 로하스 주니어(KT)	1	정준재(SSG)	2
카일 하트(NC)	1	조병현(SSG)	2
원태인(삼성)	1	곽도규(KIA)	1
총계	101	총계	101

로야구 기구에 소속되었던 선수는 제외'라는 조건을 충족해야 한다. 후보로는 총 6명이 선정되었다. 이 가운데 김택연은 기자단 전체 101표 중 93표를 득표했다(득표율 92.08%). 황영묵 3표, 정준재 2표, 조병현 2표, 곽도규 1표로 그 뒤를 이었다.

2024년 2회째를 맞은 KBO 수비상에는 투수 98명, 포수 14명, 내·외야수 54명이 후보로 올랐다. KBO는 수비 지표(25%)와 구단별 투표인단(감독 1명, 코치 9명, 단장 1명)의 선정 투표(75%)를 거쳐서 각 포지션별 1명, 총 9명의 수상자를 선정했다.

KBO 골든글러브 시상식은 매년 12월 10일경 열린다. 포지션별로 최고의 선수가 받는 상이다. KBO 골든글러브 투표인단은 MVP 및 신인상 투표인단과는 다르다. 야구 기자, 방송국 PD, 리포터, 캐스터, 해설위원, 카메라 감독이 투표권을 갖고 있다. 2024년 KBO 골든글러브 시상식은 12월 13일에 열렸으며 2024시즌 KBO리그를 담당한 미디어 관계자 투표에서 김도영은 288표 중 280표를 얻었고, 올해 수상자 중 가장 높은 97.2%의 압도적인 지지율을 기록했다.

1983년 12월생인 최형우는 지명타자 수상자로 선정되어 40세 11개월 27일로 이대호의 종전 기록 40세 5개월 18일을 6개월 이상 늘리며 '최고령 골든글러브 수상 기록'을 바꿨다.

가장 치열한 경쟁이 펼쳐진 외야수 부문에서는 구자욱(삼성 라이온즈), 빅터 레이예스(롯데 자이언츠), 멜 로하스 주니어(KT 위즈)가 수상했다. 구자욱은 90.3%의 압도적인 지지를 받으며 개인 세 번째 황금장갑을 수상했다. KBO 한 시즌 최다인 202안타를 친 레이예스의 득표율은 55.9%였다. 외야수 득표 3위 멜 로하스 주니어(153표 53.1%)와 4위 기예르모 에레디아(147표 51%)는 6표 차이로 운명이 갈렸다.

투표 시스템과 수학

시상식에서 사용되는 투표 시스템의 기본 원리를 살펴보자. 우선 다수결 원칙을 생각할 수 있는데 가장 단순하면서 널리 사용되는 투표 방식이다. 이 방식에서는 가장 많은 표를 얻은 대상자가 수상하게 된다. 절대 다수제는 수상을 위해서는 과반수, 즉 50% 초과의 득표를 요구한다. 만약 첫 투표에서 과반수를 얻는 선수가 없다면 상위 득표 선수 간의 결선투표를 진행해서 대상자를 선정한다. KBO 시상식은 결선투표 방식을 도입하지 않고 과반수 득표자가 없어도 한 번의 투표에서 최다 득표자를 선정한다.

이러한 기본적인 투표 시스템 외에 더 복잡하고 정교한 투표 시스템도 존재한다. 보다 공정하고 대표성 있는 결과를 도출하기 위해 고안되었다. 대표적으로 선호투표제, 보르다투표제, 콩도르세 방법 등이 있다.

먼저 선호투표제(Preferential voting)는 유권자가 투표용지에 후보자 전원(또는 일부)의 선호 순위를 적고, 그 순위를 당선자 결정에 반영하는 제도다. 기본적인 메커니즘은 최하위 후보를 하나씩 빼는 식으로, 최종 1인의 당선자가 나올 때까지 결선투표를 무한히 반복하는 것이다. 과반 득표자가 나올 때까지 최저 득표자 한 명씩을 탈락시키며 재투표를 반복하는 셈이다. 다만 선호투표제에서의 투표자는 번거롭게 여러 차례 투표할 필요가 없다. 투표용지에 미리 각 후보자에 대한 선호 순위를 표시해둠으로써 여러 차례 투표하는 것을 대신할 수 있다.

보르다투표제는 프랑스의 수학자 장샤를 드 보르다(Jean-Charles de Borda)가 창안한 제도다. 보르다투표제는 3인 이상의 후보자 중 한 사람을 뽑을 때 자칫 다수결 원칙에 위배될 수 있어 이를 보완하기 위해 탄생했다. 예를 들어 A, B, C 세 후보가 각각 8표, 7표, 6표를 얻었다면 다수결 원칙에 의해 최다 득표자인 A가 선출된다. 그런데 만약 B, C 지지자들이 A가 절대 당선되어서는 안 된다고 생각한다면 어떨까? 그 숫자만 13표로 과반이 넘는다. 즉 과반이 싫어하는 후보가 당선되는 모순이 발생한 것이다. 이를 개선하기 위해 등장한 것이 배점제다.

보르다투표제는 유권자의 선호도를 정확하게 반영하기 위해 후보에게 순위를 매겨 점수를 부여토록 했다. 스포츠, 연예계, 학계 시상식 등에서 사용된다. 단순히 당선자와 낙선자가 아니라, 1·2·3위나 대상·금상·은상 등을 뽑아야 하는 시상식에 알맞다. 메이저리그에서 MVP를 선정할 때 이 방법이 적용된다.

보르다와 동시대를 살았던 정치가이자 수학자 니콜라 드 콩도르세(Nicolas de Condorcet)도 다수결이 만능이 아니라는 점을 입증하려고 했다. 1인 1표제에서는 A에 투표한 사람들이 B와 C를 어떻게 생각하는지 알 방법이 없다는 것이다. 콩도르세는 배점제 역시 문제가 있다고 봤다. 유권자 100명 중 1순위 A, 2순위 B, 3순위 C로 투표한 사람이 51명이고, 나머지 49명이 B〉C〉A 순으로 투표했다면, A가 이미 다수 과반수를 획득했지만 배점제로는 B가 최다 점을 받을 수 있다.

콩도르세가 제안한 방식은 일대일 투표다. A와 B, B와 C, C와 A를 각각 대결시켜야만 선호도가 제대로 드러난다는 것이다. 하지만 이 방식에도 문제가 있는데 A를 B가 이기고 B를 C가 이겼다면, 당연히 C가 A를 이길 것 같지만 C가 A에게 질 수도 있다. 마치 가위바위보처럼 서로 맞물리며 승부가 나지 않는다. 이것을 '투표의 역설(Voting paradox)' 또는 '콩도르세의 역설(Condorcet's paradox)'이라 한다. 최다 득표 방식이 유권자의 선호도를 정확히 반영하지 못하는 현상을 일컫는다. 이 현상은 여러 사람이 모여 민주적으로 의사결정을 한다는 것이 얼마나 어려운 일인지 보여주는 좋은 사례다.

중계 방송사 순번 정하기

매년 프로야구 개막전이 열리기 전에 MBC 스포츠 플러스, KBS N 스포츠, SBS 스포츠, 스포티비 등 중계 방송사 편성 담당자들은 한자리에 모인다. 당해 시즌 프로야구 중계 순번을 정하기 위해서다. 제비뽑기를 통해 방송사별로 1부터 5까지 숫자가 배정된다. SPOTV는 2개 채널에서 프로야구 중계를 하기 때문에 2번의 기회가 주어진다. 최근에는 제비뽑기 대신에 카카오톡 사다리타기 게임으로 중계 순번을 정하기도 했다.

방송사 순번을 제비뽑기로 결정하는 건 과거 LG 트윈스와 OB 베어스가 주사위로 1차 지명 선수를 선택하는 것과 비슷한 방식이다. 당시 LG 트윈스와 OB 베어스 스카우트 담당자는 KBO 사무실에서 만나서 주사위 2개를 세 차례 던져서 숫자가 많이 나오는 쪽이 1차 지명 선수를 선택했다. 이를 위해 스카우트 담당자가 산이나 절에 다녀와 좋은 기운을 받기도 했다.

1번을 뽑은 방송사가 개막 시리즈(주말 2연전)부터 5개 구장 가운데 가고 싶은 야구장을 먼저 선택한다. 이후 2번부터 5번까지 순서대로 야구장을 선택한다. 개막 시리즈는 올스타 브레이크 전 마지막 3연전과 묶이기도 한다.

과거에는 일주일 단위로 순번이 한 칸씩 밀렸는데 최근에는 3연전 단위로 순위를 조정하고 있다. 1순위 방송사가 2순위로 내려가고, 5순위 방송사가 1순위로 올라가는 식이다. 인기 팀이 일주일 동안 연승을 달리다가 그다음 주에 연패에 빠지면 시청률 편차가 커져서 선택 주기가 짧아졌다. 방송사 편성 실무자와 팀장이 카카오톡 단체방에 모여서 일주일 전 수요일쯤 중계를 맡을 경기를 선택한다.

방송 관계자 입장에선 수도권이 거리가 가깝고 출장이 없어 개인적으로는 선호할 수 있지만 시청률이 생명인 방송사는 시청률 높은 인기 구단이 최고다. 2024년시즌은 프로야구가 천만 관중을 돌파했고 시청률도 크게 올랐다. 이 가운데 통합우승팀인 KIA 타이거즈가 가장 돋보적이었다. 닐슨미디어코리아 기준 2024년 KIA 타이거즈는 1.873%의 평균 시청률을 기록했다. 2위 한화 이글스는 1.411%, 3위 롯데 자이언츠는 1.211%였다. 경기별 전국 시청

2024시즌 10개 구단 전국 시청률 순위

순위	구단	시청률(%)
1	KIA	1.873
2	한화	1.411
3	롯데	1.211
4	삼성	1.181
5	LG	1.064
6	NC	0.895
7	두산	0.876
8	SSG	0.814
9	KT	0.725
10	키움	0.678

자료: 닐슨미디어코리아

률 톱10에도 KIA 타이거즈의 경기가 1~10위 자리를 모두 석권했다. 이러니 1순위 방송사는 무조건 KIA 타이거즈 경기를 선택할 수밖에 없었다.

시청률은 경기 다음 날 조사기관에서 발표하기 때문에 방송사는 하루 만에 시험 결과를 받아보는 입장이다. 해당 경기가 초반부터 한 팀이 일방적으로 이기면 시청률이 떨어지고, 막판까지 1점차 승부가 펼쳐지면 시청률이 올라간다. 방송사 간 시청률 경쟁은 총성 없는 전쟁을 방불케 한다.

제비뽑기와 사다리 타기

주머니 속에 5개의 추첨 제비가 있고 그중 1개가 당첨 제비라고 가정해보자. 5명의 참가자가 순서를 정하고 한 명씩 추첨 제비를 뽑아야 한다. 만약 당첨 제비가 나오면 뽑기는 그 즉시 중단된다. 이 경우 먼저 뽑는 것이 유리할까, 아니면 나중에 뽑는 것이 유리할까? 단 앞에서 꺼낸 제비는 다시 넣지 않는다.

첫 번째 참가자의 당첨 확률은 $\frac{1}{5}$=20%고, 두 번째 참가자의 당첨 확률은 $\frac{4}{5} \times \frac{1}{4} = \frac{1}{5}$ =20%고, 세 번째 참가자의 당첨 확률은 $\frac{4}{5} \times \frac{3}{4} \times \frac{1}{3} = \frac{1}{5}$ =20%고, 네 번째 참가자의 당첨 확률은 $\frac{4}{5} \times \frac{3}{4} \times \frac{2}{3} \times \frac{1}{2} = \frac{1}{5}$ =20%고, 다섯 번째 참가자의 당첨 확률은 $\frac{4}{5} \times \frac{3}{4} \times \frac{2}{3} \times \frac{1}{2} \times \frac{1}{1} = \frac{1}{5}$ =20%다. 결국 제비뽑기는 순서와 상관없이 당첨 제비를 뽑을 확률은 모두 20%로 같다.

사다리 타기는 사람 수만큼 세로줄을 긋고, 세로줄 사이사이에 가로줄을 무작위로 그은 다음, 세로줄을 타고 아래로 내려가면서 가로줄을 만날 때마다 가로줄로 연결된 다른 세로줄로 옮겨가는 게임이다. 게임 방식이 쉬워서 남녀노소 누구나 즐길 수 있으며, 제비뽑기의 일종이라고 볼 수 있다.

어느 쪽으로 가야 할지 모르는 경우만 아니라면 가로줄을 아무리 막 그어도 결과가 중복되지는 않는다. 일종의 함수로 볼 수 있

| 사다리 타기 예시

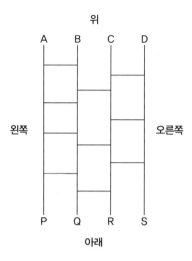

는데 일대일 대응에 해당한다. 어떤 모양으로 사다리를 그려도 위와 아래 항목이 하나씩만 짝 지어진다. 사다리 타기가 왜 일대일 대응이 되는지 그 이유를 살펴보자.

사다리 타기 그림에서 A, B, C, D 각 점에서 P, Q, R, S까지 가는 모든 선은 연속된다. 사다리 타기의 규칙은 반드시 위에서 아래로 타고 내려와야 하고, 좌우로 이동할 수는 있으나 되돌아갈 수는 없다. 물론 교점에서는 반드시 방향을 바꿔야 한다. 사다리를 타면서 살펴보면 세로줄은 반드시 한 번 지나고 가로줄은 좌에서 우로, 우에서 좌로 각각 한 번씩 두 번 지나게 된다(세로줄의 교점과 교점 사이를 확인해보면 반드시 세로줄은 한 번밖에 지날 수 없다는 것을 알 수 있다).

세로줄을 반드시 한 번 지난다는 사실에서 일대일 대응을 쉽게 이해할 수 있다. A, B, C, D가 각각 서로 다른 색으로 출발한다면 P, Q, R, S는 4가지 색 중 하나가 되는 것이 확실하다.

가로선의 수에 따라 사다리 타기의 결과는 달라질 수 있다. 그러나 가로선을 무한정 늘려간다고 해서 모두 다른 결과가 나오는 것은 아니다. 세로선이 2개라면 경우의 수는 '2, 1' '1, 2'뿐이지만, 세로선이 3개라면 가로선을 아무리 늘려도 경우의 수는 6가지('1, 2, 3' '1, 3, 2' '2, 1, 3' '2, 3, 1' '3, 1, 2' '3, 2, 1')밖에 나오지 않는다. 4명이 사다리를 탈 때는 $4!=4 \times 3 \times 2 \times 1=24$개의 서로 다른 결과가 나온다. n명이 사다리를 타면 경우의 수는 n!개다.

수학의 꽃, 함수

함수는 사실상 '수학의 꽃'으로, 수학적 구조를 정의할 때는 물론이고 현실의 다양한 분야에서도 응용된다. 중학교에서는 두 변수 x, y에 대해 x의 값이 변함에 따라 y 값이 하나씩 정해지는 관계에서 y를 x의 함수하고 정의한다. 또한 x와 y가 정비례하거나 반비례하면 y는 x의 함수라고 한다.

두 집합 사이의 대응을 이용해 함수를 정의해보자. 두 집합 X, Y

| 함수 f의 정의역, 공역, 치역

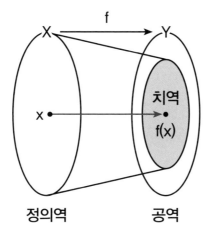

에 대해 X의 각 원소에 Y의 원소가 오직 하나씩 대응될 때 이 대응을 집합 X에서 집합 Y로의 함수라고 한다. 기호로는 'f: X→Y'와 같이 나타낸다. 이때 집합 X를 함수 f의 정의역, 집합 Y를 함수 f의 공역이라고 한다.

함수 f에 의해 정의역 X의 원소 x에 공역 Y의 원소 y가 대응할 때, 기호로는 y=f(x)로 나타내고 f(x)를 x의 함숫값이라고 한다. 함수 f의 함숫값 전체의 집합 {f(x)|x∈X}를 함수 f의 치역이라고 한다.

이번에는 일대일 함수에 대해 알아보자. 함수 'f: X→Y'에서 정의역 X의 임의의 두 원소 x_1, x_2가 $x_1 \neq x_2$이면 $f(x_1) \neq f(x_2)$의 조건을 만족할 때, 함수 f를 일대일 함수라고 한다.

함수 'f: X→Y'가 일대일 함수이고 공역과 치역이 같다는 두 조건을 모두 만족시킬 때, 함수 f를 일대일 대응이라고 한다.

| 일대일 함수, 일대일 대응과 항등함수, 상수함수

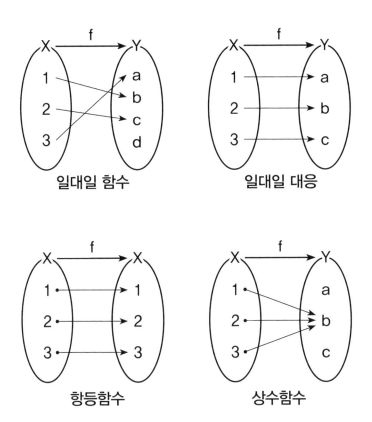

일대일 함수   일대일 대응

항등함수   상수함수

함수 'f: X→Y'와 같이 정의역과 공역이 같고 정의역 X의 각 원소에 자기 자신이 대응할 때, 즉 f(x)=x이면 함수 f를 집합 X에서의 항등함수라고 한다.

함수 'f: X→Y'에서 정의역 X의 모든 원소에 공역 Y의 단 하나의 원소가 대응할 때, 함수 f를 상수함수라고 한다.

KBO리그
중계권료

OTT 플랫폼 회사 티빙(CJ ENM)이 KBO와 2024~2026년 3년 간 KBO리그 유무선 중계권 계약을 체결했다. 그 결과 TV를 제외한 나머지 채널(인터넷 포털사이트, 유튜브 등)을 통해 야구를 시청하려면 돈을 내고 봐야 하는 유료화 시대가 열렸다. 2024시즌 티빙은 시범경기가 열린 3월 9일부터 4월 30일까지 KBO리그를 무료로 시청할 수 있게 했는데 이 기간 미숙한 운영으로 인해 여론의 질타가 심했다. 5월 1일부터 유료화에 대한 저항이 심할 수 있다는 우려감이 팽배했지만, 4월 중순을 넘어가면서 안정화에 성공해 유료화에 대한 거부감은 크지 않았다.

티빙은 2024년 프로야구 중계 덕을 톡톡히 봤다. 모바일 앱 분석 서비스 모바일 인덱스에 따르면 티빙의 2024년 1월 MAU(월간 활성 이용자 수)는 650만 명에서 시작해 매달 증가했고, 4월 KBO리그 개막과 함께 700만 명을 넘어섰다. 프로야구 포스트시즌이 열린 10월에는 역대 최고치인 809만 6,100명을 기록했다. 프로야구 주 고객층이 20대인데 OTT를 가장 많이 보는 연령층도 20대라서 직접적인 영향을 미친 것으로 분석된다. 여기에 티빙에서 40초 분량의 KBO 관련 쇼츠 영상을 유튜브에 활발히 올리며 20대 야구팬의 유입을 촉진시켰다. KBO리그 입장에서는 꿩(유무선 중계권 수입) 먹고 알(야구팬 유입) 먹는 식이었다.

반면 모바일 인덱스에 따르면 프로야구 시즌이 끝난 11월 티빙의 MAU는 730만 4,594명으로 전월 대비 9.78% 감소했다. 9월(786만 7,156명)과 비교해도 7.15% 줄어든 수치다. 그만큼 프로야구 콘텐츠의 파워가 입증된 것이다.

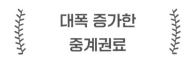

대폭 증가한 중계권료

티빙의 프로야구 진출은 OTT가 국내 시장에 자리 잡은 영향이 크다. OTT 이전에는 돈을 내고 TV 프로그램을 시청하는 문화가 활성화되지 않았다. 과거 IPTV에 유료로 가입해서 시청하기도 했

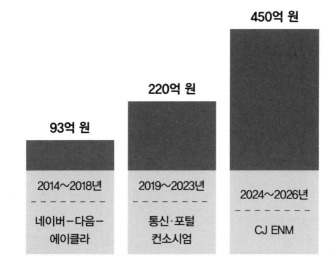

| 프로야구 유무선 중계권료 현황

450억 원

220억 원

93억 원

2014~2018년

네이버-다음-
에이클라

2019~2023년

통신·포털
컨소시엄

2024~2026년

CJ ENM

*연평균 기준

지만 'TV+인터넷' 결합상품의 개념이어서 돈 내고 TV를 시청하는 느낌이 강하지 않았다. 지상파 TV뿐만 아니라 케이블 TV, 지역 방송, IPTV 등 다양한 채널이 계속 증가하는 가운데, 유료 서비스인 OTT가 성공적으로 안착한 이유는 시청자들이 기꺼이 돈을 지불할 가치가 있는 콘텐츠를 꾸준히 선보였기 때문이다. 이미 돈을 내고 OTT를 보는 시청자층이 두터운 만큼, 프로야구 유료 중계에 대한 반발은 예상보다 적었다.

프로야구 입장에서는 티빙 덕분에 프로야구 중계권료가 대폭 올랐다. KBO는 2024년 2월 지상파 방송 3사(KBS·MBC·SBS)와 3년

야구×수학

간 1,620억 원(연평균 540억 원)에 중계권 계약을 체결한 데 이어, 4월에는 티빙과 3년간 1,350억 원(연평균 450억 원) 규모의 유무선 중계 독점 계약을 맺었다. 2023년까지 통신·포털 컨소시엄(네이버· 카카오·KT·LG유플러스·SK브로드밴드)은 뉴미디어 중계권료로 KBO 에 연평균 220억 원을 지급했다. 2024년부터 3년간 티빙과 맺은 계약은 기존 계약의 2배 이상인 연평균 450억 원 규모다. 지상파 중계권과 유무선 중계권을 합치면 연평균 990억 원의 중계권 수 입이 발생한 것이다. 10개 구단으로 안분하면 구단마다 99억 원의 수익을 얻는 것이다.

메이저리그 중계권료

미국 메이저리그 중계권은 전국 방송과 지역 방송으로 나뉜다. 전국 방송에 대한 중계권은 정규시즌(주로 선데이 나이트 베이스볼), 올스타전, 포스트시즌을 대상으로 하며 MLB 사무국이 담당한다. 전국 방송 중계권 수입은 MLB 사무국 운영비 등을 공제하고 30개 구단이 나눠 가진다. MLB는 지상파 방송인 폭스(FOX), 스포츠 전문 채널 ESPN, TBS와 2022년부터 2028년까지 7년간 123억 달러(FOX 51억 달러, ESPN 40억 달러, TBS 32억 달러)에 전국 방송 중계권 계약을 체결했다.

구단들의 관심이 높은 건 지역 방송 계약이다. 지역 방송 중계권은 미국 중계권의 핵심이다. KBO리그로 치면 인천 연고의 SSG

랜더스와 대구 연고의 삼성 라이온즈가 각각 OBS경인TV, TBC 와 협상하고 계약하는 것과 같다. 빅마켓 구단들은 거액의 지역 방송 중계권 수입으로 대형 FA 계약을 추진한다. LA 에인절스는 2011년 지역 방송사 폭스스포츠웨스트와 20년간 30억 달러에 중계권 계약을 맺은 뒤 알버트 푸홀스 등 주요 선수 영입에 3억 1,500만 달러를 썼다. 캔자스시티 로열스는 2019년 폭스스포츠캔 자스시티와 중계권 계약을 맺은 뒤 팀 평균 연봉이 2천만 달러대 에서 4천만 달러대로 급상승했다.

반면 스몰마켓 구단들은 지역 방송 중계권 수입이 적어서 선수 수급이 원활하지 않다. 지역 방송 중계권 계약은 부익부 빈익빈 현 상이 심화되어 있다. MLB 최고의 인기 구단 뉴욕 양키스의 경우 원래는 타 구단처럼 지역 방송 중계권을 방송국에 팔다가, 방송국 이 돈을 너무 많이 번다는 생각에 직접 방송국(YES 네트워크)을 차 렸다. 지금은 다수의 빅마켓 구단들이 자체 방송국을 보유하고 있 다. 2002년 3월에 설립된 YES 네트워크는 야구(뉴욕 양키스) 경기 외에도 뉴욕을 연고로 한 농구와 축구 경기도 중계하는 스포츠 전 문 채널이다. 이 밖에 보스턴 레드삭스는 NESN, 뉴욕 메츠는 SNY 을 운영 중이다.

MLB도 KBO리그처럼 유무선 중계권을 별도로 판매한다. MLB 는 미국 1위 스트리밍 플랫폼인 로쿠(Roku)와 2024년부터 3년간 3천만 달러(2024년 800만 달러, 2025년 1천만 달러, 2026년 1,200만 달

로쿠 채널(Roku Channel) 화면

러)의 유무선 중계권 계약을 체결했다. 원래 해당 중계는 NBC가 운영하는 OTT 피콕(Peacock)이 연간 3천만 달러를 중계권료로 지불하며 맡았는데, MLB는 중계권료를 낮추는 대신 접근성을 늘리는 쪽을 택했다. 유료회원으로 가입해야 중계를 볼 수 있었던 피콕과 달리 로쿠는 무료 시청이 가능하다. 로쿠는 약 1억 2천만 명이 접근하는 무료 서비스다.

8이닝:
야구장 소비와 수학

야구장에서 가장 많은 좌석을 차지하는 건 일반석이다. 과거에는 일반석이 비지정석(자유석)이어서 입구에서 줄을 서서 기다렸다가 문이 열리면 좋은 좌석을 선점하기 위해 뛰어 들어가는 진풍경이 벌어졌다. 당시에는 백네트 뒤 일부 좌석을 제외하고는 대부분이 일반석이었다. 응원단상 앞자리 또한 일반석이었다. 지정석은 탁자석과 의자석으로 단순했다. 그러나 SK 와이번스가 스포테인먼트(Sports+Entertainment)를 추진한 2000년대 후반부터 좌석이 다양해지기 시작했다.

좌석 선택과 경우의 수

좌석 선택

야구장을 가게 되면 어느 좌석을 선택할지 고민이 된다. 팬마다 선호하는 좌석 유형이 다르기 때문이다. 응원이 좋아서 야구장을 찾으면 응원단상과 가까운 좌석을 선택하고, 음식을 깔아놓고 유니폼 여러 벌을 진열하면서 야구를 보고 싶으면 탁자석을 고른다.

야구장에서 가장 많은 좌석을 차지하는 건 일반석이다. 과거에는 일반석이 비지정석(자유석)이어서 입구에서 줄을 서서 기다렸다가 문이 열리면 좋은 좌석을 선점하기 위해 뛰어 들어가는 진풍경

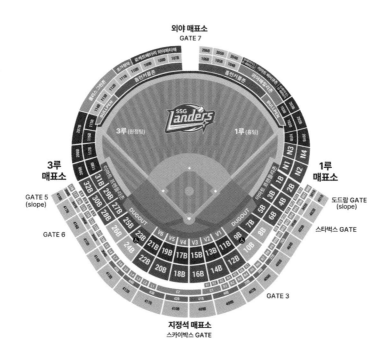

인천SSG랜더스필드 좌석 구성

이 벌어졌다. 당시에는 백네트 뒤 일부 좌석을 제외하고는 대부분
이 일반석이었다. 응원단상 앞자리 또한 일반석이었다. 지정석은
탁자석과 의자석으로 단순했다. 그러나 SK 와이번스가 스포테인먼
트(Sports+Entertainment)를 추진한 2000년대 후반부터 좌석이 다
양해지기 시작했다. 인천SSG랜더스필드는 전국 야구장 가운데 좌
석이 가장 다양한데 간략하게 소개해 본다.

먼저 테이블석부터 살펴보자. 랜더스 라이브존 뒤에 피코크·노

브랜드 테이블석이 있다. 탁자석이 없는 MLB, NPB와 달리 KBO 리그에서 인기가 가장 많은 좌석이 탁자석이다. 한국 야구팬의 특성을 반영한 좌석으로 볼 수 있다. 음식을 편하게 먹을 수 있고 선수 유니폼을 잔뜩 깔아두기도 한다. 전국 야구장 가운데 테이블석이 가장 많은 야구장이 바로 인천SSG랜더스필드다.

그리고 바로 앞에 더그아웃이 있어 선수들을 가까이 보거나 사진을 찍기에 가장 좋은 의자 지정석이 있다. 테이블석과 함께 문학 야구장 초창기 시절부터 존재한 지정석의 원조 격이다. 지정석이긴 한데 특별한 이점은 없어서 인기가 많지 않았다. 내야석임에도 불구하고 평일 경기 때는 비어 있는 좌석이 많은 편이어서 단체 관중을 이곳에 유치하기도 했다.

그다음은 응원 지정석, 으쓱이존이다. 응원단상 주변에 위치한 지정석으로, 어느 야구장이나 응원 지정석은 치어리더의 응원을 바로 앞에서 볼 수 있어 인기 좌석이다. 초창기 프로야구는 응원석도 일반석(비지정석)이었는데, 야구장이 문을 열면 팬들이 줄을 서서 기다리다 달려가서 가장 먼저 자리를 잡는 좌석이었다.

다음은 이마트 프렌들리존이다. 2009년 사직야구장의 익사이팅존과 같은 해에 만들어진 1·3루 내야 사이드 좌석이다. 경기 시작 전이나 종료 후에 선수들에게 그물망 너머로 사인을 받을 수도 있고, 홈런 인형도 이곳으로 던져준다. 이 위치에 프렌들리존이 만들어지지 않았다면 외야에 위치한 투수 불펜이 이쪽으로 이동했을 것이다.

그리고 고기를 구워 먹을 수 있는 이마트 바비큐존이 있다. 전국 야구장에서는 유일하다. 2009년에 우측 외야석을 개조해 만들었으며 삼겹살을 불판에 직접 구워 먹을 수 있다고 해서 일명 '삼겹살존'으로 불리기도 한다. 근처 푸드코트에서 그릴을 대여할 수 있고 고기와 야채 등을 구매할 수 있어 따로 음식을 챙길 필요가 없다. 처음에 만들 때는 야구장에서 불판을 사용하는 점 때문에 논란이 다소 있었지만 이제는 정착해 인천SSG랜더스필드에만 있는 명물로 취급받는다. TV, 유튜브 등에서 자주 찾는데 구독자 600만 명이 넘는 유튜브 채널 '영국남자'에서 2018년에 바비큐존에서 촬영한 영상은 조회수 460만이 넘은 바 있다. 이 좌석은 예매가 제일 어렵다.

그리고 2009년에 신설한 외야패밀리존, 요기요 내야패밀리존이 있다. 4~5석 단위로 쪼개져 있어 가족끼리 모여 앉아 관람할 수 있다. 테이블석과는 다른 재미가 있다.

몰리스 그린존은 SK 와이번스 시절 '그린 스포츠'를 추진하는 일환으로 2010년에 조성한 잔디석이다. 좌측 외야석 상단을 개조해 만들었다. 당시 인천 문학구장에 관중이 많지 않아 외야석의 활용도를 높이는 차원에서 잔디석 그린존을 조성했다. 지금은 지방 몇몇 야구장(수원KT위즈파크, 대구삼성라이온즈파크)에 잔디석이 있지만 당시에는 파격적인 시도였다. 가격도 일반석 수준이라 인기가 많은 편이다. 또 1년에 1~2경기는 '도그데이' 이벤트를 열어 반려견과 야구를 볼 수 있다. 연인이나 가족 단위 관중이 선호한다.

외야 잔디석의 원조는 대전야구장일 수 있다. OB 베어스가 1982년부터 3년간 홈구장으로 사용한 대전야구장에는 외야석에 스탠드가 없고 플라타너스나무가 심어져 있었다. 플라타너스나무가 심어져 있는 외야석으로 홈런 타구가 넘어가면 야구공이 사라지기도 했다. 이런 추억이 많은 대전야구장은 철거되었고, 2025년부터 대전에 신구장이 개장했다.

2010년 몰리스 그린존과 함께 설치된 외야 1열 홈런커플존은 홈런이 많이 터지는 인천SSG랜더스필드 특성상 홈런볼을 잡을 가능성이 높은 좌석이다.

로케트배터리 외야파티덱은 2011년 외야 좌석 다양화 차원에서 신설했으며 좌측 외야석에 위치해 있다. 미국 마이너리그 야구장의 파티덱을 벤치마킹했으며 가족 또는 지인이 모여 관람하기 좋다. 전광판(빅보드) 바로 아래 부분에 위치해 있어 전광판을 보기가 불편하다는 단점이 있다.

랜더스 라이브존은 2015년 신설한 좌석이다. 극장의 푹신한 의자를 표방하며 만든 중앙 프리미엄석이다. 방송 중계에도 잡히는 장점이 있다. 라이브존을 처음 만들 때는 뒤편에 라이브존 티켓 이용자 전용 라운지를 별도로 두기도 했다. 그러나 이용률이 높지 않아 라운지가 다른 용도로 바뀌었다.

SKY탁자석은 2017년 신설했으며 최고의 가성비 좌석이다. 내야 4층 백네트 뒤편 아래에 위치해 있다. 가격이 저렴하며 탁자가 있어 음식을 먹으면서 경기장 전체를 조망할 수 있다. 좌석 위치가 높아 고소공포증이 있는 경우 어지러울 수 있지만 가성비가 좋아 인기가 많다.

미니 스카이박스는 2013년에 신설했다. 내야석에서 활용도가 떨어지는 좌석을 들어내고, 4~6인이 이용할 수 있는 소규모 스카이박스를 만들었다. 여닫이 창문만 열면 열성적인 응원을 들을 수 있어 현장감이 뛰어나다.

야구장 좌석 예매는 인터넷을 통해 가능하다. 현장 판매는 인터넷 예매가 매진되지 않거나 취소표에 한해 실시한다. 프로야구 인기가 폭발함에 따라 야구장 좌석 예매도 전쟁을 방불케 한다. 인터넷 예매 환경에 익숙하지 않은 장년층과 노년층은 젊은이에게 도움을 요청하기도 한다.

인터넷 예매에 성공하려면 PC방에 가야 된다는 말이 나온 지 오래다. 야구장 티켓을 예매하려면 빛의 속도로 클릭하고 자신만의 전략을 갖고 있어야 한다. 매진이 예상되는 인기 좋은 경기라면 본인이 선호하는 좌석보다는 예매가 상대적으로 수월한 좌석을 택하는 것도 한 방법이다. 참고로 인터넷 예매의 경우 1회 예매 수량이 정해져 있다.

경우의 수

경우의 수란 어떤 사건이 일어날 수 있는 가능한 모든 수를 계산하는 것을 말한다. 즉 어떤 선택이나 사건이 몇 가지 결과를 가질 수 있는지를 계산하는 것이다. 경우의 수를 구하는 방법에는 합의 법칙과 곱의 법칙이 있다.

합의 법칙은 여러 사건이 동시에 일어날 수 없는 경우, 각 사건의 경우의 수를 더해서 경우의 수를 구하는 방법이다. 만약 2가지 사건이 동시에 일어나지 않았을 때 첫 번째 사건의 경우의 수가 m가지, 두 번째 선택의 경우의 수가 n가지라면 m+n가지로 경우의 수를 구할 수 있다. 예를 들어 인천SSG랜더스필드에서 7가지 종류의 외야석과 9가지 종류의 내야석 가운데 하나만 선택한다고 하면 모든 경우의 수는 7+9=16가지다.

곱의 법칙은 여러 단계로 나뉜 선택지가 있을 때, 각 단계의 선택의 수를 곱해 경우의 수를 구하는 방법이다. 만약 2가지 선택이 있다고 가정해보자. 첫 번째 선택의 경우의 수가 m가지, 두 번째 선택의 경우의 수가 n가지라면, 두 선택을 함께 했을 때의 경우의 수는 m×n가지다.

좌석 종류와 매점 음식이 다양하기로 소문난 인천SSG랜더스필드를 방문한다고 가정해보자. 외야로 갈 경우 7가지 종류의 외야 좌석이 있고, 4가지 종류의 매점 음식이 있다. 좌석 하나, 음식 하나를 택한다면 경우의 수는 7×4=28가지다.

'0, 1, 2'의 세 숫자가 있을 때 이 숫자를 사용해 두 자릿수를 만든다면 가능한 경우의 수는 몇 가지일까? 첫 번째 자리는 '1, 2' 중에서 골라야 하니 2가지, 두 번째 자리는 '0, 1, 2' 중에서 골라야 하니 3가지다. 경우의 수는 2×3=6가지(10, 11, 12, 20, 21, 22)다.

참고로 경우의 수를 구할 때는 중복을 고려해야 한다. 서로 다른 주사위 2개를 동시에 던질 때 눈의 합이 7이 되는 경우의 수는 '1, 6' '2, 5' '3, 4' '4, 3' '5, 2' '6, 1'로 총 6가지다. 그런데 주사위 2개를 던질 때 '3, 4'와 '4, 3'은 같은 경우라 할 수 없다. 동시에 일어날 수 없는 경우 합의 법칙을 사용해 경우의 수를 계산해야 한다.

인천SSG랜더스필드에서 지정석을 선택하는 경우를 상정해보자. 5개의 지정석을 예매한 5명의 관중이 무심코 자리에 앉았을 때, 2명만 자신이 예매한 좌석에 앉고 나머지는 다른 사람의 좌석에 앉게 되는 경우의 수를 구해보자. 5명의 관중을 A, B, C, D, E라고 하고 좌석을 a, b, c, d, e라고 하자. 이 중 2명만 자신이 예매한 자리에 앉는다. 첫 번째 사람을 기준으로 생각해볼 때, 5명 중 아무나 먼저 자기 자리에 가서 앉을 가능성이 있으므로 경우의 수는 5가지다. 이 경우 첫 번째 사람을 빼면 나머지 4명 중에서 아무나 그 두 번째 사람이 될 가능성이 있다. 이런 경우의 수가 동시에 존재해야 하므로 5×4=20가지다.

그런데 이 5명 중에서 자리에 바르게 앉을 2명을 뽑을 때 고려해야 할 부분이 있다. 예를 들어 A, B 두 사람이라면 순서에 따라 'A, B'인 경우도 있고 'B, A'인 경우도 있다. 이것은 중복된 상황이므로 앞에서 구한 20가지 경우의 수에 포함되어 있다. 중복되는 경우의 수를 피하기 위해 20가지를 2로 나눠서 10이란 값을 도출한다.

이제 나머지 3명이 다른 자리에 앉을 경우의 수가 몇 가지인지 알아보자. A, B가 자신이 예매한 좌석에 앉았다면 C가 다른 자리(D 또는 E의 좌석)에 앉을 경우의 수는 2가지인데, 이 경우 나머지 두 사람(D, E)의 자리도 저절로 결정된다. 따라서 2명만 자신이 예매한 좌석에 앉고 나머지가 다른 사람의 좌석에 앉게 되는 경우의 수는 10×2=20가지다.

4명의 친구가 내야 패밀리존 4인석 예매에 성공해서 들뜬 마음으로 야구장에 왔다고 가정해보자. 티켓 좌석번호와 상관없이 임의로 앉았다고 가정했을 때, 모두가 좌석번호와 다른 좌석에 앉게 되는 경우의 수와 확률을 생각해보자. 4명의 친구가 A, B, C, D이고 각자의 좌석은 a, b, c, d다. 모두 제자리에 앉는다는 것은 순서쌍으로 'A, a' 'B, b' 'C, c' 'D, d' 이렇게 알파벳 대소문자가 짝이 되는 경우다. 그럼 아무도 제자리에 앉지 않는다는 것은 어떤 알파벳도 대소문자의 짝이 맞지 않다는 뜻이다. 즉 'A, b' 'B, d' 'C, a' 'D, c'인 경우로 사람과 좌석이 모두 다르다.

그럼 최소 1쌍 이상 짝이 맞는 경우의 수를 구해보자. '여사건의 확률(어떤 사건이 일어나지 않을 확률)'을 이용해 경우의 수를 계산해 보겠다. 친구들이 모두 무작위로 앉게 되는 전체 경우의 수는 $4 \times 3 \times 2 \times 1 = 24$가지다. 이것은 4명을 한 줄로 세우는 경우의 수와 같다. 여기에서 1명이라도 제자리에 앉는 경우의 수를 계산해야 한다. 먼저 4명 모두 제자리에 앉은 경우의 수는 1가지다. 3명만 제자리인 경우는 당연히 나머지 남은 한 명의 선택권이 없기 때문에 존재할 수 없다.

2명만 제자리인 경우는 어떨까? 첫 번째 사람을 기준으로 생각하면 4명 중 아무나 선정될 가능성이 있으므로 4가지이며, 그 첫 번째 사람을 제외한 3명 중에서 아무나 그 두 번째 사람이 될 가능성이 있으므로 경우의 수가 동시에 존재한다. 즉 경우의 수는 $4 \times 3 = 12$가지다. 그런데 이렇게 4명 중 바르게 앉을 2명을 뽑을 때 순서에 따라 'A, B'인 경우와 'B, A'인 경우가 있으므로 12가지 방법에서 2를 나눠야 한다. 즉 4명 중 2명만 제자리인 경우의 수는 6가지다.

마지막으로 1명만 제자리에 앉는 경우는 제자리에 앉는 1명을 선택하는 방법 4가지와 남은 3명이 모두 제자리가 아닌 방법 2가지가 동시에 일어나는 상황이므로 $4 \times 2 = 8$가지다.

최종적으로 아무도 제자리에 앉지 않는 경우의 수는 '전체 경우의 수−1명 이상 제자리에 앉는 경우의 수'로 구할 수 있다. 즉 $24 - (1 + 6 + 8) = 9$가지다.

시즌권과
일일권

구단마다 시즌 전에 시즌권(시즌티켓)을 모집한다. 시즌권은 한 시즌 홈경기 전체를 관람할 수 있는 좌석을 사전에 구매하는 것인데 구단마다 가격 책정 방식이 다르다. 예를 들어 삼성 라이온즈와 롯데 자이언츠의 경우 20% 할인율을 적용하고 있다. 2024시즌 기준 중앙탁자석의 경우 20% 할인이 적용되어 삼성 라이온즈는 214만 4천 원이며, 롯데 자이언츠는 251만 2천 원이다. 해당 좌석의 일일권은 삼성 라이온즈의 경우 주중 3만 5천 원, 주말 4만 5천 원이고 롯데의 경우 주중 4만 원, 주말 5만 5천 원이다.

시즌권을 사려고 고민할 정도면 해당 팀의 충성고객이라고 볼 수 있다. 주중 경기가 $\frac{2}{3}$, 주말 경기가 $\frac{1}{3}$ 일 때 삼성 라이온즈는

56차례, 롯데 자이언츠는 58차례 야구장에 방문해야 시즌권 비용에 대한 손익분기점에 도달한다.

삼성 라이온즈 홈경기 방문 경기 수를 'A'라고 가정하고 손익분기점을 계산해보자.

$$\left(\frac{2}{3}A \times 35,000\right) + \left(\frac{1}{3}A \times 45,000\right) \geq 2,144,000$$

$$A \geq \frac{2,144,000}{\left(\frac{2}{3} \times 35,000 + \frac{1}{3} \times 45,000\right)}$$

$$\therefore A \geq 55.93$$

롯데 자이언츠 홈경기 방문 경기 수를 'B'라고 가정하고 손익분기점을 계산해보자.

$$\left(\frac{2}{3}B \times 40,000\right) + \left(\frac{1}{3}B \times 55,000\right) \geq 2,512,000$$

$$B \geq \frac{2,512,000}{\left(\frac{2}{3} \times 40,000 + \frac{1}{3} \times 55,000\right)}$$

$$\therefore A \geq 57.97$$

손익분기점만 놓고 보면 삼성 라이온즈와 롯데 자이언츠가 각각

56차례, 58차례지만 그보다 덜 이용하더라도 시즌권은 구매할 가치가 있다. KBO리그는 천만 관중을 돌파하면서 매진 경기가 급증함에 따라 갈수록 일일권 구매가 어려워지고 있다. 일일권의 경우 과거에는 현장 구매가 어렵지 않았고, 예매수수료(1천 원)에 대한 부담이 있었다. 그러나 지금은 야구장 티켓의 가치가 높아짐에 따라 일일권과 시즌권의 가치가 동반 상승했다.

시즌권은 20% 정도의 할인뿐만 아니라 구단에서 마련하는 이벤트 참가 기회나 기념품 등 다양한 혜택이 추가된다. SSG 랜더스의 경우 포스트시즌 입장권 예매의 기회도 제공된다. 구단에 배정되는 포스트시즌 입장권을 시즌권 구매 고객에게 제공하는 방식이다. SK 와이번스 시절부터 15년 이상 운영된 제도로, 시즌권 소지자들에게 좋은 평가를 받고 있다.

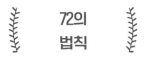

72의 법칙

2025년 KBO리그 정규시즌은 3월 22일(토)에 개막했으며 팀당 144경기씩 총 720경기가 열린다. 8월 31일(일)까지 팀당 135경기가 우선 편성되었고, 개막전 시리즈가 2연전으로 치러지다 보니 3연전 기준으로 남는 1경기씩(총 5경기)이 포함된 45경기(팀당 9경기)는 우천 등으로 취소되는 경기와 함께 추후 편성된다. 2023년부터 팀 간 이동거리 및 마케팅적 요소 등을 종합적으로 고려해 격년제로 홈 73경기-원정 71경기를 편성하는 원칙이 도입되었다. 이에 따라 2025시즌에는 두산 베어스, KT 위즈, SSG 랜더스, 롯데 자이언츠, 한화 이글스가 2년 만에 홈 73경기-원정 71경기로 편성되었다.

2년을 기준으로 홈경기와 원정경기 수의 평균은 72경기다. '72' 숫자와 관련해 경제나 재테크 관련 책에서 자주 언급되는 내용으로는 '72의 법칙'이 있다. 복리가 얼마나 돈을 빠르게 불려주는지를 설명할 때 사용하는 이론으로, 72를 연간 복리수익률로 나누면 원금이 2배가 되는 기간과 같아진다는 법칙이다. 어떤 금액의 가치가 2배로 증가하기까지 걸리는 시간을 간단히 구할 수 있는 방법이기도 하다. 공식은 다음과 같다.

$$\frac{72}{\text{복리 수익률}} = \text{원금이 2배가 되기까지 걸리는 기간(년)}$$

예를 들어 100만 원을 연 5%로 굴려 200만 원을 만드는 데 걸리는 시간은 $\frac{72}{5}$=14.4(년)이고, 10%의 수익률이면 7.2년이 걸린다. 수익률이 36%이면 2년 후에는 원금을 2배로 불릴 수 있다. 현재 1천만 원이 있는데 4년 후 2배인 2천만 원을 만들었다고 가정해보자. $\frac{72}{\text{복리 수익률}}$=4이므로, 복리 수익률은 72÷4=18(%)가 되어야 한다.

　원금을 A원, 이자율 r%, 기간을 n년이라고 하고 72의 법칙을 식으로 정리하면 다음과 같다.

$$A(1 + r)^n = 2A일 때, n ≒ \frac{72}{100r}$$

　위 식을 n에 대해 정리해본다면 $A(1+r)^n=2A$에서 $(1+r)^n=2$가 된다. 양변에 로그를 취하면 $\log(1+r)^n=\log 2$다. $n\log(1+r)=\log 2$에서 $n=\dfrac{\log 2}{\log(1+r)}$이다.

유니폼
구매

야구장에는 굿즈샵이 있다. 대부분의 구단은 직영이 아닌 상품화 사업자에게 로열티를 받고 굿즈 판매를 위탁한다. 따라서 상품 매장도 구단 직영이 아니다. 과거에는 굿즈 판매를 통한 수익이 크지 않아서 팬서비스 개념이었지만, 최근 야구장의 주류가 20~30대 여성으로 바뀌면서 굿즈 판매는 주요 수익원으로 자리 잡았다.

야구장 굿즈의 간판은 단연 유니폼이다. 야구장 굿즈샵에서 판매하는 유니폼은 크게 레플리카 유니폼과 어센틱 유니폼으로 나뉜다. 레플리카 유니폼은 상대적으로 저가로 판매하는 보급형이고, 어센틱 유니폼은 실제 선수들이 착용하는 고가의 유니폼이다. 어

잠실야구장 외부 LG 트윈스 상품 매장

센틱 유니폼은 선수단 유니폼 제작사가 만들어서 구단이 위탁한 상품화 사업자에게 도매가로 제공하고, 상품화 사업자가 매대에 진열해 일반인에게 판매한다.

유니폼 가격은 구단마다 제각각이다. 2024시즌의 경우 최저가는 9만 원이고 최고가는 14만 9천 원인데, 단순히 저렴하다고 구매하는 것은 아니고 본인이 좋아하는 팀과 선수라면 비싸더라도 구매하는 속성이 있다. 이름을 마킹하는 종류는 열접착 방식과 자수 방식이 있다. 야구장에서 즉석으로 마킹하려면 열접착 방식을 이용해야 한다. 이 경우 굿즈샵에 진열되어 있는 선수 이름만 마킹

▌ 2024시즌 구단별 선수용 유니폼 가격 및 마킹 비용

순위	구단	선수용 유니폼	열접착(기본)	자수(고급)
1	KIA	12만 3천 원	2만 5천 원	3만 5천 원
2	삼성	10만 9천 원	2만 2천 원	–
3	LG	14만 9천 원	1만 8천 원	2만 2천 원
4	두산	9만 원	2만 5천 원	–
5	KT	11만 9천 원	2만 원	2만 8천 원
6	SSG	14만 원	2만 원	3만 원
7	롯데	14만 9천 원	2만 원	2만 5천 원
8	한화	13만 9천 원	2만 5천 원	–
9	NC	14만 4천 원	2만 원	2만 5천 원
10	키움	9만 1천 원	2만 원	–

이 가능하다. 자수 방식은 한 땀 한 땀 수놓는 방식이므로 시일이 소요된다.

유니폼 판매 수익은 구단과 선수, 상품화 사업자가 나누게 된다. 상품화 사업자와 구단이 계약된 비율에 따라 수익을 나누고, 선수는 유니폼에 부착하는 마킹 수입의 일부를 가져간다.

2024년 통합우승을 차지한 KIA 타이거즈의 경우 유니폼이 불티나게 팔렸다. 시즌 중에는 유니폼 구매 대기가 3개월 이상 걸렸다. 특히 김도영 선수의 유니폼은 한마디로 뜨거웠다. KIA 타이거즈 구단은 김도영 선수가 10홈런-10도루, 내추럴 사이클링히트, 30홈런-30도루를 달성한 이후 이를 기념하기 위해 스페셜 유니폼을 내놓았다. 판매량만 8만 장을 넘었다. 스페셜 유니폼의 가격은 13만 9천 원이니 단순 계산해도 매출은 111억 원 이상에 달했다.

최적의 선택, 최적정지이론

2024시즌 롯데 자이언츠는 공식 온라인 쇼핑몰에서 24가지 종류의 유니폼을 판매했다. 팬이라면 선택에 많은 고민이 따른다. 만약 선택을 한 번만 할 수 있고, 이미 선택한 유니폼은 다른 것으로 바꾸는 것이 불가능하다면 어떤 유니폼을 구입하는 것이 최선의 선택일까?

이런 선택의 순간은 흔하다. 많은 매점 가운데 어디를 선택해야 할까? 수도권에 5개 프로야구장이 있으니 어디로 가야 할까? 최적의 관람을 위해 수많은 좌석 중 어떤 자리를 택해야 할까? 이 질문에 대한 해답은 '최적정지이론(Optimal Stopping Theory)'에서 찾을 수 있다. N개의 선택지 중에서 최고를 선택하려면 어떻게 해야 할까? 처음 r개의 선택지는 관찰만 하고, 이후에 처음 r개보다 나은 것을 선택하는 전략을 취한다고 할 때 r의 값을 구해보자. 수학적 계산을 거치면 r의 값은 N의 약 37%에 수렴한다. 따라서 최적정지이론에 따라 처음 37%의 선택지는 그냥 관찰만 하고, 이후 앞에서 관찰했던 37%의 선택지보다 나은 것이 나타날 때 그것을 선택하면 된다.

유니폼 100개를 살펴볼 수 있는 상황이라고 가정해보자. 첫 번째 유니폼을 보자마자 구매한다면 지금까지 본 유니폼 중 최고의 선택일 확률은 100%다. 그도 그럴 것이 1개의 유니폼만 확인했기 때문이다. 두 번째 유니폼을 보자마자 구매한다면 최고의 선택일 확률은 50%다. 다섯 번째 유니폼을 구매한다면 20%이고, 열 번째 유니폼을 구매한다면 10%다. 이렇게 유니폼을 고르지 않고 계속 넘기다 보면 최고의 유니폼을 만날 확률은 점점 낮아지게 된다. 최적정지이론에 따르면 탐색을 멈춰야 하는 최적의 비율, 즉 r은 N의 약 37%에 수렴한다. 따라서 유니폼이 100개라면 37개를 살펴본 다음, 이후 38개째부터 앞에서 본 37개보다 좋아 보이는 유니폼을 선택하면 된다.

야구장에 있는 매점에서 식사를 하려 한다. 10분의 시간만 할애할 수 있다면 어떤 매점에 들어가는 것이 최선의 선택일까? 이때도 최적정지이론을 적용해 약 4분 정도만 둘러보고 이후에 괜찮은 식당이 있으면 들어가는 것이 좋다. 진열된 유니폼이 24벌이라면 8~9벌 정도만 자세히 살펴보고 그것보다 나은 것을 구입하면 될 것이다.

단 이 이론의 기본적인 가정은 선정 기준이 달라지면 안 된다는 것이다. 37% 원칙은 여러 상황에서 유용하게 사용될 수 있지만 이 원칙이 항상 최고의 결과를 보장하는 것은 아니다. 예를 들어 37% 전에 최악의 선택지만 나왔을 수도 있고, 최고의 선택지가 맨 마지막에 몰려 있을 수도 있다. '최고'가 아닌 '충분히 좋은' 선택을 할 확률을 극대화하는 방식이라고 이해하는 것이 좋다.

야구장
광고

1·2차
노출 광고

야구장을 방문해 관람을 하든, 중계를 통해 야구를 시청하든 경기가 진행되는 동안 다양한 광고를 접하게 된다. 시선이 많이 가는 지점에는 반드시 광고가 있다고 해도 과언이 아니다. 야구장을 방문하는 관중을 대상으로 하는 광고를 1차 노출 광고, 중계 화면을 통해 접하는 광고를 2차 노출 광고라고 가정해본다.

1차 노출 광고 가운데 가장 눈에 띄는 건 내외야 펜스 광고다. 야구장 광고 가운데 가장 오래된 광고라고 할 수 있다. 이 밖에도 경기 흐름을 파악하기 위해 계속 전광판을 보게 되다 보니 전광판 광고의 인기도 높다. 전광판 광고는 영상 광고와 옥외 광고가 있다. 치어리더의 공연이 펼쳐지는 응원단상도 광고 영역에 속한다. 내야 낮은 층에서는 잘 안 보이지만 내야 높은 층에서는 잘 보여서 광고 효과가 있다.

2차 노출 광고는 1차 노출 광고와 일부 겹치는 부분도 있다. 가장 인기 있는 광고는 백스톱(포수 뒤에 설치된 그물망) 광고다. 예전에는 롤링 광고 형태였는데 최근에는 LED 형태로 바뀌고 있다. 잠실야구장과 부산 사직야구장은 아직까지 롤링 광고 형태를 유지하고 있지만 나머지 야구장은 LED 형태로 바뀌었다. 롤링 광고든 LED 광고든 백스톱에 2~5개 광고면이 존재한다. 수원KT위즈파크의 경우 백스톱 광고 하단에 LED 2면이 있고, 상단에 고정식으로 3면이 있다. 하단 전광판 2면에 16구좌씩이 돌아간다. 다른 야구장은 LED 2면을 합쳐 32구좌를 판매하고, 판매된 광고가 2면을 함께 활용해 순차적으로 돌아가기도 한다.

일반인은 야구장 백스톱 광고가 자동으로 돌아간다고 생각하기 쉽다. 그렇지 않다. 투수가 2구씩 공을 던질 때마다 전광판실에서 직원이 수동으로 제어한다. 정해진 간격마다 광고가 자동으로 바뀌면, 투수가 투구하는 순간 광고가 교체되는 장면이 시야에 잡혀 방해가 될 수 있다. 또한 중계를 하지 않는 이닝 간이나 클리닝타임에도 광고가 계속 돌아갈 수 있다.

정규 이닝(9이닝) 기준으로 1경기가 진행된다고 하면 양 팀의 투수들이 대략 300구를 던진다. 물론 투수전이 펼쳐지면 250구 정도로 줄어들 수 있다. 300구를 던진다고 가정하면 2구 단위로 1경기에 150번의 백스톱 광고면의 교체가 이뤄진다. 수원KT위즈파크 백스톱 LED 광고 32구좌가 완판된다면 1경기에 4.6875번(150구÷32구좌), 약 5차례 광고가 노출된다. 광고 구좌가 줄어든다면 광고 노출 기회는 더 커진다. 예를 들어 32구좌의 절반만 판매될 경우 1경기에 9.375번(150구÷16구좌), 약 10차례 광고가 노출된다. 광고주의 광고 집행 여력이 크다면 복수의 구좌를 구입하거나 구단에서 광고 구좌의 숫자를 줄이는 방법이 있다.

투구 수가 늘어날 경우 경기시간도 자연스레 늘어나면서 광고 노출 기회도 많아진다. 또 광고가 노출되는 2구 내에 홈런이 터진다면 효과가 배가된다. 홈런 타자가 베이스를 돌면서 홈으로 들어오는 시간 동안 백스톱 광고가 정지되어 있기 때문이다.

참고로 야구장과 달리 농구장의 보드 광고는 선수들의 시야를 가릴 일이 없어서 시간 단위로 교체된다. 그래서 대부분의 농구장은 24초 단위로 보드 광고가 바뀐다. 이 밖에 더그아웃 광고도 중계에 노출되기 때문에 인기가 있다.

앞서 소개한 옥외 광고나 전광판 광고보다 더 큰 효과가 있는 것이 바로 선수 유니폼 광고다. 선수들이 착용하는 유니폼과 모자에는 다양한 광고가 부착되어 있다. 통상적으로 중계 화면에 가장 많이 노출되는 가슴 패치 광고가 가장 효과가 좋고, 양팔 소매와 헬멧 광고 역시 효과가 좋다. 여기까지는 광고 가격이 10억 원 단위라고 생각하면 된다. 목 뒤에 부착되는 광고의 비용은 상대적으로 저렴하다. 프로야구 초창기에는 광고가 야구의 수준을 떨어뜨린다는 인식이 있었는데 최근에는 구단의 자생력 강화를 위해 부정적인 인식이 줄어든 분위기다.

돔구장과 야구장 신축

우리나라의 기온이 점점 상승하고 강우량이 증가하면서 KBO 리그에서도 돔구장에 대한 필요성이 커지고 있다. 메이저리그는 30개 구장 가운데 8개가 돔구장이고, 일본 프로야구는 12개 구장 가운데 6개가 돔구장이다. 반면 KBO리그는 키움 히어로즈의 고척 스카이돔이 유일한 돔구장이다.

돔은 둥글고 완만한 지붕을 가진 반구형의 건축 구조물로, 돔구 장이란 돔 형태의 지붕이 있는 대형 실내 야구장을 의미한다. 세계 최초의 돔구장은 1965년 개장한 미국 휴스턴의 '애스트로돔'이다. 미국 메이저리그 휴스턴 애스트로스는 1962년 창단했는데, 여름철 휴스턴의 날씨가 고온 다습하고 비가 자주 내리기 때문에 돔구장의 필요성이 제기되었다. 당시 휴스턴 애스트로스의 구단주였던 로이 호프하인즈는 이탈리아 로마로 여행을 갔다가 고대 콜로세움에 설치된 차양막에서 애스트로돔의 영감을 얻었다고 한다.

돔구장에서 야구를 하면 우천 취소 걱정이 없고 황사나 미세먼지 걱정도 없다. 옥외 스포츠인 야구는 날씨라는 변수에 따라 경기 진행이 좌우되지만, 돔구장은 그 영향을 받지 않는다. 돔구장에서는 혹서기에도 일요일 오후 2시 경기를 할 수 있다. 개방형(일반) 야구장은 혹서기 때 땀 흘려가며 야구를 봐야 하지만 돔구장은 피서를 온 기분이 든다. 선수단 입장에서는 단점도 있다. 선수가 부상을 당하면 비로 인해 경기가 연기되길 바라지만, 돔구장은 날씨 영향을 받지 않기 때문에 그런 바람이 이뤄질 수 없다.

2028년 청라돔구장(SSG 랜더스), 2032년 잠실돔구장(LG 트윈스, 두산 베어스)이 차례로 완공 예정이다. KBO리그도 이제 10개 구단 가운데 4개 구단이 돔구장을 홈으로 사용하는 시대가 온다. 2024년 KBO리그가 천만 관중이라는 흥행 대박을 터뜨린 데는 지방의 신축 야구장이 한몫을 단단히 했다. 2014년 광주기아챔피언스필드, 2016년 대구삼성라이온즈파크, 2019년 창원NC파크가 차례로 개장했고 2025년에는 대전 신구장(대전한화생명볼파크)이 완공되었다. 종전의 광주 무등야구장, 대구 시민야구장, 마산야구장, 대전야구장은 각각 1965년, 1948년, 1982년, 1964년에 개장해 시설이 열악했는데 최근 10년간 4개 구장이 새로 만들어졌다. 이로써 지방 야구장 가운데 부산 사직야구장(1986년 개장)이 가장 오래된 야구장으로 남아 있다.

돔구장을 포함한 새로운 야구장 신축은 KBO리그 흥행의 핵심 동력이 되고 있다. 이에 힘입어 앞으로도 천만 관중을 지킬 수 있을 것으로 기대된다.

9이닝:
야구와 금융

2024년 신한 프로야구 적금 가입자 가운데 응원구단을 선택한 비중은 LG 트윈스 26.8%, KIA 타이거즈 22.4%, 두산 베어스 10.5%, SSG 랜더스 10.1%, 한화 이글스 9.3%, 삼성 라이온즈 7.2%, NC 다이노스 3.4%, KT 위즈 3.3%, 키움 히어로즈 2.2% 순서였다. 한화 이글스는 시즌 초반 류현진 선수의 복귀와 상위권 성적으로 선택 비중이 10%를 넘어섰으나 성적이 추락하자 최종 9.3%에 그쳤다.

프로야구
적금

2018년부터 KBO리그 타이틀 스폰서를 맡고 있는 신한은행은 매년 프로야구 적금을 판매하고 있다. 2024년 역시 3월 19일부터 10월 1일까지 '신한 프로야구 적금'이라는 상품을 운영했는데, 응원하는 구단의 최종 성적에 따라 우대금리가 적용되는 상품이었다. 기본금리는 2.5%이고, 응원구단 성적 등에 따라 최대 1.7%p 우대 금리가 붙는다.

우대금리는 쏠(SOL)야구 콘텐츠 이용과 소득계좌 연계 등으로 0.7%p가 결정되고, 나머지는 응원팀의 성적에 달렸다. 응원팀이 포스트시즌에 진출하지 못하면 우대금리가 0.5%p지만, 포스트시즌에 진출하면 0.8%p가 붙고, 한국시리즈에서 우승하면 1.0%p의

금리가 추가된다. 응원구단의 성적에 따라 0.5%p의 금리 차이가 발생하는 것이다.

응원구단과 우대금리

2024년 신한 프로야구 적금 가입자 가운데 응원구단을 선택한 비중은 LG 트윈스 26.8%, KIA 타이거즈 22.4%, 두산 베어스 10.5%, SSG 랜더스 10.1%, 한화 이글스 9.3%, 삼성 라이온즈 7.2%, NC 다이노스 3.4%, KT 위즈 3.3%, 키움 히어로즈 2.2% 순서였다. 한화 이글스는 시즌 초반 류현진 선수의 복귀와 상위권 성적으로 선택 비중이 10%를 넘어섰으나 성적이 추락하자 최종 9.3%에 그쳤다.

이는 프로야구 인기 순위와는 차이가 있다. 한국갤럽은 2010년 부터 매년 정규시즌 개막을 앞두고 프로야구 구단 선호도 조사를 실시하고 있다. 관심층(322명) 기준으로 2024년에는 롯데 자이언츠 16%, 한화 이글스 15%, KIA 타이거즈 14%, LG 트윈스 12%, 삼성 라이온즈 11%, 두산 베어스 8%, SSG 랜더스 5%, NC 다이노스 4%, 키움 히어로즈 2%, KT 위즈 2% 순서로 조사되었다. 한편 2024년 천만 관중(10,887,705명)을 돌파한 가운데 관중 순위로는

| 2024년 각종 지표를 통해 본 프로야구 구단 순위

신한 프로야구 적금			한국갤럽 선호도 조사			관중수		
순위	구단	비중	순위	구단	비중	순위	구단	비중
1	LG	26.8%	1	롯데	16%	1	LG	12.8%
2	KIA	22.4%	2	한화	15%	2	삼성	12.4%
3	두산	10.5%	3	KIA	14%	3	두산	12.0%
4	SSG	10.1%	4	LG	12%	4	KIA	11.6%
5	한화	9.3%	5	삼성	11%	5	롯데	11.3%
6	삼성	7.2%	6	두산	8%	6	SSG	10.5%
7	롯데	4.8%	7	SSG	5%	7	KT	7.8%
8	NC	3.4%	8	NC	4%	8	키움	7.4%
9	KT	3.3%	9	키움	2%	9	한화	7.4%
10	키움	2.2%	10	KT	2%	10	NC	6.9%

LG 트윈스, 삼성 라이온즈, 두산 베어스, KIA 타이거즈, 롯데 자이 언츠, SSG 랜더스, KT 위즈, 키움 히어로즈, 한화 이글스, NC 다이 노스 순이었다.

신한 프로야구 적금은 전년도와 당해 연도 팀 성적과 상관관계 가 있어 보인다. 최대한의 우대금리를 적용받기 위해 응원하는 팀 이 아닌 다른 팀을 선택할 수도 있다. 따라서 프로야구 구단 선호 도 조사나 관중수와는 차이가 있다. 적금 출시 초기에는 전년도 6위인 KIA 타이거즈를 선택한 비중이 12%였으나 KIA 타이거즈가 정규시즌 1위를 달리자 적금 가입자가 크게 뛰어 20%를 상회했

| 2024년 신한 프로야구 적금 가입자와 최근 2년간 순위

신한 프로야구 적금(2024년)			2023년 순위		2024년 순위	
순위	구단	비중	순위	구단	순위	구단
1	LG	26.8%	1	LG	1	KIA
2	KIA	22.4%	2	KT	2	삼성
3	두산	10.5%	3	SSG	3	LG
4	SSG	10.1%	4	NC	4	두산
5	한화	9.3%	5	두산	5	KT
6	삼성	7.2%	6	KIA	6	SSG
7	롯데	4.8%	7	롯데	7	롯데
8	NC	3.4%	8	삼성	8	한화
9	KT	3.3%	9	한화	9	NC
10	키움	2.2%	10	키움	10	키움

다. 반면 2023년 응원팀 선택 비중이 31.7%로 1위였던 SSG 랜더스는 2024년 10.1%로 크게 줄었다.

다양한
금융상품

프로야구와
금융의 스폰서십

NH투자증권의 모바일 서비스 브랜드 나무증권은 2023년에 이어 2024년에도 JTBC 〈최강야구〉와 메인 스폰서십을 진행했다. 나무증권은 2024년 〈최강야구〉의 첫 방송일부터 방송 종료 시점까지 연간 스폰서십을 진행했다. 전회차에 걸쳐 나무증권 로고와 프로그램 내 가상 광고, 제작 지원 배너 등이 노출되었다.

현대카드는 KIA 타이거즈, SSG 랜더스와 스폰서십을 맺고 다양한 이벤트를 진행했다. 현대카드를 이용해 KIA 타이거즈 홈경기를 예매할 경우 일반석 2,500원 할인 혜택이 주어졌다. 신한카드는 LG 트윈스, KB국민카드는 두산 베어스, BC카드는 KT 위즈와 각각 스폰서십을 맺었다.

특히 LG 트윈스는 2007년 신한카드와 제휴해 국내에서 처음으로 '야구 신용카드(LG트윈스 신한카드)'를 출시했다. 이 카드를 이용하면 LG 트윈스의 홈경기를 3천 원 할인된 가격에 관람할 수 있다. 신용카드를 통한 야구장 할인 혜택은 2007년 이전에도 있었다. 신용카드사가 프로야구단에 일정 금액의 마케팅 비용을 지불하고, 프로야구단은 일반석 중심으로 할인 혜택을 적용하는 방식이다.

지방 연고 구단은 해당 지역 은행이 후원한다. KIA 타이거즈는 광주은행, 삼성 라이온즈는 iM뱅크(전 DGB대구은행), 롯데 자이언츠는 BNK부산은행, NC 다이노스는 BNK경남은행과 NH농협은행이 후원을 맡았다.

광주은행은 KIA 타이거즈가 통합우승을 달성한 2017년의 이듬해인 2018년부터 'KIA타이거즈 우승기원 예·적금'을 운영했다. 2024년에는 판매 종료 예정일인 7월 31일 이전에 예금 한도인 3천억 원이 모여 마감되었다. 예금은 KIA 타이거즈가 포스트시즌에 진출하면 0.05%p, 정규시즌에 우승하면 0.10%p, 한국시리즈에 우승하면 0.10%p의 우대금리가 적용되는 방식이다. KIA 타이거즈가 정규시즌과 한국시리즈 통합우승을 차지한 덕분에 기본금리 3.6%에 우대금리 최대 0.25%p가 적용되어 만기일 기준 연

3.85%가 적용되었다.

적금은 예금과 동일한 형태로 우대금리 최대 0.25%p, 그리고 이벤트 우대금리를 최대 0.6%p를 추가로 제공했다. 이벤트 우대금리는 KIA 타이거즈의 2024년 정규시즌 기록에 따라 적용되며 20승 이상 투수 배출 시 연 0.1%p, 팀 홈런 100개 이상 시 연 0.1%p, 200안타 선수 배출 시 연 0.2%p, 최장 연승기록에 따라 최대 연 0.2%p를 추가적으로 제공되는 조건이었다. 2024년은 정규시즌 중 8연승(0.1%p), 팀 홈런 100개 이상(0.1%p)을 기록했다.

iM뱅크는 '특판DGB홈런적금'을 운영했다. 기본금리 4%, 우대금리 최대 0.3%p로 만기일 기준 최고 연 4.3%가 적용되었다. 삼성 라이온즈가 포스트시즌에 진출하면 0.1%p, 정규시즌 우승 시 0.1%p, 한국시리즈 우승 시 0.1%p의 우대금리가 적용되는 방식이었다. 삼성 라이온즈가 정규시즌 2위를 기록하고 한국시리즈 준우승을 했으니 포스트시즌 진출 우대금리 0.1%p가 적용되었다.

지방은행 가운데 프로야구 예금 상품을 가장 일찍 출시(2007년)한 BNK부산은행은 2024년에도 'BNK가을야구정기예금'을 운영했다. 기본금리 3.25%, 우대금리 최대 0.7%p로 만기일 기준 최고 연 3.95%가 적용되었다. 롯데 자이언츠가 한국시리즈 우승 시 0.2%p, 비대면채널가입 시 0.1%p, 신규고객우대 0.1%p, 포스트시즌 진출 시 최대 0.3%p의 우대금리가 적용되는 방식이었다. 안타깝게도 BNK부산은행은 2007년 'BNK가을야구정기예금'을 출시한 이래 롯데 자이언츠가 가을야구에 진출한 사례가 6차례 (2008·2009·2011·2012·2017년)에 불과했다.

증권사와 보험사도 있다. 증권사는 현대차증권(KIA 타이거즈)과 대신증권(KT 위즈), 보험사는 현대해상(KIA 타이거즈), ABL생명(NC 다이노스), KB라이프생명(키움 히어로즈)이 야구단을 후원했다. 특히 키움 히어로즈는 키움증권이 네이밍 스폰서를 맡고 있는 만큼 키움금융그룹 전체가 야구단을 후원했다.

금융상품과
원리합계

금융상품과 관련 있는 수학 공식으로는 원리합계(원금과 이자의 합)가 있다.

일정한 수를 더하는 규칙을 사용하는 수열을 등차수열이라고 한다. 예를 들어 '2, 5, 8, 11…'은 이웃한 두 항의 차가 3이다. 앞의 항에 더해지는 일정한 수가 '공차(Diffence)'다. 해당 수열의 공차는 d=3이다. 첫째항이 2고, 공차가 3인 수열을 다시 정리해보자.

$a_1 = 2 = 2 + 3 \times 0$

$a_2 = 5 = 2 + 3 \times 1$

$a_3 = 8 = 2 + 3 \times 2$

$$a_4 = 11 = 2 + 3 \times 3$$
$$\vdots$$
$$a_n = 2 + 3 \times (n - 1)$$

일반적으로 등차수열에서 첫째항을 a, 공차를 d라고 하면 일반항은 다음과 같이 표현할 수 있다.

$$a_n = a + (n - 1)d$$

단리와 복리의 원리합계

단리는 내가 은행에 예금하거나 빌린 돈, 즉 원금에 대해서만 정해진 이자를 붙이는 방식이다. 단리를 적용하면 1년을 예금하든 10년을 예금하든 매년 같은 액수의 이자가 붙는다. 실제로 100만 원을 연 이자율 10% 단리로 예금하면 매년 10만 원씩 이자를 받아 2년 뒤엔 원리금이 총 120만 원이 된다. 3년 뒤에는 총 130만 원이 된다. 이것을 수열로 표현하면 '110, 120 130, 140…'으로 첫째항은 110, 공차는 10인 등차수열이다. 따라서 a_n=110+(n-1)10=10n+100으로 나타낼 수 있다.

원금을 A, 이자율을 r(%), 기간을 n이라고 하면 원금 A에 대한 단리의 원리합계 S는 첫째항이 $A + \dfrac{r}{100}A$, 공차가 $\dfrac{r}{100}A$인 등차수열이다. 원리합계 S는 등차수열의 일반항을 이용하면 다음과 같다.

$$S = A + \frac{r}{100}A + (n-1)\frac{r}{100}A = A + n \times \frac{r}{100}A = A\left(1 + \frac{r}{100}n\right)$$

이번에는 1부터 10까지의 합, 즉 '1+2+3+⋯+9+10'을 계산해보자.

$$
\begin{aligned}
S_{10} &= 1 + 2 + 3 + \cdots + 9 + 10 \\
+\,S_{10} &= 10 + 9 + 8 + \cdots + 2 + 1 \\
\hline
2S_{10} &= \underbrace{11 + 11 + 11 + \cdots + 11 + 11}_{10개}
\end{aligned}
$$

$$\therefore S_{10} = \frac{11 \times 10}{2} = 55$$

등차수열의 첫째항부터 제n항까지의 합을 S_n이라고 가정하자.

1. 첫째항이 a, 제n항이 l일 때, $S_n = \dfrac{n(a+l)}{2}$

2. 첫째항이 a, 공차가 d일 때, $S_n = \dfrac{n\{2a + (n-1)d\}}{2}$

일정한 수를 곱하는 규칙을 사용하는 수열을 등비수열이라고 한다. 예를 들어 '2, 6, 18, 54…'는 이웃한 두 항의 비가 3이다. 항에 곱해지는 일정한 수가 공비(Ratio)이며, 예시 수열의 공비 r=3이다. 예를 들어 첫째항이 2이고 공비가 3인 수열을 다시 정리해보자.

$$a_1 = 2 = 2 \times 3^0$$
$$a_2 = 6 = 2 \times 3^1$$
$$a_3 = 18 = 2 \times 3^2$$
$$a_4 = 54 = 2 \times 3^3$$
$$\vdots$$
$$a_n = 2 \times 3^{n-1}$$

일반적으로 등비수열에서 첫째항을 a, 공비를 r이라고 하면 일반 항은 $a_n = ar^{n-1}$로 표현할 수 있다.

복리란 원금에 이자를 붙여 늘어난 전체 금액에 대해 또 이자를 붙이는 것이다. 복리를 적용하면 원금과 이자를 합친 돈인 원리금에 이자를 붙이는 방식이 반복되므로 예금 기간이 길어질수록 돈이 눈덩이처럼 불어난다. 복리를 적용하면 1년 뒤엔 100만 원의 10%에 해당하는 10만 원의 이자가 붙어 원리금이 110만 원이 되고, 2년 후에는 110만 원의 10%에 해당하는 11만 원의 이자가 붙어 원리금이 121만 원이 된다. 3년 후에는 121만 원의 10%에 해당하는 12.1만 원의 이자가 붙어 원리금이 133만 1천 원이 된다.

이것을 수열로 표현하면 '110, 121, 133.1…'이다. 첫째항 110은 원금 100만 원에 이자율 0.1%를 곱해서 계산된 이자 10을 더한 값이다. 식으로 표현하면 $100(1+0.1)=100 \times (1.1)$이다. 둘째항 121은 첫째항 $100 \times (1.1)$에 이자인 $100 \times (1.1) \times 0.1$을 더한 $100 \times (1.1)+100 \times (1.1) \times 0.1$에서 분배법칙을 이용하면 $100 \times (1.1)(1+0.1)=100 \times (1.1)^2$이다. 이것은 첫째항이 110이고 공비가 1.1인 등비수열이다. 따라서 다음과 같이 나타낼 수 있다.

$$a_n = 110 \times (1.1)^{n-1}$$

원금을 A, 이자율을 r(%), 기간을 n이라고 하면 원금 A에 대한 복리의 원리합계 S는 첫째항이 $A(1+\frac{r}{100})$, 공비가 $(1+\frac{r}{100})$인 등비수열이다. 따라서 원리합계 S는 등차수열의 일반항을 이용하면 다음과 같다.

$$S = A\left(1+\frac{r}{100}\right) \times \left(1+\frac{r}{100}\right)^{n-1} = A\left(1+\frac{r}{100}\right)^{n}$$

적금은 일정 기간 정기적으로 일정한 금액을 저축하고 만기 이후 이자와 함께 원금을 돌려받는 상품이다. 원리합계를 계산할 때 주의할 점은 초기에 넣은 돈과 나중에 넣는 돈에 붙는 이자가 다르다는 점이다. 이때는 등비수열의 합을 구하는 공식이 이용된다.

$$S_n = a_1 + a_2 + a_3 + \cdots + a_{n-1} + a_n$$
$$\Downarrow$$
$$S_n = a + ar + ar^2 + \cdots + ar^{n-2} + ar^{n-1}$$
$$-\ )\ rS_n = ar + ar^2 + ar^3 + \cdots + ar^{n-1} + ar^n$$

$\times r$ $\times r$

$$(1-r)S_n = a - ar^n = a(1-r^n)$$

$$\therefore S_n = \frac{a(1-r^n)}{1-r} = \frac{a(r^n-1)}{r-1} \,(단\ r \neq 1)$$

분모, 분자에 각각 ×(-1)

2024년 초에 이율 r(%)로 매년 복리로 a만 원씩 5년 동안 적립하면 만기인 2029년에 얼마를 받을 수 있을까? 첫 해에 입금한 a만 원의 1년 후, 2년 후 금액은 다음과 같다.

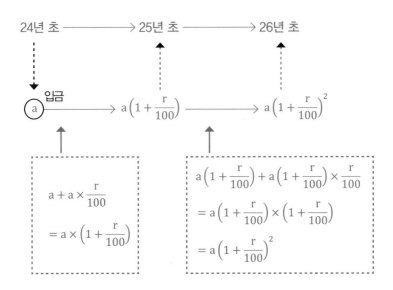

이것을 5년 뒤까지 확장해서 계산하면 이렇다.

24년 초	25년 초	26년 초	27년 초	28년 초	29년 초
	1년 후	2년 후	3년 후	4년 후	5년 후

$$a \rightarrow a\left(1+\frac{r}{100}\right) \rightarrow a\left(1+\frac{r}{100}\right)^2 \rightarrow a\left(1+\frac{r}{100}\right)^3 \rightarrow a\left(1+\frac{r}{100}\right)^4 \rightarrow a\left(1+\frac{r}{100}\right)^5$$

첫 해인 2024년에 넣은 금액 a만 원은 총 5번의 이자를 받게 되고, 그다음 해인 2025년 초에도 다시 금액 a만 원을 입금해야 한다. 이 금액은 총 4번의 이자를 받게 된다.

24년 초	25년 초	26년 초	27년 초	28년 초	29년 초

$$a \quad a\left(1+\frac{r}{100}\right) \quad a\left(1+\frac{r}{100}\right)^2 \quad a\left(1+\frac{r}{100}\right)^3 \quad a\left(1+\frac{r}{100}\right)^4 \quad a\left(1+\frac{r}{100}\right)^5$$

$$a\ 입금 \rightarrow a\left(1+\frac{r}{100}\right) \rightarrow a\left(1+\frac{r}{100}\right)^2 \rightarrow a\left(1+\frac{r}{100}\right)^3 \rightarrow a\left(1+\frac{r}{100}\right)^4$$

이것을 매년 반복해서 2029년 초에 금액 a만 원을 입금하면 $a(1+\frac{r}{100})$을 받을 수 있다. 이 값을 정리해서 모두 더하면 받을 수 있는 총액이 된다.

$$a\left(1+\frac{r}{100}\right) + a\left(1+\frac{r}{100}\right)^2 + a\left(1+\frac{r}{100}\right)^3 + a\left(1+\frac{r}{100}\right)^4 + a\left(1+\frac{r}{100}\right)^5$$

첫째항이 $a(1+\frac{r}{100})$이고 공비가 $(1+\frac{r}{100})$이고 항의 개수가 5인 등비수열이므로, 등비수열의 합의 공식을 이용하면 내가 받을 총액은 다음과 같다.

$$\frac{a\left(1+\frac{r}{100}\right) \times \left\{\left(1+\frac{r}{100}\right)^5 - 1\right\}}{\left(1+\frac{r}{100}\right) - 1}$$

신한 프로야구 적금은 기본금리는 2.5%를 제공하며, 2024년 우승팀 KIA 타이거즈를 기준으로 6개월 이상 쏠야구 콘텐츠에 참여하고 6개월 이상 입금 조건을 충족할 시 최대 1.7%p의 우대금리가 추가되어 총 4.2%의 이자가 발생한다. 매월 50만 원씩 12개월 동안 연이율 4.2%로 적금을 한다면 원금의 합계는 600만 원이고 세전 이자는 13만 8,200원이다. 이자 소득에 따른 세금 15.4%인 2만 1,280원을 빼면 세후 수령액은 대략 611만 6,920원이 된다.

이자 수익을 계산해보자. 소수점 계산으로 인해 약간의 오차가 발생될 수 있다. 4.2%의 연간 이율을 월간 이율로 바꾸면 4.2÷12=0.35%가 된다. 계산식은 다음과 같다.

$$\frac{50\left(1+\frac{0.35}{100}\right)\left\{\left(1+\frac{0.35}{100}\right)^{12} - 1\right\}}{\left(1+\frac{0.35}{100}\right) - 1} = \frac{50(1+0.0035)\{(1+0.0035)^{12} - 1\}}{0.0035}$$

$$= \frac{50(1.0035)(1.0428180072 - 1)}{0.0035} \fallingdotseq 613.82671$$

프로야구 사진작가의 하루

프로야구 10개 구단 모두 영상 담당과 사진 담당이 있다. 최근에는 구단 유튜브가 활발해지면서 영상 콘텐츠가 중심이 되었지만, 여전히 사진은 구단 홍보에서 빠질 수 없는 요소다. 10개 구단의 사진 담당은 전원 외주다. 과거에는 사진 담당이 구단 직원인 경우가 대부분이었다. 인천을 연고로 하는 SSG 랜더스의 사진 담당 역시 외주다. 인천 토박이 김노천 사진작가가 담당하고 있는데, 그는 1993년 태평양 돌핀스 홍보팀 직원으로 입사해 현재까지 사진을 도맡고 있다.

김노천 작가는 인천에서 프로야구가 시작하는 날이면 경기 개시 3시간 전에 출근한다. 퇴근은 경기 종료 1~2시간 이후다. 야구장

SSG 랜더스 홈경기 사진기자석. 제일 왼쪽이 김노천 작가

에 출근해서 사진 기자, 구단 직원, 선수, 코칭스태프 등 다양한 관계자와 만난다. 경기 촬영과 사전·사후 행사 촬영이 주된 업무다. 사진기자들 관리는 구단 홍보팀이 맡지 않고 김노천 작가가 도맡는다. 경기가 있는 날이면 구단에서 사진기자들에게 식사를 제공하는데, 식권을 제공하는 역할도 김노천 작가의 몫이다. 홍보팀에게는 한마디로 고마운 존재다.

그리고 퇴근 후 개인 사무실로 가서 당일에 촬영한 원본사진을 2시간에 걸쳐 분류, 정리, 업로드를 한다. 당일에 정리하지 않으면 이후에 감당이 되지 않아 밤을 새워서라도 업무를 마무리한다. 김노천 작가가 처음 야구 사진을 촬영할 당시에는 필름 시대였지만,

현재는 디지털 기술이 발달해 외장하드에 사진을 보관하고 있다.

경기가 있는 날뿐만 아니라 경기가 없는 날에도 수시로 구단에서 연락이 온다. 언론에서 필요한 사진을 보내달라는 요청이 대부분이다. 지금은 발간하지 않지만 구단 팬북을 만들 때도 김노천 작가의 사진이 주를 이룬다.

구단 사진은 팀의 역사를 보존하는 중요한 사료 역할을 한다. 언제일지는 몰라도 구단 박물관을 만들 때를 대비해서라도 사진들을 계속 보관해둔다. 구단 사진을 외주로 주기는 하지만 업체를 바꾸기는 쉽지 않다. 장기간 근무한 담당자는 노하우와 장점이 많은 반면, 초보자는 경험 부족으로 인해 단점이 많다. 김노천 작가처럼 장기간 야구단 사진을 담당한 경우에는 필요한 사진을 찾는 속도가 빠르고 고증에도 유리하다. 김노천 작가는 구단 사진을 체계적으로 관리해서 사진이 갖는 사료적 가치를 제고하고 있다.

참고로 김노천 작가는 공로를 인정받아 2024년 8월 9일, 인천 SSG랜더스필드에서 시구를 맡았다. 김노천 작가는 이숭용 SSG 랜더스 감독이 태평양 돌핀스의 신인선수였던 때부터 사진을 찍어왔다. 그리고 30년이 지난 지금, 이숭용 감독 앞에서 시구를 하게 된 것이다. 현재는 장녀인 김태연 사진작가가 부친의 뒤를 이어 야구장 사진을 찍고 있다. 대를 이어 야구장 사진을 찍는 건 국내 스포츠 사상 처음일 것이다.

10이닝:
경험과 데이터

2015년 4월 18일, 류중일 삼성 라이온즈 감독은 한 팀의 야수진을 구성할 때 '이대호 9명 vs. 이대형 9명' 중 어떤 팀을 선택하겠냐는 질문을 받았다. 그는 망설임 없이 '이대형 9명'을 택했다.

이대호 9명
vs. 이대형 9명

2015년 4월 18일, 류중일 삼성 라이온즈 감독은 한 팀의 야수진을 구성할 때 '이대호 9명 vs. 이대형 9명' 중 어떤 팀을 선택하겠느냐는 질문을 받았다. 그는 망설임 없이 '이대형 9명'을 택했다.

이대호 9명은 타격만큼은 최고지만 작전 수행이 어려운 팀이고, 이대형 9명은 엄청난 스피드를 보여주나 장타력은 크게 떨어진다. 이대호는 골든글러브 7회, 통산 홈런 5위(374개), 도루 11개, 도루 실패 11개로 주력이 부족한 전형적인 홈런 타자다. 이대형은 통산 도루 3위(505개), 홈런 9개로 장타는 기대할 수 없지만 주자로 나가면 도루를 감행하는 타자다. 타격 유형이 완전 정반대라 당시 팬들 사이에도 논쟁이 되었다.

이 논쟁은 이후에도 갑론을박이 이어졌다. 2021년 2월 23일 KBS 스포츠 유튜브 채널 '옐카3'에서도 '이대호 9명 vs. 이대형 9명'의 밸런스 게임이 벌어졌다. 여기서 패널 3명 중 2명은 이대호 9명을 선택했다.

RC/27에서 답을 찾다

상기 두 차례 선택은 각자의 야구관에 입각한 선택이었다. 그러나 세이버메트릭스 관점에서 선택한다면 답은 간단하다. 결국 야구 경기에서 타자의 역할은 득점을 만드는 것이다. 득점 생산(RC)을 27아웃(한 경기 9이닝까지 소화할 경우 아웃의 수)으로 환산한 'RC/27'을 통해 이 논쟁의 답을 낼 수 있다.

1982년생 이대호와 1983년생 이대형이 전성기가 겹치는 동시대 5년간 RC/27(스포츠투아이 선정), sWAR(스탯티즈 WAR), OBP(출루율)를 비교해봤다. 이대호는 2010년 전무후무한 타격 7관왕을 차지했고, 이대형은 2007년부터 4년 연속 도루왕이었다. sWAR은 양 선수의 역량을 비교하기 위해서고, OBP는 주루능력의 양극단에 있는 두 선수를 객관적으로 비교하기 위함이다.

RC/27, sWAR, OBP 모두 이대형의 5년간 최고치보다 이대호의

연도	RC/27		sWAR		OBP	
	이대호	이대형	이대호	이대형	이대호	이대형
2007년	10.96	4.96	6.274	2.886	0.453	0.367
2008년	7.39	3.58	4.549	2.168	0.400	0.317
2009년	7.33	4.06	3.784	1.802	0.377	0.341
2010년	11.62	4.03	7.100	1.517	0.444	0.341
2011년	9.44	3.42	5.137	0.885	0.433	0.310

5년간 최저치가 높았다. 그만큼 두 선수는 타자로서 비교 대상이
아닌 것이다.

두 선수 간의 WAR의 차이가 크기 때문에 비교 대상이 아니라는
생각이 든다. '이대호 9명 vs. 이대형 9명'은 정반대의 타격 스타일
을 비교하는 데 치중한 밸런스 게임인 셈이다. 이보다는 역대 KBO
리그 최고의 타자로 꼽히는 이종범과 이승엽 선수를 비교해보는
게 어떨까 싶다. 이종범은 이대형 못지않은 주루능력(도루왕 4회, 단
일 시즌 최다 도루 84개)과 더불어 타격의 모든 지표에서 상위능력을
보여준 선수고, 이승엽은 주루능력(통산 도루 57개)은 평범하지만
통산 홈런 1위(467개) 타자다. 둘 중 한 명을 선택하는 밸런스 게임
이라면 난해할 수 있다.

스포츠투아이가 선정한 RC/27이 2007년부터 집계되어 1990년
대 후반이 전성기인 이종범의 RC/27 수치를 알지는 못한다. 대신

통산 sWAR 기준으로는 이종범 선수는 16시즌간 69.22(시즌 평균 4.32625), 이승엽 선수는 15시즌간 70.742(시즌 평균 4.71613)다. 이승엽이 평균 0.38988 차이로 앞선다. 게다가 이승엽은 15시즌 내내 sWAR이 양수(+)였다. '야구 천재' 이종범은 단 한 차례 sWAR 음수(-)를 기록했다.

강두기
vs. 임동규

〜〜〜 **간판타자와**
1선발의 트레이드 〜〜〜

2019년 인기를 끌었던 드라마 〈스토브리그〉는 첫 편부터 빅딜(대형 트레이드)로 주목을 받았다. 주인공 백승수 단장이 속한 드림즈의 간판타자 임동규와 바이킹스의 1선발 강두기가 포함된 2:2 트레이드였다. 현실에서 이런 빅딜이 실현될 수 있느냐가 논쟁이 되기도 했다. 이 드라마에서는 임동규와 강두기의 WAR이 나오는데, 임동규는 6.226이고 강두기는 7.526이다.

간판타자와 1선발 투수를 바꾸는 건 KBO리그 역사상 없었던 일이다. 그나마 근접한 건 1998년 12월 14일 삼성 라이온즈의 간판타자 양준혁을 포함한 3명(투수 2명)과 해태 타이거즈의 마무리 투수 임창용 간의 트레이드였다. 트레이드가 단행된 1998년, sWAR 기준으로 양준혁은 5.880이었고 임창용은 5.114였다. WAR 기준으로는 양준혁이 임창용보다 높은데 삼성 라이온즈는 2명의 선수를 더 내줬다. 당시에는 당연히 WAR 개념이 없었다.

WAR 5점대는 올스타급 선수로 팀의 간판에 해당한다. 양준혁과 임창용 선수의 트레이드는 엄청난 결단이 필요한 일이었다. 당시 해태 타이거즈는 재정적 어려움에 처해 있었고, 마무리투수 보강이 필요했던 삼성 라이온즈의 임창용 영입 요청을 받아들이지 않을 수 없었다.

그동안의 트레이드를 돌아보면 현실에서는 WAR이나 세이버 스탯보다는 주로 클래식 스탯으로 트레이드를 결정했다. 모든 트레이드는 구단주 선까지 보고되는데 대부분 평균자책점, 승리, 타율 등 클래식 스탯을 기준으로 선수를 판단한다. 또 무엇보다 1군 감독의 의사가 중요한데 1군 감독 역시 세이버 스탯을 이야기하지 않는다. 단장 이하 데이터 분석을 하는 실무자들만이 세이버 스탯을 살펴본다. 그 이유는 구단주나 대표이사에게 보고할 때는 클래식 스탯이 보다 직관적이기 때문이다.

트레이드는 선수 간 거래이기 때문에 협상능력이 중요하다. 한 번의 협상으로 성사되는 경우는 드물고 수차례 밀고 당기는 과정

끝에 결과물이 나온다. 2022년 5월 9일 SSG 랜더스의 김정빈(투수, 이후 김사윤으로 개명), 임석진(내야수)과 KIA 타이거즈의 김민식(포수) 간의 트레이드 역시 양측 단장이 일주일 가까이 전화 통화를 한 끝에 성사되었다. 당시 KIA 타이거즈가 왼손 투수를 원해 김정빈 선수는 고정이었고, SSG 랜더스의 내야수와 KIA 타이거즈의 포수는 각각 2명씩 거론되었다.

이때도 클래식 스탯이 비교 잣대였다. 2021년 sWAR 기준으로 김정빈 선수는 −0.393, 임석진 선수는 0, 김민식 선수는 0.821이었다. sWAR 기준으로 트레이드를 했다면 KIA 타이거즈는 이 트레이드를 하지 않았을 것이다. 당시 SSG 랜더스는 기존 포수인 이재원, 이홍련 선수의 송구 불안이 가중되어 우승 가도에 어두운 그림자가 드리울 때였다. 송구가 안정적인 김민식의 영입은 천군만마와 같았다. 그 결과 SSG 랜더스는 전무후무한 와이어 투 와이어 통합우승을 달성한다.

박찬호
vs. 데이비슨

앞서 평균과 분산 개념이 나왔다. 클래식 스탯은 거의 전부가 평균 개념이다. 투수의 평균자책점, 타자의 타율·출루율·장타율·OPS 모두 일정 기간의 평균으로 산출한다.

2024년 KBO리그 유격수 부문 골든글러브를 수상한 박찬호(KIA 타이거즈)와 홈런왕 맷 데이비슨(NC 다이노스)은 타격 유형이 상극에 가까운 야수다. 박찬호는 2년 연속 KBO 수비상(유격수)을 수상한 공·수·주 3박자를 갖춘 야수고, 맷 데이비슨은 1루수이면서 파워툴이 돋보이는 슬러거다. 체격의 차이도 크다. 박찬호는 178cm, 72kg이고, 맷 데이비슨은 190cm, 104kg이다.

그런데 두 선수가 2024시즌에 타율·경기·타석·타수·득점·안

선수명	타율	경기	타석	타수	득점	안타	2루타	3루타	홈런	타점	볼넷	삼진	OPS
박찬호	0.307	134	577	515	86	158	24	1	5	61	48	44	0.749
데이비슨	0.306	131	567	504	90	154	25	1	46	119	39	142	1.003

타·2루타·3루타까지 비슷했다. 두 선수의 이름을 가리고 이 기록만 보면 어떤 유형의 선수인지 알기가 어렵다. 극명하게 차이가 나는 기록은 홈런·타점·삼진·OPS다. 홈런·타점·OPS를 보면 맷 데이비슨이 박찬호를 크게 앞서고, 삼진은 맷 데이비슨이 박찬호를 크게 앞선다.

평균과 분산

나열된 기록만 놓고 보면 맷 데이비슨이 박찬호보다 기복이 클 것 같다. 그러면 통계적으로 분석해도 같은 결과가 나올까? 분산 개념을 접목시켜보자.

박찬호와 맷 데이비슨의 월별 안타 수의 평균과 분산을 구해보자. 박찬호의 월별 평균 안타 개수는 다음과 같다.

| 2024시즌 박찬호 vs. 맷 데이비슨 월별 안타 수

구분	3~4월 (23G)	5월 (25G)	6월 (24G)	7월 (22G)	8월 (22G)	9~10월 (18G)	합계
박찬호	25	39	24	18	30	22	158
데이비슨	26	26	25	20	25	32	154

$$\frac{25 + 39 + 24 + 18 + 30 + 22}{6} = \frac{158}{6} = 26.33$$

맷 데이비슨의 월별 평균 안타 개수는 다음과 같다.

$$\frac{26 + 26 + 25 + 20 + 25 + 32}{6} = \frac{154}{6} = 25.67$$

박찬호의 월별 안타 개수의 편차는 −1.333, 12.667, −2.333, −8.333, 3.667, −4.333으로 편차 제곱의 평균(분산)을 계산하면 44.889이고 표준편차는 6.7이다. 맷 데이비슨의 월별 안타 개수의 편차는 0.333, 0.333, −0.667, −5.667, −0.667, 6.333으로 평균(분산)을 계산하면 12.222이고 표준편차는 3.496이다.

따라서 맷 데이비슨이 박찬호에 비해 월별 평균 안타 수가 평균에 가깝다고 할 수 있다. 2024시즌 박찬호가 맷 데이비슨보다 좀 더 기복 있는 성적을 보였다. 이처럼 평균으로는 보이지 않지만 분산(표준편차)으로는 월별로 기복을 확인할 수 있다.

외국인 선수가
전력의 절반?

WAR로 살펴보는
외국인 선수의 비중

　야구계에서는 '외국인 선수가 전력의 절반'이라는 표현을 흔히 사용한다. 2026년부터 아시아 쿼터가 시행되는데 2025년까지는 외국인 선수 정원이 3명이다. 정말로 외국인 선수가 전력의 절반일까? 1군 엔트리 28명 가운데 3명이 실제로 '전력의 절반'을 차지하는지 WAR(sWAR)을 통해 분석해보자.

　스탯티즈 WAR(sWAR) 기준으로 2023년 KBO리그의 팀 WAR과 외국인 선수의 WAR을 비교해봤다. KBO리그 투수, 야수 합

❙ 2023시즌 팀 내 외국인 선수 비중

팀	팀 WAR	외인 WAR	외인 선수 비중	국내 WAR	국내 선수 비중
KIA	47.02	7.94	16.9%	39.08	83.1%
삼성	32.18	10.84	33.7%	21.34	66.3%
LG	58.35	13.87	23.8%	44.48	76.2%
두산	42.54	12.28	28.9%	30.26	71.1%
KT	52.00	13.16	25.3%	38.84	74.7%
SSG	39.98	10.48	26.2%	29.50	73.8%
롯데	36.74	10.56	28.7%	26.18	71.3%
한화	29.40	5.36	18.2%	24.04	81.8%
NC	51.74	13.96	27.0%	37.79	73.0%
키움	28.10	9.98	35.5%	18.12	64.5%
합계	418.05	108.43	25.8%	309.63	74.2%

❙ 2024시즌 팀 내 외국인 선수 비중

팀	팀 WAR	외인 WAR	외인 선수 비중	국내 WAR	국내 선수 비중
KIA	53.29	11.83	22.2%	41.46	77.8%
삼성	48.78	11.99	24.6%	36.79	75.4%
LG	51.93	13.19	25.4%	38.74	74.6%
두산	47.43	9.27	19.5%	38.16	80.5%
KT	40.80	14.76	36.2%	26.04	63.8%
SSG	34.84	11.9	34.2%	22.94	65.8%
롯데	42.62	16.64	39.0%	25.98	61.0%
한화	33.76	8.48	25.1%	25.28	74.9%
NC	40.93	13.39	32.7%	27.54	67.3%
키움	28.42	14.87	52.3%	13.55	47.7%
합계	422.8	125.4	29.7%	296.48	70.3%

야구×수학

처 팀 WAR은 418.05이고 외국인 선수 WAR은 107.97이었다. 따라서 팀 내 외국인 선수의 비중은 $\frac{107.97}{418.05} \times 100 = 25.8\%$였다. 높은 비중이지만 절반은 아니다. 동일한 방식으로 2024년 KBO리그의 팀 WAR, 외국인 선수 WAR을 비교해보면 팀 WAR은 422.8이고 외국인 선수 WAR은 125.4다. 팀 내에서 외국인 선수의 비중은 $\frac{125.4}{422.8} \times 100 = 29.7\%$였다. 이번에도 역시 절반에 못 미친다.

2023년, 2024년 2년 연속 최하위 팀인 키움 히어로즈는 외국인 선수가 팀 내에서 차지하는 비중이 2년 연속 리그 1위다. 팀 WAR은 최하위인데 외국인 선수 WAR이 차지하는 비중이 높다는 건 그만큼 국내 선수의 WAR이 낮고 선수층이 얇다는 것이다. 특히 2023년의 경우 외국인 선수 WAR이 리그에서 8위였지만, 외국인 선수 WAR 비중은 1위를 차지했다. 전반적으로 선수단 뎁스에 빨간 경보가 울린 것으로 보인다.

반면 2024년 통합우승을 차지한 KIA 타이거즈는 외국인 선수 WAR과 비중 모두 2년 연속 리그 하위권이다. 이는 외국인 선수가 기대에 못 미쳤지만 내국인 선수층이 두텁다는 뜻이다. 2023년과 2024년 KBO리그 외국인 선수의 WAR은 투수와 야수로 구분해보면, 외국인 투수 2명이 차지하는 비중이 외국인 야수 1명이 차지하는 비중보다 높았다. 1인 평균 기준으로 투수 WAR은 2023년 4.17, 2024년 4.45였고, 야수 WAR은 2023년 2.46, 2024년 3.64였다.

| 2023년 외국인 선수 WAR과 리그 평균 비교

팀	투수 WAR	외인 투수 WAR	리그 평균 대비	야수 WAR	외인 야수 WAR	리그 평균 대비
KIA	22.06	4.06(18.4%)	−4.28	24.96	3.88(15.5%)	0.97
삼성	16.77	9.86(58.8%)	1.52	15.41	0.98(6.4%)	−1.48
LG	26.11	8.90(34.1%)	0.56	32.24	4.97(15.4%)	2.51
두산	21.59	9.77(45.3%)	1.43	20.95	2.51(12.0%)	0.05
KT	31.04	9.31(30.0%)	0.97	20.96	3.85(18.4%)	1.39
SSG	19.80	6.66(33.6%)	−1.68	20.18	3.82(18.9%)	1.36
롯데	22.99	10.04(43.7%)	1.70	13.75	0.52(3.8%)	−1.94
한화	16.44	6.97(42.4%)	−1.37	12.96	−1.61(−12.4%)	−4.07
NC	26.94	10.52(39.0%)	2.18	24.80	3.44(13.9%)	0.97
키움	17.59	7.28(41.4%)	−1.06	10.51	2.70(25.7%)	0.24
합계	221.33	83.37(37.7%)	−	196.72	25.06(12.5%)	−
평균	22.13	8.34	−	19.67	2.46	−
1인 평균	−	4.17	−	−	2.46	−

외국인 투수가 팀 투수진에 차지하는 비중은 2023년 37.7%, 2024년 40.1%였고, 외국인 야수가 팀 야수진에 차지하는 비중은 2023년 12.5%, 2024년 18.3%였다. 외국인 투수들이 주로 1·2번 선발투수로 활용되다 보니 팀 투수진에서 차지하는 비중이 높을 수밖에 없다. 물론 외국인 야수는 9명의 타자 중 1명이기 때문에 12.5~18.3%라고 해도 적지 않은 비중이라고 볼 수 있다. 투수와 야수로 구분해봐도 외국인 선수가 '전력의 절반'까지는 아닌 것이다.

2024년 외국인 선수 WAR과 리그 평균 비교

팀	투수 WAR	외인 투수 WAR	리그 평균 대비	야수 WAR	외인 야수 WAR	리그 평균 대비
KIA	25.23	8.40(33.3%)	−0.5	28.06	3.43(12.2%)	−0.21
삼성	29.76	11.01(37.0%)	2.11	19.02	0.98(5.2%)	−2.66
LG	22.83	8.12(35.6%)	−0.78	29.10	5.07(17.4%)	1.43
두산	22.62	5.99(26.5%)	−2.91	24.81	3.28(13.2%)	−0.36
KT	21.43	8.26(38.5%)	−0.64	19.37	6.50(33.6%)	2.86
SSG	20.72	7.48(36.1%)	−1.42	14.12	4.42(31.3%)	0.78
롯데	25.31	13.24(52.3%)	4.34	17.31	3.40(19.6%)	−0.24
한화	21.32	6.35(29.8%)	−2.55	12.44	2.13(17.1%)	−1.51
NC	18.75	9.41(50.2%)	0.51	22.18	3.98(17.9%)	0.34
키움	16.55	11.70(70.7%)	2.80	11.87	3.17(26.7%)	−0.47
합계	224.52	89.96(40.1%)	−	198.28	36.36(18.3%)	−
평균	22.45	8.90	−	19.83	3.64	−
1인 평균	−	4.45	−	−	3.64	−

또 야구계에는 외국인 선수 3명이 모두 잘하면 가을야구에 무조건 나간다는 속설이 있다. 그러나 이 역시 2023년, 2024년 외국인 선수 WAR을 보면 맞지 않다. 2023년 외국인 선수 WAR 상위 3팀인 LG 트윈스, KT 위즈, NC 다이노스는 그해 포스트시즌에 모두 진출했다. 그러나 2024년 외국인 선수 WAR 상위 3팀 가운데 KT 위즈만이 가을야구에 턱걸이로 나갔다.

여기서 잠깐
야구 경기의 사인과 암호

KBO는 경기 중 투수와 포수 간의 사인 교환을 할 수 있는 장비인 '피치컴(Pitch-Com)' 세트를 2024년 7월 15일 10개 구단에 배포하고, 그다음 날인 16일 KBO리그 및 퓨처스리그 경기에서 사용하기 시작했다. 피치컴 세트는 사인을 입력하는 송신기와 이를 음성으로 들을 수 있는 수신기로 구성되어 있다. 각 세트는 송신기 3개, 수신기 12개로 KBO리그와 퓨처스리그 모든 팀에 전달되었다. 송신기에는 9개의 버튼이 있어 사전에 설정된 구종과 투구 위치 버튼을 순서대로 입력하면 수신기에 음성으로 전달된다.

송신기는 투수나 포수에 한해 착용 가능하며, 투수의 경우 글러브 또는 보호대를 활용해 팔목에 착용한다. 포수의 경우 팔목, 무릎

투수 웨스 벤자민(KT 위즈) 선수가 모자 안쪽에 장착된 피치컴 수신기를 가다듬고 있다. 벤자민은 KBO리그에서 처음으로 피치컴을 활용한 선수다.

등에 보호대를 활용해 희망하는 위치에 착용할 수 있다. 수신기는 모자 안쪽에 착용한다. 투수나 포수 외에도 그라운드 내 최대 3명의 야수가 착용 가능하며 더그아웃 및 불펜에서는 사용할 수 없다.

2024년 7월 16일부터 KBO리그 중계를 보다 보면 투수들이 글러브를 귀 쪽에 갖다 대는 모습을 자주 볼 수 있다. KBO 야구장은 응원단이 앰프를 사용하고 관중의 응원소리가 크기 때문에 투수들이 피치컴의 사인 음성을 듣기 위해 이런 행동을 하는 것이다. MLB에서는 볼 수 없는 KBO만의 풍경이다.

피치컴은 원래 2022년 MLB에서 먼저 도입된 장비다. 2017년 월드시리즈에서 휴스턴 애스트로스의 조직적인 사인 훔치기 사건이 폭로되면서 MLB가 사인 훔치기를 원천 봉쇄하기 위해 이 장비를 도입했다. 휴스턴 애스트로스는 구장에 설치된 카메라로 사인을 분석해서 타자에게 다음 공의 배합을 알려줬고, 그 결과 타자들의 타율이 크게 상승하면서 월드시리즈 챔피언이 되었다. 야구장 카메라는 선수들의 투구 자세나 타격 자세 등을 분석하는 장비인데 이를 악용한 것이다.

사실 전통적인 관점에서 본다면 사인 훔치기는 야구의 일부분이라 할 수 있다. 공격 팀이 수비 팀의 사인을 훔칠 수 있는 건 수비 팀의 잘못이라는 의견이 많았다. 수비 팀은 사인이 공격 팀에 노출되지 않도록 경기 중간에 사인을 바꾸는데, 그 과정에서 사인이 헷갈려 사인 미스가 나오기도 한다. 그래서 포수 출신 홍성흔 코치는 수년 전 TV에서 '머리가 안 좋으면 야구를 못한다'는 명언을 남기기도 했다.

경기 중에 공격 팀과 수비 팀 간에 신경전이 가끔 벌어진다. 대부분은 사인 훔치기 관련이다. 공격 팀의 2루 주자는 수비 팀 포수의 사인을 보기 쉬운 위치이기 때문에 2루 주자의 움직임을 놓고 신경전이 벌어지는 것이다. 여기에 1·3루 주루 코치의 움직임도 신경 쓰이는 대목이다. 야구장에서 1·3루 주루 코치는 코치 박스를 벗어나는 경우가 가끔 있는데 수비 팀의 사인 교환을 주시하기 위함이다. 수비 팀 입장에서 주자나 주루 코치가 독특한 움직임을 보이면 사인 훔치기를 의심한다. 그러다 빈볼이 날아오기도 한다. 도루능력이 뛰어난 선수들은 1루에 주자로 나가면 투수의 움직임만 보는 게 아니라 포수의 사인도 본다. 변화구 사인이 나올 때 2루 도루를 시도하는 게 성공 확률이 높기 때문이다. 직구 사인인지 변화구 사인인지를 유심히 확인하는 이유다.

2016년 8월 27일 KIA 타이거즈와 두산 베어스 간의 경기에서 KIA 타이거즈의 투수 임창용이 2루 주자 오재원에게 빈볼성 견제구를 던져 논란이 되었다. 이 장면을 본 사람들은 사인 훔치기로 추정했으나 3년 후인 2019년 임창용은 무관심 도루에 대한 경고성 견제구였다고 밝혔다.

이제는 피치컴을 사용하게 되면서 공격 팀에서 수비 팀의 사인 교환을 알 수 없게 되었다. 더불어 포수가 포구 직후에 바로 다음 공을 투수에게 지시할 수 있어서 사인 교환 시간이 절약되었다. 한마디로 일석이조의 효과를 기대할 수 있는 것이다.

야구 경기에 영향을 미치는 사인 교환은 일종의 암호라고 할 수 있다. 암호의 어원은 그리스어로 '비밀'이란 뜻을 가진 '크립토스(Kryptos)'다. 이는 평문을 해독 불가능한 형태로 변형하거나 암호화된 통신문을 원래의 해독 가능한 상태로 변환하기 위한 모든 수학적인 원리, 수단, 방법 등을 취급하는 기술이나 과학을 뜻한다. 즉 암호란 중요한 정보를 다른 사람들이 보지 못하도록 하는 방법을 의미한다.

기원전 400년경 고대 그리스의 군사들은 스키테일 암호라고 불리는 전치암호를 사용한 기록이 있다. 고대 로마의 정치인이자 군인 줄리어스 시저(Julius Caesar)는 시저 암호라고 불리는 환자암호(문자를 다른 문자로 치환하는 암호)를 사용했다. 17세기 근대 수학의 발전과 함께 암호 기술도 발전하기 시작했는데, 프랑스 외교관 블레즈 드 비즈네르(Blaise de Vigenere)가 고안한 키워드를 이용한 복수 시저 암호형 방식, 영국의 수학자 윌리엄 플레이페어(William Playfair)가 만든 2문자 조합 암호 등 다양한 암호 방식으로 발전했다.

20세기에 접어들면서 통신기술의 발전과 기계식 계산기에 대한 연구가 진전되었고, 두 차례의 세계대전을 거치며 암호 설계와 해독의 중요성이 커지면서 관련 연구가 더욱 활발해졌다. 현대 암호는 1970년대 후반 스탠퍼드대학과 MIT에서 시작되었는데, 1976년 스탠퍼드대학의 횟필드 디피(Whitfield Diffie)와 마틴 헬만(Martin Hellman)은 '암호의 새로운 방향(New Directions in Cryptography)'이라는 논문에서 처음으로 공개 키 암호(Public-key cryptography)의 개념을 발표했다.

1978년 MIT의 로널드 리베스트(Ronald Rivest), 아디 샤미르(Adi Shamir), 레오나르도 애들먼(Leonard Adleman) 교수는 소인수 분해 문제에 기반한 RSA(세 사람의 이름에서 유래) 공개 키 암호를 개발했다. 이것은 오늘까지도 가장 널리 사용되는 공개 키 암호 방식이다. 공개 키 암호의 본격적인 도입은 현대 암호의 발전에 중요한 계기가 되었다.

수학은 암호학의 기반이 되는 핵심 원리를 제공한다. 특히 대수학, 이산수학, 수론 등은 암호학의 핵심 개념을 이해하는 데 필수적인 요소다. 소수와 최대공약수, 최소공배수, 모듈러 연산은 RSA 암호화 알고리즘의 핵심이다. 확률론은 암호학에서 무작위성과 키 생성에 중요한 역할을 담당한다.

11이닝:
야구 외전

2025년 1월 21일, KBO는 2025년 제1차 이사회를 개최해 정규시즌 12회까지 진행하던 연장전을 11회까지 축소 운영하기로 했다. 이는 2025시즌부터 정식으로 피치 클락이 시행되면서 투수들의 체력 소모가 가중될 수 있음을 고려한 결과다. 2024시즌에 있었던 59경기의 연장전 경기 중 11회까지 종료된 경기는 46경기다. 연장전 경기의 약 78%에 이른다. 연장전 이닝 축소는 선수단 체력 부담을 완화하고 경기시간을 단축시키는 효과가 있다.

버두치
효과

2008년 〈스포츠 일러스트레이티드〉의 칼럼니스트 톰 버두치(Tom Verducci)는 25세 이하 투수가 전년 대비 30이닝 이상을 더 던지면 부상 확률이 급격히 상승한다는 연구 결과를 발표해 야구계의 관심을 모았다. 실제로 2005년부터 2010년까지 MLB에서 대상자 55명 가운데 46명(83.6%)의 투수가 이듬해 부상이나 부진을 겪은 것으로 조사되었다. 메이저리그와 마이너리그를 포함해서 그해 던진 모든 이닝을 합산했고 팔 관련 부상만 반영했다.

KBO리그의 경우 매년 투수난에 시달리다 보니 5선발을 돌리기도 버거운 팀이 많다. 3연투를 자제하고, 투구 수 제한 정도는 신경 써도 버두치 효과까지 신경 쓰는 감독은 거의 없다고 보면 된다.

구단 역시 버두치 리스트까지 따져가면서 투수를 관리할 여력이 거의 없다. 지금 당장의 성적이 중요하기 때문이다.

KBO리그 버두치 리스트

최근 5년간 KBO리그 주요 투수들의 버두치 리스트를 조사했다. 100이닝 이상 투구한 25세 이하 투수들 가운데 전년도에 비해 30이닝 이상을 투구한 선발투수는 총 14명이다. 이 가운데 이듬해 수술한 선수가 3명, 그다음 해 수술한 선수가 1명이었다. 이듬해 부진한 선수는 6명, 이듬해 발전한 선수는 4명이었다. 14명 가운데 무려 10명(71.4%)이 이듬해 또는 그다음 해 수술하거나 성적이 부진했다.

발전한 선수 3명(이지강, 이상영, 이용준)은 당해에 퓨처스리그에서 주로 뛴 투수들이었다. 수술한 4명은 2023년 소형준(KT 위즈), 안우진(키움 히어로즈), 2024년 김윤식(LG 트윈스), 이의리(KIA 타이거즈)인데 1군 리그에서 100이닝 이상을 던진 국가대표급 투수들이다. 따라서 전년 대비 30이닝 이상을 투구했고, 1군 리그에서 100이닝 이상 던진 투수는 다음 해 토미 존 수술을 하거나 부진에 빠질 가능성이 매우 높은 것이다.

최근 5년(2019~2023년) 버두치 리스트

연도	선수(소속)	나이	전년 이닝|ERA	당해 이닝|ERA	익년 이닝|ERA	비고
2019년	김민(KT)	20	37 ⅓(K)	150 ⅔(K)	42 ⅔(K)	부진 (2020년)
			54 ⅓(F)	–	8(F)	
			5.06(K) 5.80(F)	4.96(K)	6.54(K) 2.25(F)	
2020년	송명기(NC)	20	3(K)	87 ⅔(K)	123 ⅓(K)	부진 (2021년)
			55 ⅓(F)	16 ⅓(F)	5 ⅓(F)	
			9.00(K) 5.69(F)	3.70(K) 6.06(F)	5.91(K) 5.06(F)	
2021년	신민혁(NC)	22	42(K)	145(K)	118 ⅓(K)	부진 (2022년)
			19 ⅔(F)	4(F)	15(F)	
			5.79(K) 2.29(F)	4.41(K) 0.00(F)	4.56(K) 1.80(F)	
	오원석(SSG)	20	9 ⅔(K)	110(K)	144(K)	발전 (2022년)
			31(F)	12(F)	–	
			5.59(K) 6.39(F)	5.89(K) 2.25(F)	4.50(K)	
2022년	나균안(롯데)	24	46 ⅓(K)	117 ⅔(K)	130 ⅓(K)	부진 (2024년)
			30(F)	–	3(F)	
			6.41(K) 2.70(F)	3.98(K)	3.80(K) 9.00(F)	
	안우진(키움)	23	107 ⅔(K)	196(K)	150 ⅔(K)	수술 (2023년 9월)
			3.26(K)	2.11(K)	2.39(K)	
	김영준(LG)	23	–	9 ⅔(K)	⅓(K)	부진 (2023년)
			–	98(F)	57(F)	
			–	1.86(K) 4.41(F)	27.00(K) 4.42(F)	
	이지강(LG)	23	–	11(K)	68(K)	발전 (2023년)
			–	90 ⅔(F)	16(F)	
			–	4.91(K) 2.38(F)	3.97(K) 4.50(F)	

11이닝: 야구 외전

연도	선수	나이				비고
2022년	김윤식(LG)	22	66 ⅔(K)	114 ⅓(K)	74 ⅔(K)	수술 (2024년 5월)
			7(F)	4(F)	14 ⅔(F)	
			4.46(K) 2.57(F)	3.31(K) 2.25(F)	4.22(K) 5.52(F)	
	이상영(LG)	22	50(K)	–	54(K)	발전 (2023년)
			33(F)	119 ⅔(F)	60 ⅓(F)	
			4.32(K) 1.91(F)	3.31(F)	3.27(K) 2.24(F)	
	소형준(KT)	21	119(K)	171 ⅓(K)	11(K)	수술 (2023년 5월)
			2(F)	–	4 ⅔(F)	
			4.16(K) 0.00(F)	3.05(K)	11.45(K) 3.86(F)	
	이의리(KIA)	20	94 ⅔(K)	154(K)	131 ⅔(K)	수술 (2024년 6월)
			3.61(K)	3.86(K)	3.96(K)	
	이용준(NC)	20	1 ⅔(K)	22(K)	67(K)	발전 (2023년)
			14(F)	78(F)	19 ⅓(F)	
			21.60(K) 9.64(F)	8.59(K) 4.27(F)	4.30(K) 6.98(F)	
2023년	문동주(한화)	21	28 ⅔(K)	118 ⅔(K)	111 ⅓(K)	부진 (2024년)
			13 ⅓(F)	5(F)	6(F)	
			5.65(K) 2.70(F)	3.72(K) 0.00(F)	5.17(K) 3.00(F)	

*K=KBO리그, F=퓨처스리그

    2024년 한화 이글스는 류현진 선수가 가세하면서 가을야구는 따 놓은 당상이라는 분위기였다. 외국인 투수 2명, 2023년 아시안게임 국가대표팀 1선발이었던 문동주, 신인 전체 1순위 황준서, 2021년 14승 투수 김민우와 함께 류현진이 포함되면서 선발진만큼은 KBO리그 상위급으로 평가받았다. 그러나 기대했던 문동주

원태인 선수 KBO리그 통산 성적

시즌	이닝	경기	ERA	승	패
2019년	112	26	4.82	4	8
2020년	140	27	4.89	6	10
2021년	$158\frac{2}{3}$	26	3.06	14	7
2022년	$165\frac{1}{3}$	27	3.92	10	8
2023년	150	26	3.24	7	7
2024년	$159\frac{2}{3}$	28	3.66	15	6
통산	$885\frac{2}{3}$	160	3.87	56	46

가 부진했다. 문동주는 2022년 신인 때 이듬해 신인상 자격 요건 (5년 내 누적 투구 30이닝)을 맞출 정도로 철저한 관리($28\frac{2}{3}$이닝)를 받았다. 그리고 계획대로 2023년 신인상을 수상했다. 2024년은 탄탄대로로 보였다. 그러나 버두치 효과에 걸렸다.

문동주는 2023년 100이닝을 넘어섰고(1군 $118\frac{2}{3}$이닝+퓨처스리그 5이닝) 전년 대비 30이닝 이상을 더 던졌다. 그 영향인지 2024년 7승 7패 ERA 5.17로 부진했고 팀도 8위에 그쳤다. 투수들의 팔꿈치 수술은 구위형(강속구) 투수들에게 오는 경우가 많다. 160km 직구를 던지는 문동주의 2025년 회복 여부가 한화 이글스의 운명을 좌우할 것이다. 신구장 시대를 맞이한 한화 이글스에게 문동주의 관리 문제가 무엇보다 중요해 보인다.

반면 원태인(삼성 라이온즈)은 프로 데뷔 첫 해부터 1군에서 100이닝 이상을 소화했지만, 투구 이닝이 점진적으로 늘어나면서 큰 부상이나 부진 없이 꾸준한 활약을 이어가고 있다. 그 결과 매 시즌 안정적인 투구를 펼치며 팀의 핵심 선발 자원으로 자리 잡았다.

MLB
포스팅 수입

2025년 1월 4일, 김혜성 선수가 MLB 포스팅 시스템(비공개 경쟁 입찰) 마감시간 약 3시간을 앞두고 LA 다저스와 계약에 합의했다. 구체적인 계약 조건은 3+2년에 최대 2,200만 달러 규모다. 3년 1,100만 달러(계약금 100만 달러, 3년 총 연봉 1천만 달러)는 보장 계약이며, 3년 뒤 김혜성이 LA 다저스를 떠나면 전별금 성격의 150만 달러의 바이아웃 금액을 별도로 받는다. 3년 뒤 양측이 '+2년' 계약을 수용하면 김혜성은 2년 동안 최대 1,100만 달러(연봉 1천만 달러, 옵션 100만 달러)를 받는다. 이로써 김혜성은 5년 최대 2,200만 달러를 수령할 수 있다. 앞의 3년 1,100만 달러와 뒤의 2년 1,100만 달러를 합친 금액이다. '+2년'이 실행되면 150만 달러의 바이아웃 금액은 제외된다. 이에 따라 키움 히어로즈는 앞의 3년 보장금액 1,100만 달러의 20%인 220만 달러를 LA 다저스로 부터 포스팅 수입으로 받게 된다. 추후 2년 계약이 실행되면 포스팅 수입은 추가된다.

MLB 포스팅 도전의 역사

한국 프로야구 선수들의 MLB 포스팅 도전의 역사는 이상훈(LG 트윈스)이 시작이었다. 이상훈은 1997시즌을 마치고 LG 트윈스 구단의 허락을 얻고 메이저리그에 도전했다. 당시 LG 트윈스는 임대료 250만 달러를 받고 보스턴 레드삭스와 이상훈 선수의 2년 임대 계약을 체결했다. 그러나 MLB 사무국에서 불공정 계약으로 불허함에 따라 한국 선수로는 처음으로 MLB 포스팅 절차를 거쳤다. 보스턴 레드삭스는 이전 임대료인 250만 달러보다 적은 60만 달러에 입찰했고 LG 트윈스는 이를 거부했다. 이어 LG 트윈스는 이상훈 선수를 일본 주니치 드래곤즈에 임대 형식(2년간 임대료 2억 엔)으로 보냈다.

이후 다수의 KBO리그 선수들이 MLB 포스팅에 도전했다. 2009년 최향남 선수(롯데 자이언츠)가 101달러의 입찰가로 세인

| KBO리그 선수의 MLB 포스팅

연도	선수	KBO 구단	MLB 구단	계약금액(보장)	포스팅 수입
2012년	류현진	한화 이글스	LA 다저스	3,600만 달러(6년)	2,573만 7,737달러
2014년	강정호	넥센 히어로즈	피츠버그 파이리츠	1,100만 달러(4년)	500만 2,015달러
2015년	박병호	넥센 히어로즈	미네소타 트윈스	1,200만 달러(4년)	1,285만 달러
2019년	김광현	SK 와이번스	세인트루이스 카디널스	800만 달러(2년)	160만 달러
2020년	김하성	키움 히어로즈	샌디에이고 파드리스	2,800만 달러(4년)	552만 5천 달러
2023년	이정후	키움 히어로즈	샌프란시스코 자이언츠	1억 1,300만 달러(6년)	1,882만 5천 달러
	고우석	LG 트윈스	샌디에이고 파드리스	450만 달러(2년)	90만 달러
2024년	김혜성	키움 히어로즈	LA 다저스	1,100만 달러(3년)	220만 달러

트루이스 카디널스와 마이너리그 계약을 맺은 것이 최초 사례다.
MLB 계약은 2012년 류현진 선수(한화 이글스)가 처음이었다. 류현
진은 KBO리그에서 7시즌을 마치고 포스팅 자격을 얻어 MLB 포
스팅을 신청했고, LA 다저스가 2,573만 7,737달러라는 어마어마
한 입찰금액을 써냈다. 이 입찰금액은 지금도 깨지지 않는 KBO리
그 역대 최고다.

2017년까지는 비공개 입찰로 가장 많은 포스팅 금액을 적어낸

구단이 단독협상권을 가져갔다. 그러나 2018년 한미프로야구 협정이 개정되면서 포스팅에 나선 선수도 FA처럼 다수의 구단과 동시에 협상을 한 뒤 최종 선택을 내리고, 포스팅 금액은 계약 규모에 따라 아래와 같이 자동으로 산출되는 방식으로 바뀌었다.

1. 전체 보장 계약금액이 2,500만 달러 이하: 전체 보장 계약금액의 20%

2. 전체 보장 계약금액이 2,500만 1달러 이상~5천만 달러 이하: 전체 보장 계약금액 중 최초 2,500만 달러에 대한 20%(500만 달러)+2,500만 달러를 초과한 전체 보장 계약금액의 17.5%

3. 전체 보장 계약금액이 5천만 1달러 이상: 전체 보장 계약금액 중 최초 2,500만 달러에 대한 20%(500만 달러)+2,500만 1달러부터 5천만 달러까지에 대한 17.5%(437만 5천 달러)+5천만 달러를 초과한 전체 보장 계약금액의 15%

2023년 샌프란시스코와 6년 1억 1,300만 달러 계약을 체결한 이정후의 경우 위 3번 규정을 적용받았다. 이 계약은 4년 후 옵트아웃 조건이 있는데, 이를 실행하지 않는다면 2,500만 달러의 20%인 500만 달러, 2,500만 달러의 17.5%인 437만 5천 달러, 잔여 6,300만 달러의 15%인 945만 달러를 합친 1,882만 5천 달러가 포스팅 금액으로 산정되었다.

┃ 2018년 개정 한미프로야구 협정 이후 포스팅 금액

연도	선수	계약금액	~2,500만 달러(20%)	2,500만 ~5천만 달러 (17.5%)	5천만 달러 ~(15%)	합계
2019년	김광현	800만 달러	160만 달러	–	–	160만 달러
2020년	김하성	2,800만 달러	500만 달러	52.5만 달러	–	552.5만 달러
2023년	이정후	1억 1,300만 달러	500만 달러	437.5만 달러	945만 달러	1,882.5만 달러
	고우석	450만 달러	90만 달러	–	–	90만 달러
2024년	김혜성	1,100만 달러	220만 달러	–	–	220만 달러

올스타
투표 방식

2012년 KBO 올스타 투표 결과, 롯데 자이언츠가 이스턴리그 10개 포지션을 싹쓸이하는 결과가 나왔다. 2003년 삼성 라이온즈와 2008년 롯데 자이언츠가 각각 2루수와 외야수 한 자리를 제외하고 9명의 올스타를 배출한 적은 있지만, 이처럼 한 팀이 전 포지션을 석권한 사례는 처음이었다. 이에 2014년부터 KBO 올스타 투표 방식에 변화의 바람이 일었다. 팬 투표 외에 선수단 투표가 추가된 것이다.

올스타 투표 방식은 이전에도 논란이 되었다. 프로야구 원년인 1982년부터 2000년대 중반까지 올스타 투표는 일간스포츠 신문에 포함된 투표지를 통해서만 가능했다. 이때는 구단 홍보팀에서

대량으로 일간스포츠 신문을 구매해 부정(?) 투표를 하기도 했다. 이후 특정 언론사(일간스포츠)가 투표지를 독식한다는 문제점이 제기되어 온라인 투표 방식이 도입되었다. 그런데 1일 1인 1표 방식을 하다 보니 인기 구단 팬의 몰표가 문제가 되었다. 특정 구단 팬이 기둥을 세운다는 표현이 나오기도 했다(특정 구단 선수들이 일렬로 올스타에 선정).

선수단 투표는 왜 30%일까?

2014년부터 변경된 KBO 올스타 투표 방식은 팬 투표 70%와 선수단 투표 30%를 합산하는 방식이다. 팬 투표의 쏠림 현상을 보완하기 위해 선수단 투표 30%를 가미한 것이다. 중간 집계 현황이 매주 공개되는 팬 투표에 선수단 투표가 마지막에 더해지면서 역전되는 경우가 생겼다.

그런데 왜 30%를 반영했을까? 이에 대해 KBO의 명확한 설명은 없었다. 궁금해 하는 관계자도 없었다. 추측건대 30 또는 3이라는 숫자가 주는 익숙함에 기인한 것으로 보인다. KBO는 과거에도 30이라는 숫자를 많이 활용했다. 2013년까지 외국인 선수 연봉 상한선은 30만 달러였고, 시행되지는 않았지만 육성형 외국인 선수의

| 2024년 올스타 집계 결과

구분	포지션	선수	팬 투표	선수단 투표	총점
드림올스타	마무리투수	오승환(삼성)	846,628	112	28.80
		김원중(롯데)	1,018,748	65	28.15
	3루수	최정(SSG)	963,312	159	35.71
		김영웅(삼성)	1,096,976	70	30.31
나눔올스타	선발투수	류현진(한화)	979,867	155	35.69
		양현종(KIA)	1,286,133	77	35.07
	포수	박동원(LG)	923,264	130	32.14
		김태군(KIA)	1,107,446	47	28.40
	외야수	도슨(키움)	1,012,694	96	30.91
		소크라테스(KIA)	1,031,988	34	25.55

연봉 상한선도 30만 달러였다. 2026년부터 시행되는 아시아 쿼터의 연봉 상한선은 20만 달러지만 초안은 30만 달러였다. 40은 많고 20은 적다는 사람들의 관념이 작동하는 것으로 해석된다.

　2024년의 경우 드림올스타 마무리투수, 3루수 부문에서 팬 투표로는 김원중(롯데 자이언츠), 김영웅(삼성 라이온즈)이 우위였으나 선수단 투표가 포함되자 오승환(삼성 라이온즈), 최정(SSG 랜더스)이 최종 승자가 되었다. 나눔올스타 선발투수, 포수, 외야수 부문에서도 양현종, 김태군, 소크라테스 브리토 등 KIA 타이거즈 선수들이 팬 투표에서는 앞섰으나 선수단 투표가 가미되자 류현진(한화 이글스), 박동원(LG 트윈스), 로니 도슨(키움 히어로즈)이 출전했다.

올스타 투표에서 합산 전체 1위인 김택연 선수의 총점 48.83을 계산해보자.

$$\left(\frac{\text{팬 투표}}{\text{전체 팬 투표}}\right) \times 0.7 + \left(\frac{\text{선수 투표}}{\text{전체 선수 투표}}\right) \times 0.3$$

$$= \left(\frac{1,345,257}{3,227,578}\right) \times 0.7 + \left(\frac{211}{332}\right) \times 0.3 = 0.29176 + 0.19658 = 0.48834$$

산출된 0.48834에 100을 곱하면 48.83점이 나온다. 전체 투표한 팬은 역대 최다인 322만 7,578명이고, 선수단은 322명이 투표에 참가했다. 여기에 김택연 선수는 팬 투표 134만 5,257표와 선수단 투표 211표를 획득했다.

역대 KBO 올스타 투표 방식 가운데는 현행 방식이 가장 공정해 보인다. 특정 구단 선수가 독식할 경우 선수들도 부담스럽고 타 구단 팬들의 관심도 떨어질 수 있다.

11회
연장전

사라진
12회

2025년 1월 21일, KBO는 2025년 제1차 이사회를 개최해 정규 시즌 12회까지 진행하던 연장전을 11회까지 축소 운영하기로 했다. 이는 2025시즌부터 정식으로 피치 클락이 시행되면서 투수들의 체력 소모가 가중될 수 있음을 고려한 결과다. 2024시즌에 있었던 59경기의 연장전 경기 중 11회까지 종료된 경기는 46경기다. 연장전 경기의 약 78%에 이른다. 연장전 이닝 축소는 선수단 체력 부담을 완화하고 경기시간을 단축시키는 효과가 있다.

KBO리그는 44년 동안 연장전 방식이 여러 차례 달라졌다. 12회 또는 15회 연장전이거나 야간 경기에 한해 4시간 시간제한 방식이 대부분이었다. 2008년 MLB처럼 끝장승부를 도입했으나 연장 18회 경기를 하고 나서 한 해만에 폐지되었다. 퓨처스리그의 경우 2023년부터 연장전에 들어가면 12회까지 승부치기를 한다.

11회 연장전은 세계에서도 유례가 없는 방식이다. KBO리그의 선수층, 특히 투수층이 얇기 때문에 연장전을 1회 축소하는 것으로 결론 내려졌다. 연장전을 10회까지 하고도 승부가 안 나면 11회에 승부치기를 하는 방안도 생각해볼 수 있지만, 현장(감독)에서 승부치기에 대한 부담감이 있어 이런 방향으로 결정되었다.

MLB는 2020년부터 10회 연장전 승부치기를 적용하기 시작했다. MLB의 트렌드를 따르는 KBO의 특성상 연장전 승부치기 도입은 시간문제로 보인다. KBO리그 감독들은 경험이 부족해 부담을 느낄 수 있지만, 승부치기는 경기 속도를 높이고 몰입도를 끌어올리는 현대 야구의 흐름과 맞아떨어지는 장점도 있다.

11구단 체제가 된다면

해마다 프로야구 감독들은 144경기가 많다며 볼멘소리를 낸다. 투수난에 시달리는 KBO리그의 현실을 감안하면, 감독들의 불만이 단순한 억지라고 보기는 어렵다. 그러나 경기 수를 줄이면 경기 수에 기반을 둔 구단 수입은 직격탄을 맞기 때문에 구단 입장에서는 받아들이기가 어렵다. 입장 수입, 야구장 광고 수입, 매점 수입 등이 홈경기 숫자와 연동되기 때문이다. KBO는 3일간의 올스타전 휴식기가 적다는 감독들의 의견을 수용해 2025년 올스타전은 6일로 휴식기를 늘렸다.

그럼 만일 1구단이 늘어나 11구단이 되어 홀수 팀 체제가 된다면 어떨까? 약 한 달에 한 번씩 11개 팀이 돌아가면서 4일간의 휴식일(월화수목 또는 금토일월)이 생긴다. 이렇게 된다면 감독들의 불만을 잠재울 수 있을까?

10구단인 KT 위즈가 창단되기 전인 2013년과 2014년 2년간은 9구단 체제였다. 이때는 약 한 달에 한 번씩 9개 팀이 돌아가면서 월요일 포함 4일간의 휴식일이 생겼다. 그리고 팀당 128경기를 했다. KBO리그는 전체적으로 576경기를 치렀다. 2012년에는 팀당 133경기, 리그는 532경기를 치렀으니 팀당 5경기가 줄고, 리그는 44경기가 늘어난 것이다.

만약 11구단 체제가 된다면 10구단 체제가 되었을 때처럼 팀당 경기 수를 줄일 수 있다. 현행 144경기는 한 팀이 상대방과 16경기씩 대결해 9팀×16경기=144경기가 산출되는 방식이다. 여기서 11구단 체제일 경우 한 팀이 상대 팀과 14경기를 대결한다면 10팀×14경기=140경기가 나온다. 물론 상대 팀과 15경기씩 대결한다면 팀당 150경기가 나오지만 가뜩이나 144경기도 많다는데 무리에 가깝다.

팀당 140경기를 하는 11구단 체제를 가정한다면 KBO리그는 140경기×5.5=770경기를 치르게 된다. 9구단 체제처럼 한 달에 한 번씩 4일간의 휴식일이 생기기 때문에 장기 레이스를 소화하는 데 숨 돌릴 여유가 있다. 시즌 중간의 휴식은 꿀맛 같다. 언제 휴식일이 돌아오나 하는 마음은 비가 와서 경기가 취소되길 바라는 마음과 흡사하다.

| 2013시즌 4~5월 3연전 시리즈 휴식일 배정

4월 2~4일	4월 5~7일	4월 9~11일	4월 12~14일	4월 16~18일	4월 19~21일	4월 23~25일	4월 26~28일	4월 30일 ~5월 2일
삼성	SK	롯데	KIA	두산	LG	한화	넥센	SK
5월 3~5일	5월 7~9일	5월 10~12일	5월 14~16일	5월 17~19일	5월 21~23일	5월 24~26일	5월 28~30일	5월 31일 ~6월 2일
NC	삼성	한화	LG	넥센	롯데	두산	KIA	SK

4일간의 휴식은 장점일 수 있지만 경기 일정이 들쭉날쭉하다는 단점도 있다. 9구단 체제일 때도 이런 지적이 나왔다. 투수들은 유리하고 타자들은 경기 감각 문제가 생긴다는 의견이었다. 그리고 쉬고 나온 팀은 1·2·3선발이 나올 수 있기 때문에 상대 팀은 불리할 수밖에 없다. 휴식일과 휴식일 간의 간격은 11구단 체제가 9구단 체제보다 길어진다. 9구단 체제에서는 평균적으로 9번째 시리즈(3연전 기준)에 휴식일이 돌아오는데, 11구단 체제라면 평균적으로 11번째 시리즈에 휴식일이 돌아오기 때문이다.

2013년 4~5월 두 달간 9구단 체제에서 4일 휴식일을 취한 구단을 뽑아보면 이렇다. SK 와이번스의 경우 4월 첫 번째 주말 시리즈에 첫 번째 휴식일이 생겼고, 23일 만인 일곱 번째 순번에서 두 번째 휴식일이 생겼다. 그리고 다시 29일 만인 아홉 번째 순번에서 세 번째 휴식일이 생겼다. 이동거리, 주중·주말 경기 안배 등을 감안해 9구단이 아홉 번째 순번마다 휴식일이 발생하지는 않지만 대

| 가상의 11구단이 포함된 2013시즌 4~5월 3연전 시리즈 휴식일 배정

4월 2~4일	4월 5~7일	4월 9~11일	4월 12~14일	4월 16~18일	4월 19~21일	4월 23~25일	4월 26~28일	4월 30일~5월 2일
삼성	SK	롯데	KIA	두산	LG	한화	넥센	NC
5월 3~5일	5월 7~9일	5월 10~12일	5월 14~16일	5월 17~19일	5월 21~23일	5월 24~26일	5월 28~30일	5월 31일~6월 2일
KT	11구단	삼성	SK	롯데	KIA	두산	LG	한화

략 한 달에 한 번 꼴로 월요일을 포함한 4일간의 휴식일이 마련되는 것이다.

2013년 KBO리그 경기 일정을 기준으로 가상의 11구단이 있다고 가정하고 계산해보자. 3연전 시리즈 단위로 휴식일 구단을 셈하면 이렇다. 이동거리 등 기타 요인을 전적으로 배제하고 11구단 순서대로 휴식일을 배정한다면 SK 와이번스의 경우 한 달 하고 7일 만에 4일간의 휴식일이 돌아온다. 9구단 체제였으면 30일 만에 4일간의 휴식일이 배정되었을 것이다. 휴식일과 휴식일의 간격이 7일이나 늘어난다. 선수들의 경기 감각 측면에서는 좀 더 나아진다고 볼 수 있다.

물론 11구단 체제는 현실성이 낮다. 현재도 KBO리그의 경기력 저하가 거론되고 있는데 리그 확장(팀 증가)이 공론화되기는 어렵다. 이런 가운데 2025년 1월 24일, 유튜브 채널 '자유기업원'에서 '한국프로야구 11개 구단 가능한가?'라는 주제로 이영훈 서강대학교 교수가 강의를 한 바 있다. 스포츠 경제학 관점에서 설명했는데 유튜브 댓글 반응은 대부분 부정적이었다. 리그의 수준 저하를 우려하는 반응이 줄을 이었다. 이영훈 교수는 해당 영상에서 11구단이 생기면 홀수 팀이 되기 때문에 짝수를 맞추기 위해 12구단도 생겨야 된다는 의견을 피력했다. 11~12구단 후보지로는 울산, 포항 지역과 수도권을 추천했다.

이 책에서 11구단 체제의 경기 일정을 언급한 이유는 선수단의 과부하를 줄일 수 있는 방안을 모색하기 위해서다. KBO리그는 양대 리그가 아닌 단일 리그 체제이므로, 홀수 팀 운영도 가능하지 않을까 하는 아이디어에서 출발했다.

여러분이 수학과
친해지길 바라며

  내가 학교를 다닐 때만 해도 '수포자'라는 표현이 없었다. 수학에 재능이 부족해 포기하는 친구는 더러 있었지만 이것이 사회적인 현상으로 대두될 정도는 아니었다. 나는 수학 공부를 잘하는 편이었는데, 지금 아들과 딸의 중고등학교 수학 과정을 보면 너무 어렵다는 생각이 든다. 수학은 둘째 치고 숫자에 거부감이 생길 만하다. 수포자가 양산되는 이유가 있는 것이다.

  나도 나이가 들어가면서 수학은커녕 숫자에 대한 거부감이 생기기 시작했다. 그러면서 수포자의 입장을 이해할 수 있었다. 그런 와 중에 40대 후반의 나이인 2018~2019년 2년간 홍석만 선생님과 '야구수학 토크콘 서트'를 진행했다. 홍석만 선생님이 이 행사를 제 안했을 때 '야구로 수학을 수학답게 공부할 수 있을까?' 하는 두려 움이 앞섰다. 그러나 행사에 참여하는 학생들의 뜨거운 반응을 지 켜보면서 생각을 바꿨다.

"야구장에서 숫자를 보자. 수학이 너무 어렵다면 일단은 수학이 아닌 '수'로만 보자. 그러면 수학이 보일 것이다."

홍 선생님과 함께 현장에서 이와 같이 목소리를 냈다. 2019년에 는 『수학을 품은 야구공』이라는 책을 발간하는 데 힘을 보탰다. 이 작업에 필자로 참여하진 않았지만 홍석만 선생님과 야구 기자, 야구 단 직원을 독려했다. 그리고 예상을 뛰어넘은 호평을 받았다.

6년이 지난 2025년, 홍 선생님과 함께 이 책을 출간했다. 야구수 학 토크 콘서트와 『수학을 품은 야구공』의 향수를 갖고 있던 나는

2024년 봄에 홍 선생님에게 새로운 책을 같이 써보자고 제안했다. 이후 나름대로 사명감을 갖고 이 책을 열심히 썼다. 야구를 잘 모르는 학생들이 야구의 매력을 발견하고, 수학을 포기한 학생들이 다시 관심을 갖게 되는 계기가 되길 바라는 소박한 희망을 담았다. 26년간 프로야구 프런트로서 누렸던 혜택을 세상에 보답하는 나만의 방법이라고 생각했다.

우리 가족은 나를 포함해 4명이다. 다행히 야구와 수학 둘 다 싫어하는 사람은 없다. 와이프는 수학은 좋아하는 것 같지 않지만 야구는 좋아하고, 아들 인서는 야구와 수학 모두 좋아하고, 딸 소은이는 야구에 흥미가 없지만 수학을 좋아한다. 인서와 소은이가 어릴 때 가족과 함께 야구장에 가면, 소은이는 야구에 관심이 없지만 치킨이나 피자 같은 먹거리 덕분에 행복한 시간을 보낼 수 있었다.

가족들이 야구장에 수십 번 방문했지만 단 한 번도 같이 야구를 관람한 적은 없었다. 내가 구단 관계자였기 때문이다. 지금 돌이켜보니 그 점이 아쉽다. 이 책을 마무리하면서 양가 어른과 가족에게 고마움과 미안함을 같이 전하고 싶다.

끝으로 이 책이 세상에 나오기까지 도움을 준 박종명 원앤원북스 대표님과 편집팀에게도 감사를 전한다. 이 책의 파트너인 홍석만 선생님도 바쁜 일정을 쪼개가며 집필에 힘써주셨다. 또한 2018~2019년 SK 와이번스에서 야구수학 토크 콘서트를 진행할 수 있도록 적극적으로 지지해주신 당시 최창원 구단주님과 류준열 사장님께 감사드린다.

류선규

참고문헌

- 『Mathletics』, Wayne L. Winston, Scott Nestler, Konstantinos Pelechrinis 지음, 현문섭 옮김, 영진닷컴, 2023년

- 『The Book: Playing the Percentages in Baseball』, Tom Tango, Mitchel Lichtman, Andrew Dolphin 지음, Createspace Independent Publishing Platform, 2006년

- 『가우스가 들려주는 근삿값과 오차 이야기』, 박현정 지음, 자음과모음, 2016년

- 『경제가 쉬워지는 최소한의 수학』, 오국환 지음, 지상의책, 2024년

- 『나는 수학으로 세상을 읽는다』, 롭 이스터웨이 지음, 고유경 옮김, 반니, 2020년

- 『누워서 읽는 통계학』, 와쿠이 요시유키, 와쿠이 사다미 지음, 권기태 옮김, 한빛아카데미, 2021년

- 『라이프니츠가 들려주는 기수법 이야기』, 김하얀 지음, 자음과모음, 2008년

- 『세상에서 가장 쉬운 베이즈통계학 입문』, 고지마 히로유키 지음, 장은정 옮김, 지상사, 2017년

- 『세상에서 가장 쉬운 통계학 입문』, 고지마 히로유키 지음, 박주영 옮김, 지상사, 2009년

- 『수학으로 생각하기』, 스즈키 간타로 지음, 최지영 옮김, 포레스트북스, 2012년

- 『수학을 배워서 어디에 써먹지?』, 루돌프 타슈너 지음, 김지현 옮김, 아날로그, 2021년

- 『수학을 품은 야구공』, 고동현, 박윤성, 배원호, 홍석만 지음, 영진닷컴, 2019년

- 『수학의 유혹 2』, 강석진 지음, 문학동네, 2011년

- 『스포츠 사이언스』, TV조선 스포츠부 지음, 북클라우드, 2015년

- 『야구 교과서』, 잭 햄플 지음, 문은실 옮김, 보누스, 2023년

- 『야구 수비전술 플레이북』, 일본 전국야구기술위원회 지음, 김정환 옮김, 삼호미디어, 2013년

- 『에우독소스가 들려주는 비 이야기』, 김승태 지음, 자음과모음, 2025년

- 『이해하는 미적분 수업』, 데이비드 애치슨 지음, 김의석 옮김, 바다출판사, 2020년

- 『존 내쉬가 들려주는 의사결정이론 이야기』, 유소연 지음, 자음과모음, 2009년

- 『타자를 몰아붙이는 야구 볼 배합 A to Z』, 일본 전국야구기술위원회 지음, 김정환 옮김, 삼호미디어, 2017년

- 『통계가 빨라지는 수학력』, 나가노 히로유키 지음, 위정훈 옮김, 비전코리아, 2016년

- 『파스칼이 들려주는 경우의 수 이야기』, 정연숙 지음, 자음과모음, 2008년

- '한국 프로야구 경기에서 기대득점과 기대승리확률의 계산', 한국통계학회, 2016년

- KBO(www.koreabaseball.com)

- 대한야구소프트볼협회(www.korea-baseball.com)

- 스탯티즈(statiz.sporki.com)

- 스포츠투아이(www.sports2i.com)

- "15안타 폭발' 삼성, 10년 만에 히어로즈와 3연전 싹쓸이', 〈스포츠타임스〉, 2024년 4월 28일

- "강한 어깨' 외야수…'민첩성' 내야수', 〈영남일보〉, 2017년 3월 6일

- '내야수 3명 한쪽에 못 둔다… KBO, 수비 시프트 규정 변경', 〈조선일보〉, 2024년 2월 6일

- "전설'이 된 김태균, 뜨겁고 화려했던 은퇴식 "마지막에 큰 선물 받았다"', 〈뉴스1〉, 2021년 5월 29일

야구×수학

초판 1쇄 발행 2025년 4월 15일
초판 4쇄 발행 2025년 6월 20일

지은이 | 류선규, 홍석만
펴낸곳 | 페이스메이커
펴낸이 | 오운영
경영총괄 | 박종명
편집 | 이광민 김형욱 최윤정
디자인 | 윤지예 이영재
마케팅 | 문준영 이지은 박미애
디지털콘텐츠 | 안태정
등록번호 | 제2018-000146호(2018년 1월 23일)
주소 | 04091 서울시 마포구 토정로 222 한국출판콘텐츠센터 319호(신수동)
전화 | (02)719-7735   팩스 | (02)719-7736
이메일 | onobooks2018@naver.com   블로그 | blog.naver.com/onobooks2018
값 | 24,000원
ISBN 979-11-7043-630-0 03410